Wassertourismus

Heiner Haass

Wassertourismus

Entwicklungen, Ausübungen, Perspektiven

Heiner Haass
Hannover, Deutschland

ISBN 978-3-662-70180-5   ISBN 978-3-662-70181-2 (eBook)
https://doi.org/10.1007/978-3-662-70181-2

Die Deutsche Nationalbibliothek verzeichnet diese Publikation in der Deutschen Nationalbibliografie; detaillierte bibliografische Daten sind im Internet über https://portal.dnb.de abrufbar.

© Der/die Herausgeber bzw. der/die Autor(en), exklusiv lizenziert an Springer-Verlag GmbH, DE, ein Teil von Springer Nature 2025

Das Werk einschließlich aller seiner Teile ist urheberrechtlich geschützt. Jede Verwertung, die nicht ausdrücklich vom Urheberrechtsgesetz zugelassen ist, bedarf der vorherigen Zustimmung des Verlags. Das gilt insbesondere für Vervielfältigungen, Bearbeitungen, Übersetzungen, Mikroverfilmungen und die Einspeicherung und Verarbeitung in elektronischen Systemen.
Die Wiedergabe von allgemein beschreibenden Bezeichnungen, Marken, Unternehmensnamen etc. in diesem Werk bedeutet nicht, dass diese frei durch jede Person benutzt werden dürfen. Die Berechtigung zur Benutzung unterliegt, auch ohne gesonderten Hinweis hierzu, den Regeln des Markenrechts. Die Rechte des/der jeweiligen Zeicheninhaber*in sind zu beachten.
Der Verlag, die Autor*innen und die Herausgeber*innen gehen davon aus, dass die Angaben und Informationen in diesem Werk zum Zeitpunkt der Veröffentlichung vollständig und korrekt sind. Weder der Verlag noch die Autor*innen oder die Herausgeber*innen übernehmen, ausdrücklich oder implizit, Gewähr für den Inhalt des Werkes, etwaige Fehler oder Äußerungen. Der Verlag bleibt im Hinblick auf geografische Zuordnungen und Gebietsbezeichnungen in veröffentlichten Karten und Institutionsadressen neutral.

Planung/Lektorat: Simon Shah-Rohlfs
Springer Spektrum ist ein Imprint der eingetragenen Gesellschaft Springer-Verlag GmbH, DE und ist ein Teil von Springer Nature.
Die Anschrift der Gesellschaft ist: Heidelberger Platz 3, 14197 Berlin, Germany

Wenn Sie dieses Produkt entsorgen, geben Sie das Papier bitte zum Recycling.

Vorwort

Der Urlaub am oder auf dem Wasser wird in Deutschland immer beliebter. Seit Mitte der 1990iger-Jahre wird dieses Phänomen als Wassertourismus bezeichnet und erfreut sich als touristisches Segment mit dem größten Zuwachspotenzial. Jährlich nutzen mehr als 40.000 Sportboote die deutschen Wasserstraßen als Transitwege durch Europa. Wassertourismus ist ein grenzübergreifendes Phänomen und zeigt ein besonders großes und stabiles Wachstumspotenzial.

Die Corona-Pandemie hat dem Wassertourismus in Deutschland einen besonderen Entwicklungsschub verliehen, da im Wassertourismus Abstandsregeln und Hygieneregeln sehr gut eingehalten werden können. Und viele Touristen sind dieser Urlaubsform seitdem treu geblieben und verbringen jährlich ihren Urlaub auf dem Wasser.

Hinzu kommt die gute Entwicklung von neuen Bootstypen, die gerade sehr urlaubsfreundlich sind, wie Hausboote und schwimmenden (Ferien-)häuser.

Uns so makaber es auch ist, aber der Klimawandel begünstigt den Wassertourismus ebenfalls. Denn in Hitzeperioden suchen die Urlauber Erfrischung und Abkühlung am und auf dem Wasser.

Wassertourismus benötigt intakte, ausreichende Wasserflächen. So spielen Trockenheit und Dürren eine negative Rolle, denn ausreichend und sauberes Wasser sind die grundsätzliche Voraussetzung für den Wassertourismus.

Die vorliegende Arbeit fasst erstmals zahlreiche Erfahrungen und Erkenntnisse der wassertouristischen Branche zusammen und bietet in einem Kompendium umfassende Informationen zu allen wichtigen und wesentlichen Aspekten und Fragen des Wassertourismus. Von der Standortentwicklung über die Bauplanung bis zu betriebswirtschaftlichen Fragen und dem Marketing werden alle relevanten Fragen hierzu erörtert und bearbeitet. Die zahlreichen Abbildungen und Zeichnungen sind aus über 40 Jahren Erfahrung des Autors in der Entwicklung wassertouristischer Anlagen entstanden und geben dem Leser sehr wertvolle Hilfen bei der eigenen Entwicklung eines wassertouristischen Unternehmens.

Das vorliegende Buch zeigt auch eindrucksvoll, welche Breite und Fülle dieses Tourismussegment hat und wie es als Querschnittsaufgabe viele andere Bereiche tangiert und durchläuft.

Die Arbeit basiert auf Erfahrungen und eigenen Forschungen des Autors aus über 40 Jahren Arbeit im Wassertourismus. Der Autor hat in den Jahren 1996 bis 2021 die Forschungsgruppe Wassersport/Wassertourismus geleitet, die einzige wissenschaftliche Einrichtung für den Wassertourismus in Deutschland. Aus dieser Tätigkeit sind umfassende Entwicklungen und Analysen im Wassertourismus entstanden.

Die eigene Planungs- und Beratungspraxis des Autors im Wassertourismus ermöglicht überdies, detaillierte Erfahrungen und Erkenntnisse in der Bauplanung von Anlagen für den Wassertourismus einzubringen. Da es in diesem Sektor des Planens und Bauens nur sehr wenige Standards und Normen gibt, stellen diese Erfahrungen eine wertvolle Daten- und Grundlagenhilfe für Entwicklungen und Planungen dar.

Das vorliegende Buch wäre ohne die Hilfe, Unterstützung und Mitarbeit einiger Personen nicht möglich geworden. So gilt besonderer Dank an Evelyn Breuer, die mit fachlichen Anmerkungen aus eigener Wasserpraxis und vor allem vielen Originalfotos geholfen hat.

Und Dank gilt Melina Reul, die in der Überarbeitung der Texte und dem Erstellen der vielen Zeichnungen und Abbildungen einen wesentlichen Beitrag zum Entstehen dieses Buches geleistet hat.

Dem Leser ist zu wünschen, daß dieses Buch für ihn eine wertvolle Hilfe und Unterstützung in seinem Vorhaben im Wassertourismus ist und ihm zum Erfolg im Wassertourismus verhilft.

Hannover, Deutschland Heiner Haass
September 2024

Inhaltsverzeichnis

1	**Historische Entwicklungen im Wassertourismus**................	1
	1.1 Entwicklungen in England...............................	6
	1.2 Entwicklungen in den USA.............................	7
	1.3 Entwicklungen in Skandinavien.........................	7
	1.4 Entwicklungen in den Niederlanden.....................	8
	1.5 Entwicklungen in Deutschland..........................	8
2	**Grundlagen und Bedingungen des Wassertourismus**.............	19
	2.1 Das soziale Image des Bootfahrens in anderen internationalen Regionen..	22
	2.2 Voraussetzungen für den Wassertourismus in Deutschland........	26
	2.3 Ausblick auf die gesellschaftliche Entwicklung des internationalen Wassertourismus...........................	31
	2.4 Boot fahren, Ausübungsformen...........................	32
	2.5 Wassertourismus als Urlaubsform........................	38
	2.6 Führerscheine zum Bootfahren...........................	40
	2.7 Betriebskosten des Bootfahrens..........................	40
	2.8 Wie wirken Inflation, Rezession und Kriege auf den Wassertourismus?..	44
	2.9 Umwelt- und Klimaschutz: Auswirkungen und Belastungen auf Wassersport und Wassertourismus......................	45
	2.10 Deutschland als wassertouristisches Transitland innerhalb Europas...	46
3	**Aktuelle Segmente des Wassertourismus**......................	51
	3.1 Aktive Wassertourismussegmente.........................	51
	3.2 Passive Wassertourismussegmente........................	59
	3.3 Angebot- und Nachfragesituation im Wassertourismus...........	68
	3.4 Nachfragesituation im Wassertourismus in Deutschland..........	69
	3.5 Profile der Wassertouristen, Kunden und Gäste.................	73
4	**Voraussetzungen für den Wassertourismus**.....................	77
	4.1 Räumliche Voraussetzungen.............................	77
	4.2 Bauliche Voraussetzungen und Anlagen....................	86
	4.3 Kommunale und öffentliche Strukturen für den Wassertourismus....	93
	4.4 Organisationsstrukturen für den Wassertourismus..............	94

5	**Standorte, Infrastrukturen und altersgerechte Marinaplanung**	97
	5.1 Standortplanung	98
	5.2 Objektplanungen im Wassertourismus	103
	5.3 Barrierefreie und altersgerechte Planung von wassertouristischen Anlagen	113
	5.4 Marina-Check als Instrument für mehr Sicherheit im Wassertourismus	132
6	**Wirtschaftliche und betriebliche Grundlagen des Wassertourismus**	135
	6.1 Produkte und Leistungsträger im Wassertourismus	135
	6.2 Leistungsträger und Qualifikationen im Wassertourismus	141
	6.3 Zertifizierungen im Wassertourismus	147
	6.4 Kunden im Wassertourismus	148
	6.5 Regionalwirtschaftliche Effekte im Wassertourismus	149
	6.6 Wassertouristische Betriebsformen und Geschäftsmodelle	155
	6.7 Geschäftsmodelle und Trägerschaften von wassertouristischen Betrieben	159
	6.8 Gründung und Übernahme eines wassertouristischen Betriebes	159
	6.9 Neuere Entwicklungen im Management des Wassertourismus	167
	6.10 Angebotsentwicklung und Kundenansprachen im Wassertourismus	168
	6.11` Kundenansprache	169
	6.12 Betrieb, Genehmigungen, Prüfungen und Management von wassertouristischen Betrieben	170
	6.13 Abgaben, Steuern, Versicherungen und Beiträge von wassertouristischen Betrieben	172
	6.14 Personalmanagement im Wassertourismus	172
	6.15 Kooperationen und Networking im Wassertourismus	173
	6.16 Die wirtschaftliche Zukunft eines wassertouristischen Betriebes	175
	6.17 Umsatzarten im Wassertourismus	176
	6.18 Betriebliche Ausgaben im Wassertourismus	177
	6.19 Erzielbare Gewinne im Wassertourismus	178
	6.20 Betrachtung der wassertouristischen Branche aus tourismuswirtschaftlicher Sicht	179
	6.21 Kommunalwirtschaftliche Aspekte	181
	6.22 Wassertourismus in der Betrachtung der Tourismuswissenschaft und Forschung	181
7	**Perspektiven des internationalen Wassertourismus**	185
	7.1 Welche Entwicklungstrends sind erkennbar?	185
	7.2 Determinierende Faktoren in der Entwicklung des Wassertourismus	188
	7.3 Einflüsse der Politik, Wirtschaft, Umwelt und Gesellschaft	191
	7.4 Entwicklung von zwei Szenarien der weiteren Entwicklung	197
	7.5 Ausblick in andere Wassertourismusregionen Europas	200

8 Perspektiven des Wassertourismus in Deutschland 203

8.1 Erkennbare Entwicklungstrends im Wassertourismus in Deutschland 203
8.2 Grenzen der Entwicklung des Wassertourismus in Deutschland 204
8.3 Bedeutung der Gesellschaft und Politik für die weitere Entwicklung 206
8.4 Einflüsse der Globalentwicklungen auf den Wassertourismus 207

9 Anhang 209

9.1 Glossar 209
9.2 Checklisten 211
9.3 Normen und Standards 213
9.4 Vorlage Marina-Check 214
9.5 Beispiel Nautische Kapazitätsberechnung 217
9.6 deutsche Sportbootführerscheine 218
9.7 Literatur/Quellen 218

Historische Entwicklungen im Wassertourismus 1

Am Anfang dieses Buches steht die Frage, wie die Menschen zum Bootfahren als Vergnügen gekommen sind. Dass Schiffe und Boote als Transportmittel auf dem Wasser seit der Urzeit genutzt worden sind, ist hinlänglich bekannt. Da das Wasser aber schon immer auf Menschen eine besondere Anziehung ausgeübt und einen besonderen Reiz hat, entwickelte sich eine Nutzung zu Vergnügungs- und Erholungszwecken. Boote und Schiffe wurden bereits vor langer Zeit auch außerhalb von Fischfang und Jagd, Transport oder Kriegen genutzt (s. Abb. 1.1).

Bekannt sind solche Phänomene aus der Antike, wo erste Boote gebaut wurden, die ausschließlich dem Vergnügen auf dem Wasser dienten. Auch bei inszenierten Seeschlachten in unter Wasser gesetzten Arenen kamen eigens hierfür gebaute (kleinere) Schiffe und Boote zum Einsatz. Einige römische Kaiser ließen sich Vergnügungsschiffe bauen, die zu freizeitlichen und repräsentativen Zwecken genutzt wurden. Dennoch kann das Bootfahren, wie wir es heute kennen und ausüben, als eine Errungenschaft der Neuzeit betrachtet werden.

Aus ihr gingen interessante Entwicklungen hervor, beispielsweise verschiedene Boote, die absolutistische Herrscher erbauen ließen, um damit zum Vergnügen über das Wasser fahren zu können. August der Starke in Sachsen hatte am Schloss Pilnitz einen Anleger gebaut, um dort mit seinem Schiff anlegen zu können (s. Abb. 1.2).

Und auch die sogenannten Kirchboote sind erwähnenswert, mit denen Prozessionen auf den Gewässern durchgeführt wurden (s. Abb. 1.3).

Alle diese Phänomene sind sicherlich zum einen interessant, weil sie die Anfänge einer freizeitlichen Nutzung des Wassers darstellen, zum anderen aber auch aus schiffbaulichen Gründen, da sie eigenständige Konstruktionen für ihre speziellen Zwecke waren, die bis heute durch die Erlangung vielfältiger Erfahrungen und Erkenntnisse erhebliche Grundlagen für den Yachtbau bildeten (s. Abb. 1.4).

Interessant und wichtig sind auch die Reisen und Experimente mit historischen Flößen und Booten, die beweisen sollten, dass es schon in der Frühzeit durchaus Möglichkeiten gab, weite Strecken über die Meere mit einfachen Booten zurückzulegen.

Abb. 1.1 Mittelalterliche Szenerie mit Schiffen. (© Picture-alliance 9056211)

Abb. 1.2 Schiffsanleger Schloss Pilnitz/Sachsen. (© adobe stock 126817870)

1 Historische Entwicklungen im Wassertourismus

Abb. 1.3 Traditionelle Kirchboote. (© adobe stock 218768517)

Abb. 1.4 Historische Segeljollen. (© adobe stock 1282029624)

Sehr bekannt ist die Reise des Norwegers Thor Heyerdahl 1947, der beweisen wollte, dass die Besiedlung Polynesiens von Südamerika aus möglich war und mit den damaligen technischen Mitteln des Bootsbaus vor der Zeit der Inkas möglich war. Heyerdahl baute ein Floß nach Berichten und Bildern spanischer Konquistadoren aus neun 13,70 m langen Stämmen aus Balsaholz und Hanfstricken. Das Ruder wurde aus Mangrovenholz gefertigt und am gesamten Floß wurden keine Metallteile verwendet. Zur Ausrüstung gehörten 1100 L Trinkwasser für die 7-köpfige Crew, 200 Kokosnüsse, Kartoffeln und Kürbisse. Auch 2 Funkgeräte waren an Bord und eine minimale Navigationsausrüstung. Das Floß ist heute im Kon-Tiki-Museum in Oslo zu besichtigen. Getrieben wurde es vom Humboldtstrom. Heyerdahl beschreibt in seinem Buch die 101 Tage auf See, die Begegnung mit Monsterwellen und die 6980 km, die mit einer Durchschnittsgeschwindigkeit von ca. 1,5 Knoten zurückgelegt wurden.

Das zweite wichtige Experiment, mit dem die Überlebenschancen auf See experimentell untersucht werden sollten, war 1956 die Fahrt des deutschen Arztes Dr. Hannes Lindemann von den Kanaren zu den niederländischen Antillen in einem 5,20 m langen Klepper-Faltboot (Typ Aerius). Er war 72 Tage allein auf See, kenterte zweimal und erlebte Orkane. Durch autogenes Training und Autosuggestion konnte er diese Fahrt durchführen und überlebte.

Aber auch in der jüngeren Vergangenheit wurden derartige Experimente unternommen. So führte der deutsche Forscher Dominique Görlitz von 1999 bis 2019 im Mittelmeer und im Nordatlantik mehrere Expeditionen mit vier Schilfbooten aus, um zu beweisen, dass man bereits in der Jungsteinzeit (3900 bis 3100 v. Chr.) in der Lage war mit derartigen Booten Kurse Am-Wind zu fahren und sogar zu kreuzen. Das zeigt, dass die damaligen Seefahrer in der Lage waren nicht nur mit den Strömungen zu treiben, sondern bewusste Kurse zu fahren und damit viel mehr Möglichkeiten hatten, an entlegene Ziele der Meere zu gelangen. Die Schilfboote hatten Seitenschwerter und wurden am Titicacasee gebaut.

Diese drei Expeditionen und viele andere ähnliche Expeditionen mehr konnten nachweisen, mit welchen einfachen Mitteln die Menschen in früheren Zeiten bereits große Strecken auf dem Meer bewältigen konnten und damit ebenfalls als Vorreiter für die spätere Entwicklung zum touristischen Wassersport angesehen werden können. Es ist enorm, wie in diesen drei Expeditionen ohne moderne Navigation, ohne umfassende Sicherheitsausrüstungen und nur mit extrem einfachen und kleinen Booten diese Fahrten durchgeführt wurden. Alle drei Expeditionen haben auch dem Wassersport einen enormen Vorschub beschert und das allgemeine Interesse am Bootssport gestärkt und befördert.

Die Geschichte des Yachtsports selbst ist (noch) nicht wissenschaftlich korrekt aufgearbeitet. Es existieren zwar verschiedenste Quellen, die jedoch unsortiert, nicht archiviert und kaum ausgewertet und zusammengefasst sind.

Es sind auch keine allgemeinen und umfassenden Dokumente zu finden, sondern nur Einzelquellen, die fragmentarisch die Entwicklung darstellen. Die Gründe hierfür werden in der soziologischen Betrachtung des Yachtsports analysiert (s. Abb. 1.5).

Die wichtigsten Yachtsportnationen, die diese Sportarten hervorgebracht und maßgeblich entwickelt haben, waren England, die Vereinigten Staaten, Skandina-

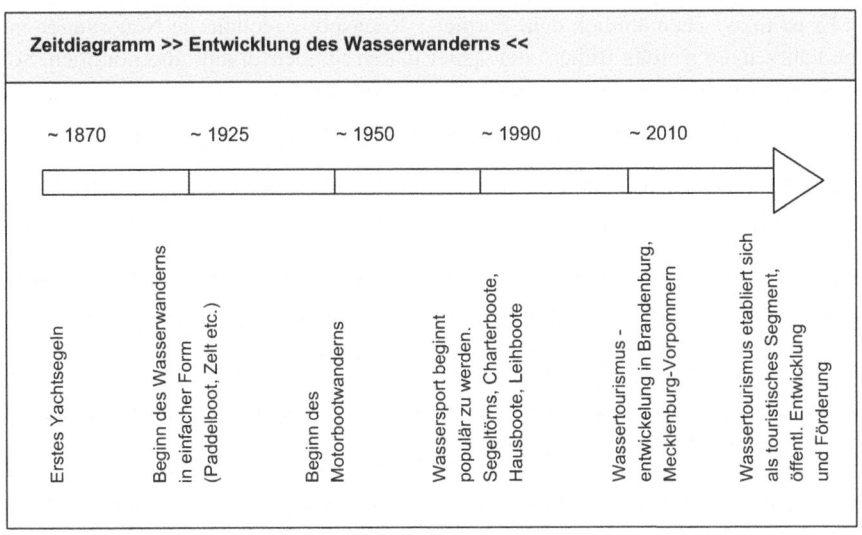

Abb. 1.5 Zeitdiagramm des Wasserwanderns. (© H. Haass, 2024)

vien, Deutschland und Frankreich. Die Zentren lagen in Cowes/UK, Newport/USA, Stockholm/S, Svendborg/DK und Lorient/F. Dabei ist der Begriff Yachtsport richtig zu verstehen als Sportsegeln zu rein freizeitlichen und/oder sportlichen Zwecken. Also keine gewerbliche oder militärische Ausübung. Eine derartige regionale Betrachtung der Entwicklung ist richtig und aufschlussreich. Erst in der neueren Zeit kommen Neuseeland und Australien als wichtige Entwicklungsnationen hinzu.

Die Entwicklung des internationalen Yachtsports ermöglichte auch das Entstehen weltbekannter Regatten auf den Weltmeeren. Hier sind vor allem die Nationen USA, England, Australien und Italien zu nennen, die große internationale Regatten organisiert haben. Das Bermuda-Race startet in Newport, Rhode Island, und führt über 635 Seemeilen zu den Bermudas. Eine weitere internationale Regatta ist das California-Honolulu-Race, das von San Pedro über 2225 Seemeilen über den Pazifik nach Honolulu führt. Das Fastnet-Race in England führt von Cowes um den Fastnet Rock zurück nach Plymouth. Es ist eine der härtesten Regatten der Welt mit Strömungen, Wetterstürzen und Durchquerung der Irischen See. Das Sydney-Hobart-Race in Australien führt über 680 Seemeilen von Sydney zu der tasmanischen Hauptstadt Hobart. Auch der America's Cup und der Admiral's Cup sind als internationale Regatten zu nennen. Schließlich das Volvo Round-the-World-Race, das auf einem festgelegten Kurs rund um die Welt führt. Hier zeigte der deutsch Hochseesegler Boris Herrmann eine beeindruckende Leistung, die insbesondere durch den Einsatz modernsten Bootsbaus und innovativer Elektronik für viele Beobachter zahlreiche Neuerungen im Hochseesegeln brachte. Dieses sind nur einige internationale Regatten. Daneben gibt es noch zahlreiche regionale Segelregatten, die ebenso interessant, spannend und für die Crews herausfordernd sind. Auch im Inland gibt es viele interessante Regatten am Bodensee, an der Ostsee und auf zahlreichen anderen Gewässern.

Es ist inzwischen ähnlich dem Formel-1-Rennsport. Technische Neuerungen in den Fahrzeugen werden früher oder später in den Straßenverkehr übernommen. So wie es die Formel 1 vormacht, verhält es sich inzwischen auch beim Segelsport, wo technische Neuerungen im Regattasegeln später alltagstauglich in Serienschiffen eingebaut werden. Diese Tatsache ist für viele Segler ein besonderer Anreiz, sich den Neuerungen im Regattasport zu widmen und möglichst frühzeitig die alltagstaugliche Verwendung auf Segelbooten umzusetzen.

Interessant ist aber grundsätzlich die historische paramilitärische Attitude des Yachtsports in allen Entwicklungsregionen gemeinsam. Dieses zeigt sich in Clubuniformen, Rangordnungen der Clubmitglieder, Ausbildungsprogrammen und vielen weiteren Ritualen des Clublebens und dieses durchzieht alle Bootsportarten vom Segeln bis zum Rudern. Gerade der Rudersport entwickelte sich sehr schnell zu einem antiaristokratischen Bootsport. Als anstrengende, schweißtreibende und sportlichere Betätigung wurde Rudern zu einem Erziehungselixier an höheren Schulen. Bekannt sind die traditionellen und noch heute ausgetragenen Ruderregatten an den englischen Eliteschulen in Oxford und Eton. Trainiert werden hierbei neben dem Körper unter anderem Selbstdisziplin, Teamgeist und Askese. Gerade in aristokratischen Nationen wie England blühte dieses Erziehungsinstrument sehr schnell auf. Aber auch im kaiserlichen Deutschland erlebte der Rudersport einen raschen Aufschwung, beispielsweise als Schülerrudern im Sportunterricht, was sich durchaus bis in die Gegenwart fortgesetzt hat. Rudern als Schulsport findet auch heute noch und wieder eine große Beliebtheit. Zum einen aus o.g. Gründen, zum anderen ist es vergleichsweise einfach durchzuführen und benötigt keine größeren Gewässer. Aber auch im olympischen Sport ist Rudern in Deutschland seit Generationen fest etabliert. Deutschland zählt zu den wenigen Nationen, die stets einen Ruder-Achter zu den olympischen Spielen schickten, was nicht viele Nationen aufbringe konnten. Am bekanntesten ist hier der Ratzeburger-Achter bei den olympischen Spielen 1964 in Tokio, der hier mit einer beachtlichen Leistung die Goldmedaille errang. Aber auch die nachfolgenden Achter-Crews sind extrem gute Teams mit hervorragenden Leistungen.

1.1 Entwicklungen in England

Bereits 1782 wurde in Gosport die Werft Camper & Nicholson gegründet, die erstmals Boote und Yachten für den Regattasport baute. Es entstanden zahlreiche sehr schöne Gaffelsegelyachten des Luxussegments. Ab 1914 kam der Bau von luxuriösen Motoryachten hinzu. Camper & Nicholson bauten zwischen 1920 und 1937 alle erfolgreichen britischen Segelyachten des America's Cup. Die Anfänge des britischen Yachtsports liegen jedoch um 1660, als der damalige britische Kronprinz Charles II ein kleines niederländisches Segelboot geschenkt bekam. Die Bezeichnung „Jagd" kam übrigens aus dem Niederländischen. 1661 wurde eine erste Wettfahrt auf der Themse mit zwei dieser Boote veranstaltet. Man bemerkte sehr schnell, dass dies für den Hofstaat ein angenehmer Zeitvertreib war. So wurde hierfür die

Bezeichnung „regata" aus dem italienischen übernommen, was dort ursprünglich die Bezeichnung für eine Gondelwettfahrt war. Der Herzog von Cumberland initiierte 1775 eine Regattagemeinde und führte eindeutige Regattaregeln ein, wozu auch bis heute der uniforme Yachtanzug gehört. 1775 wurde der erste britische Yachtclub gegründet und 1817 legte man einheitliche Bootsgrößen und -klassen fest. 1820 führte der Royal Yacht Club eine einheitliche Clubuniform ein, bestehend aus blauer Jacke und weißer Hose.

In diesem Zusammenhang interessant sind auch die entstandenen Qualifikationen und Ränge in der nautischen Clubausbildung. Die höchste Prüfung, die heute noch existiert, ist der „Yachtmaster Offshore". Diese Qualifikation ist oftmals der Einstieg in den Profiregattasport oder in das Superyacht-Business. Vergeben wird sie von der Royal Yacht Association (RYA). Unter anderem bietet die RYA zur Förderung des Bootssports spezielle Einsteigerkurse an, in denen die Themen Navigation, Bootsführung und vieles mehr vermittelt werden.

1.2 Entwicklungen in den USA

Aussiedler aus dem Vereinigten Königreich brachten das Segeln als Freizeitvergnügen in die USA. An der Ostküste bildeten sich schnell Eliten, die dem Lebensstil in Großbritannien nacheiferten. So wurde 1844 der New York Yachtclub gegründet (N.Y. Yachtclub). 1886 schlossen sich Segelenthusiasten in San Diego zum San Diego Yacht Club zusammen. Die Entwicklung der Yachtclubszene verlief in den USA nach dem britischen Vorbild. 1851 gründete sich als wichtigste Segeltrophäe der America's Cup. Eine erste Organisation bildete sich im Jahre 1897 als United States Sailing Association (US Sailing Association), von der sich 1931 die Canadian Yachting Association (CYA) abspaltete. Ein Hauptziel der US Sailing Association ist das Heranführen an den Segelsport und dort die Ausbildung von Jugendlichen und Erwachsenen. Als bedeutendste US-Regatta wurde im Jahre 1936 das Bermuda Race mit einer Strecke von rund 2900 Seemeilen ins Leben gerufen. Interessant ist hier auch, dass um 1935 die amerikanische Elite großes Interesse an Bootsregatten zeigt. So war Präsident Roosevelt regelmäßig bei den Harvard-Regatten anwesend. Und die Vanderbilts und Kennedys waren stets beim America's Cup dabei, eine Hochseeregatta, die bis in die heutige Zeit eines der wichtigsten Wassersportereignisse in Amerika ist.

1.3 Entwicklungen in Skandinavien

In den skandinavischen Ländern entwickelte sich die freizeitliche und sportliche Nutzung von Segel- und Motorbooten auf einer anderen Grundlage. Die Fortbewegung auf dem Wasser war von existenzieller Bedeutung, da bei den zahlreichen Inseln, Schären und Fjorden nur so die Verbindung zwischen den Menschen sichergestellt werden konnte (s. Abb. 1.6).

Abb. 1.6 Bootsverkehr zwischen schwedischen Inseln. (© adobe stock 645405211)

Auf der Basis dieser verkehrlichen Notwendigkeit und auch der wichtigen Lebensgrundlage des Fischfangs war in Skandinavien bereits früh eine beachtliche Bootswirtschaft entstanden, sodass für die sich schnell entwickelnde private Nutzung von Booten zum Freizeitvergnügen eine eigene und hochwertig produzierte Auswahl an Segel- und Motorbooten vorhanden war, die nach wie vor auch weltweit eine erhebliche Beachtung findet.

1.4 Entwicklungen in den Niederlanden

Die eigentlichen Ursprünge des europäischen Yachtsports liegen, neben England, in den Niederlanden. Als eine der traditionsreichsten Marinenationen benötigte man dort viele verschiedene Schiffstypen, und zwar sowohl für den Einsatz auf den Weltmeeren wie auch für die Nutzung im Binnenland. Unter anderem entstanden kleine wendige Boote, die nicht nur für militärische und gewerbliche Zwecke genutzt werden konnten (vgl. Jagd). Es entstand aus diesen kleinen einfachen Booten das Segeln zu Vergnügungszwecken. In den Niederlanden ist die Entwicklung des Bootssports ähnlich wie in Skandinavien verlaufen, in dem das Vergnügungssegeln ebenfalls aus der nautischen Notwendigkeit entstanden ist.

1.5 Entwicklungen in Deutschland

1.5.1 Historische Betrachtungen

In der Kaiserzeit wetteiferte Deutschland mit England um die maritime Vorherrschaft auf den Weltmeeren. Alles Maritime war wesentlich und das Marinewesen wurde weiterentwickelt. Jungen mussten Marineuniformen tragen und es wurde

1.5 Entwicklungen in Deutschland

Abb. 1.7 Kaiserlicher Yachtsport. (© picture alliance 34426508)

alles auf die kaiserliche Marine ausgerichtet. Die Marine war des Kaisers Liebling und so wurde sie aristokratisiert und geadelt. Zum Zeitvertreib der Adelsgesellschaft wurde schnell das Segeln von kleinen Booten und Yachten entdeckt und entwickelt. Dabei wurde das Vergnügungssegeln „militarisiert" und in streng hierarchischen Ordnungen ausgeübt. Der Kaiser wurde zum Vorbild der Marine und die norddeutschen Hafenstädte zu Zentren der Marine, vgl. Wilhelmshaven. Kiel wurde zum Zentrum des kaiserlichen Yachtsports und somit besteht dort seit über 100 Jahren eine große Segeltradition. 1891 fand die erste deutsche Teilnahme an internationalen Regatten gegen England satt. Die kaiserliche Yacht METEOR verschaffte dem deutschen Kaiser Wilhelm II internationales Ansehen. Heute bezeichnet sich die Stadt Kiel als „Sailing City", was durchaus an diese Tradition anknüpft (s. Abb. 1.7).

Parallel hierzu fand in Süddeutschland auf dem Bodensee und auf den bayerischen Seen eine ähnliche Entwicklung statt, indem die dortige Aristokratie das Segeln als angenehmen Zeitvertreib erkannte und sich in Yachtclubs zusammenfand. Auch hier wurde das Yachtsegeln nach streng militärischen Ritualen ausgeübt.

Die drei deutschen Frachtsegler der Flying-P-Line, PASSAT, PAMIR und PEKING fanden die deutsche Zustimmung in der Gesellschaft für das großartige Maritime. Diese drei Schiffe knüpfen an die frühere Tradition der Kaiserzeit an und ließen eine Euphorie für die Segelschifffahrt vergangener Zeiten aufkommen (s. Abb. 1.8).

Der Untergang der PAMIR im Jahre 1957 während einer Fahrt als Segelschulschiff im Nordatlantik, verursachte deutschlandweite Bestürzung. Und die Schicksale der PEKING und der PASSAT waren auch nicht euphorischer. Allein die PASSAT überdauert bis heute als Museumsschiff und liegt in Travemünde an ihrem festen Liegeplatz.

Abb. 1.8 Segelschiff Passat. (© picture alliance 393863363)

Nach dem Ende der Kaiserzeit geriet das Yachtsegeln als Freizeitvergnügen der Aristokratie weitgehend in Vergessenheit und wurde durch nationalsozialistische paramilitärische Übungen im und auf dem Wasser abgelöst. Eine interessante Entwicklung hat sich jedoch in Deutschland in den 1930er-Jahren bis zum Ausbruch des Krieges ergeben. Das Wasserwandern mit Faltbooten (Fa. Klepper) und Kajaks war politisch akzeptiert und sehr beliebt bei Jugendlichen. Bis zum Kriegsausbruch war das Befahren der Binnenwasserstraßen des deutschen Reiches mit solchen kleinen Booten sehr beliebt. Lothar Günther Buchheim schildert in seinem Buch *Tage und Nächte steigen aus dem Strom. Eine Donaufahrt.* (1941) seine Fahrt als Jugendlicher im Paddelboot von Passau bis ins Schwarze Meer. So ist es auch nicht von ungefähr, dass er Jahre später aktiver U-Bootfahrer in der Marine war und den Bestseller *Das Boot* schrieb. Er hatte einfach eine große Affinität zum Maritimen.

Ab Mitte der 1960er-Jahre wurde Segeln in Deutschland zum Breitensport, allerdings nur sehr schleppend und mit vielen Hürden. Kunststoffboote machten am Ende der 1960er-Jahre den Markt frei für viele neue Wassersportler (z. B. Versandhaus Neckermann, der stets mehrere Bootstypen in seinem Katalog anbot).

Aktuell stellt die Digitalisierung den Segelsport vor neue Herausforderungen, denn Segeln (lernen) am PC wird möglich. Aber auch Großereignisse wie die Round-the-World-Regatta mit deutschen Spitzenseglern wie Boris Herrmann machen mit ihrer Medienpräsenz den Wassersport zu einem Breitensport.

1.5.2 Soziologische Betrachtungen der Entwicklung des Wassersports in Deutschland

Wichtig, aber auch sehr interessant ist die soziologische Betrachtung der Entwicklung des Wassersports in Deutschland. Zunächst fällt im internationalen Vergleich auf, dass es in Deutschland nie nautische Notwendigkeiten gab, wie zum Beispiel in Skandinavien. Deutschland ist zwar von Flüssen, Seen, kleineren Wasserläufen und Kanälen durchzogen, eine Notwendigkeit, sich auf diesen Wasserwegen zu bewegen, bestand und besteht bis heute jedoch nicht. Große zusammenhängende Waldgebiete und Landschaften machten dagegen den Transport und Verkehr auf dem Landwege wesentlich einfacher, leichter und schneller und damit auch wirtschaftlicher. Diese historischen Wurzeln der Verkehrstechnologien zeigen sich bis heute, indem in Deutschland ein sehr dichtes und gut ausgebautes Straßennetz existiert und der Großteil des Transportes darüber abläuft. Der Transport auf den Wasserwegen ist kaum wahrnehmbar.

Andererseits verfügt Deutschland in seiner zentralen Lage in der Mitte Europas über mehr als 7500 km Binnenwasserstraßen und zusätzlich über Hunderte von Seen, Talsperren und Bächen. Mit dieser Gesamtlänge an Wasserwegen steht Deutschland im europäischen Vergleich an der Spitze, was verwunderlich ist und eigentlich für eine stärkere Nutzung dieser vielfältigen und zahlreichen Wasserwege sprechen würde. Zum Vergleich sind in England nur ca. 3500 km, in Frankreich ca. 8500 km an schiffbaren Wasserstraßen vorhanden. Diese Wasserwege sind in der Zeit der Industrialisierung in ganz Europa entstanden. Der Transport auf Wasserwegen war jedoch historisch betrachtet nur eine kurze Phase. Kanäle und Flüsse verwaisen seitdem und werden entweder renaturiert oder minimal durch die Freizeitschifffahrt genutzt.

Die vorgenannte nicht existierende Notwendigkeit, sich in Deutschland auf dem Wasser fortzubewegen, weder für den Güter- noch für den Personentransport, ließ die Schifffahrt in Deutschland gesellschaftlich zu einem Randphänomen werden. Ganz im Gegensatz zu Nationen, in denen eine nautische Notwenigkeit bestand. Zum Beispiel hat die maritime Industrie in Skandinavien (Bootsbau, Schiffbau, Ausrüstung und Dienstleistungen) einen wesentlich höheren Stellenwert und gesellschaftliche Akzeptanz. Auch wirtschaftlich ist die Industrie dort viel bedeutender als in Deutschland. Hiermit wird auch eine gesellschaftliche Akzeptanz gestärkt und erhalten. Eine maritime wirtschaftliche Tradition existiert in Deutschland kaum.

Interessant ist nun, wie in Deutschland mit den wenigen maritimen Phänomen umgegangen wurde und wird. Fest steht, dass es eine sachliche und wirtschaftliche Notwendigkeit auf dem Wasser zu fahren niemals in Deutschland gab. Dennoch kennt man bedeutende Schifffahrts- und Bootsregionen wie zum Beispiel in Berlin, Hamburg, am Bodensee oder an Elbe, Rhein und Mosel. Bootssport wurde ausschließlich zu Freizeit- und Sportzwecken ausgeübt. Wer sich zeitlich und finanziell dieses Hobby leisten wollte/konnte, kaufte sich ein Sportboot (s. Abb. 1.9).

Auf der Grundlage der elitären kaiserlichen Yachtclubs der Jahrhundertwende war es, nur zirka 50 Jahre später, nicht verwunderlich, dass der Besitz eines Sportbootes zu Vergnügungszwecken zum elitären Luxus degradiert wurde. Aristokratie

Abb. 1.9 Riva-Motorboot der 1960er-Jahre. (© picture alliance 44531898)

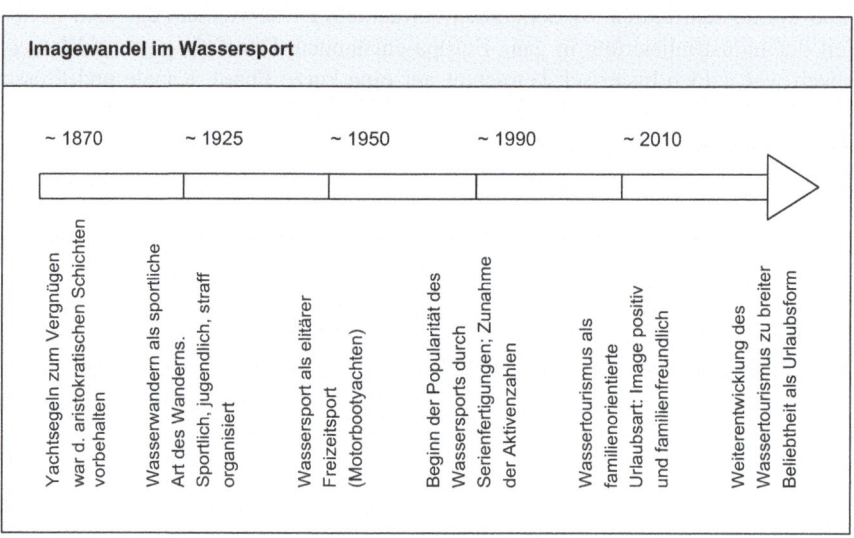

Abb. 1.10 Imagewandel im Wassertourismus. (© H. Haass, 2024)

existiert in Deutschland nicht mehr, also wird der Besitz eines Bootes mit wirtschaftlichem Reichtum („Geld-Adel") verbunden und schürt damit sozialen Neid. Damit war der Bootsport in Deutschland gebrandmarkt, was bis heute sein Image nachhaltig prägt (s. Abb. 1.10).

1.5 Entwicklungen in Deutschland

Es gab daneben jedoch einige Entwicklungen in den 1950er- und 1960er-Jahren, die den Bootssport zu einem Breitensport machten und alles andere als elitär waren. Die Wiking Schlauchbootwerft von Otto Hanel in Hofgeismar bei Kassel schaffte es in den früheren 1960er-Jahren, mit ihren durchaus stabilen und seetüchtigen Schlauchbooten Enthusiasten zu wecken, die mit diesen Booten beachtliche Seefahrten unternahmen. Es gründete sich damals der Wiking-Schlauchbootclub, der noch heute existiert. Die Boote sind inzwischen zu Oldtimern geworden, haben aber von ihrer Eleganz und Robustheit nichts verloren und so fahren Boote, die älter als 30–40 Jahre sind, noch heute problemlos auf den Gewässern. Es wurden damals bevorzugt Küstenfahrten im Mittelmeer unternommen, die für die damalige Zeit mit den doch kleinen motorisierten Booten eine außergewöhnliche Leistung waren. Die Wikingboote wurden damals gerne mit König Außenbordmotoren gefahren, die sich damals einen exzellenten Namen als Rennmotoren im Bootssport gemacht hatten. Neben den Wikingbooten, die als besonders stabil und seetauglich galten, baute noch die Deutsche Schlauchboot Fabrik von Hans Scheibert in Eschershausen Schlauchboote, der Zephyrreihe. In fünf Größentypen stellten sie ein breites Angebot auf dem Markt, das ebenfalls gerne und häufig gefahren wurden. Als stabil und seetauglich wurden damals auch die Schlauchboote der Gugel-Werke in Freiburg gesehen und waren als kleineres Marktsegment doch sehr beliebt. Als Einsteigerboote für breite Bevölkerungsschichten wurden gerne die Schlauchboote der Fa. Metzeler (Reifenfabrik in München) gekauft, die vorwiegend als leichte und gut transportable Boote in den Sommerurlaub mitgenommen wurden. Metzeler hatte damals Ruder-, Paddel-, Motor- und Segelboote als Schlauchboote im Programm, die durchaus im Kofferraum in den Urlaub mitgenommen werden konnten.

Legendäre touristische Fahrten entwickelten sich auch im Schlauchbootbereich. So gründete Hans Böhler im Jahr 1973 eine Interessengemeinschaft unter dem Namen Wiking-Club. Mit Eignern dieser damals sehr beliebten grau-blauen Schlauchboote bereiste Böhler zunächst alle befahrbaren westdeutschen Gewässer, später auch Flüsse in den Niederlanden. Dabei gab es zum Beispiel eine Durchfahrt durch Amsterdam mit über 130 Schlauchbooten. Nach dem Mauerfall besuchte Böhler mit seinem Club die ostdeutschen Flüsse und Seen (s. Abb. 1.11).

Dieses alles unter touristischen Aspekten und seinerzeit unter einfachsten Bedingungen, da viele Sportboothäfen noch sehr einfach ausgestattet waren.

Im Jahr 1969 fuhr der nordhessische Zahnarzt Dr. Gerhard Klees mit seinem Motorboot Tümmler unter dem Namen Helena über die Donau bis ins Schwarze Meer und setzte damit ein Zeichen für den touristischen Bootssport.

Diese Boote waren für viele später gestandene Bootfahrer der Einstieg in den Bootssport. Es ist einerseits zu bedauern, dass dieses Segment des Bootssportes dann ab Ende der 1970er-Jahre wegbrach, weil neue Bootstypen, die auch bezahlbar waren, für viele Bootssportler attraktiver wurden. Günstige GFK-Boote, die leicht trailerbar sind und viele Möglichkeiten bieten, lösen nun die Schlauchboote ab. Heute werden sie von einigen wenigen Engagierten gefahren und für die nächsten Jahre gepflegt und als Oldtimer erhalten.

Abb. 1.11 Bereits seit den 1970er-Jahren betreiben Schlauchbootfahrer ausgedehnte touristische Fahrten. (© E. Breuer, 2024)

Die Förderung des Wassertourismus in Deutschland haben sich bereits vor vielen Jahren zahlreiche Vereine und Verbände auf die Fahne geschrieben. So hat beispielsweise der deutsche Motoryachtverband e.V. (DMYV) mit seinen Sternfahrten und Tourenskippertreffen erheblich dazu beigetragen.

Unzählige Vereine laden auch heute noch regelmäßig Gäste zu ihren Hafenfesten ein, was sehr gerne von Wassertouristen angenommen wird. Natürlich trägt auch die Berichterstattung in den verschiedenen Wassersportmagazinen mit dazu bei, Bootfahrer zu Törns mit touristischem Hintergrund zu motivieren. Dies gilt gleichermaßen für Kanuten und Motorbootfahrer als auch für Segler, am Rande vielleicht sogar schon für Hausboottouristen, Im Übrigen darf aber auch der Angelsport nicht vergessen werden, denn viele Menschen, die dieses Hobby mit Ruder- oder Motorbooten ausüben, suchen immer wieder nach neuen und interessanten Angelrevieren. Hier schätzen sie auch eine angenehme und komfortable Infrastruktur.

Die Politik heute zeigt nur geringes Interesse an Entwicklungen des Bootssports und/oder der Erhaltung und Förderung der Wasserwege für eine relativ kleine Gruppe im Freizeitbereich. Ein allgemeines öffentliches oder gar wirtschaftliches Interesse wurde im Bootfahren nicht erkannt.

Kurios ist diese Entwicklung, denn aufgrund der zentralen Lage Deutschlands in der Mitte Europas, unter Berücksichtigung der sehr stark dem Wassertourismus verbundenen Nachbarländer wie beispielsweise die Niederlande, Dänemark oder auch Polen, wäre Deutschland ein ideales nautisches Transitland und könnte davon erheblich profitieren.

1.5 Entwicklungen in Deutschland

Eine Änderung in der Entwicklung des Wassertourismus ergab sich ab Anfang der 1990er-Jahre, als sich durch den Zusammenschluss beider deutscher Staaten sehr attraktive Wasserflächen und -wege eröffneten. Zugleich erkannten Kommunen und Länder in Brandenburg, Mecklenburg-Vorpommern und Sachsen-Anhalt die wirtschaftliche Effizienz und Attraktivität des Wassertourismus. Jetzt wurde erstmals auf Bundes-, Länder- und Kommunalebenen der Wassertourismus entwickelt und gefördert. Der Zeitraum Mitte bis Ende der 1990er-Jahre war quasi eine „Goldene Stunde" für den Wassertourismus in Deutschland. Zahlreiche Entwicklungskonzepte wurden auf Bundes-, Länder- und Kommunalebenen erarbeitet. Falsche Ansätze, überzogene Erwartungen und falsch geleitete Umweltziele ließen diese Euphorie jedoch schnell einer Ernüchterung weichen. Seit Anfang der 2000er-Jahre ist es wieder still geworden um den Wassertourismus in Deutschland.

Das Phänomen Bootstourismus, bis dato in Deutschland unbekannt, sollte kurzfristig schnell und gründlich aufgearbeitet werden.

Die in den 1990er-Jahren entstandene Flut von Konzepten und Studien, die allerorten aufgestellt wurden und sich gegenseitig in euphorischen Aussichten überboten, wiesen fatale Fehler auf, die sich heute zeigen. So wurde in allen Entwicklungen von wassertouristischen Destinationen in Deutschland ausgegangen. Es wurden Infrastrukturen hierfür entwickelt und Marketingkonzepte für Destinationen erarbeitet. Dass Deutschland jedoch nur ein wassertouristisches Transitland innerhalb Europas ist, wurde nicht berücksichtigt. Falsches Marketing, falsche Zielgruppen/Kunden, falsche Angebotsentwicklungen und falsche Infrastrukturen für viele Millionen Euro an Fördergeldern behindern und verhindern bis heute ein wassertouristisches Geschäft. Und vielerorts bis in die Bundespolitik wird dieses eigene Versagen als Beleg für die Unrentabilität des Wassertourismus interpretiert.

Im Zuge der Entwicklungen Mitte bis Ende der 1990er-Jahre begann sich ein verändertes Image des Bootsfahrens zu formen. Bootfahren wurde durchaus populär, bezahlbar und akzeptiert. Viele Tausende Menschen fanden den Weg zum Bootssport, durchaus gefördert durch Aktionen der großen Wassersportverbände und Messen. Diese Gunst der Stunde hat die Politik jedoch nicht erkannt und versäumte es, für breite Bevölkerungsschichten den Bootssport zu ermöglichen und zu erleichtern. Um beispielsweise das Trailerbootfahren in Deutschland überhaupt erst möglich zu machen, fehlen in Deutschland ca. 3800 öffentliche Slipanlagen. Diese zu entwickeln wäre ein politisches Signal gewesen und hätte zugleich die Sicherheit an Gewässern – auch im Hinblick auf die Wasserrettung – verbessert.

Es gibt allerdings einige positive Entwicklungen im Bootssport und -tourismus, die offenbar beständig anhalten (s. Abb. 1.12).

Das Fahren mit gemieteten Booten und Yachten, sogenannte Charterboote, sowohl Binnen als auch an der Küste, ist beliebter denn je und nimmt an Interesse zu. Auch das Hausbootfahren gewinnt zunehmend an Beliebtheit.

Weiterhin boomt der Superyachtbereich, auch wenn Deutschland davon kaum profitiert. Superyachten werden in den deutschen Revieren sehr selten gefahren, jedoch sind einige Werften und Unternehmen (Deutsche Yachten) in diesem Geschäft international tätig.

> **Was ist die hohe Attraktivität des Wassertourismus?**
>
> - Hohe Verfügbarkeit der Möglichkeiten und Angebote
> - Individualität
> - Familienfreundlichkeit
> - Risikoarmut (Binnenbereich)
> - Bezahlbarkeit
> - Evtl. Exklusivität, sportives Image
> - Naturnähe, Outdoor-Tourismus

Abb. 1.12 Die hohe Attraktivität des Wassertourismus. (© H. Haass, 2024)

Der Superyachtbereich bildet zahlreiche verschiedene Effekte in der Gesellschaft ab, wie Mode, Architektur, Innenraumdesign aber auch innovative Technologien im Schiffs- und Bootsbau. Hierdurch ist ebenfalls eine gesellschaftliche Akzeptanz erreicht worden. Da diese sehr großen Schiffe nicht mehr eignergesteuert sind, sondern von professionellen Crews gefahren werden, hat sich im Superyachtbereich auch eine maritime Moderichtung etabliert, die sich in lockeren Uniformen mit klaren Rangordnungen widerspiegelt. Diese Modetrends werden gerne in die allgemeine Mode übernommen und so sieht man an jedem Strand zahlreiche maritime Moden und Modeaccessoires. Deutschland hat große Potenziale, im Superyachtbereich international aufzutreten, indem die Werften und Ausrüster aufgrund ihrer Qualität und des Labels „Made in Germany" weltweit ein extrem gutes Image haben. Hier liegen immense wirtschaftliche Potenziale und Chancen für deutsche Unternehmen, sich am Weltmarkt zu etablieren. Allerdings ist hierzu eine staatliche Anschubförderung auch für viele Start-Ups in diesem Bereich erforderlich. Die Politik nimmt diese Chance jedoch momentan kaum wahr und bietet entsprechenden Unternehmen keine Unterstützung.

Es besteht derzeit in Deutschland ein ambivalentes Verhältnis der Politik und Gesellschaft zum Bootssport und zum Wassertourismus. Einerseits gibt es Unternehmen, die mit dem Wassertourismus entstanden und gewachsen sind, andererseits gibt es Unternehmen und Kommunen, die in den Wassertourismus investiert haben, aber als Verlierer gestrandet sind. Gute Erfahrungen stehen schlechten gegenüber. Die Politik hat sich seit Anfang der 2000er-Jahre aus diesem Thema weitgehend zurückgezogen, Es bleibt abzuwarten, welche Richtungen eingeschlagen werden bzw. ob die Politik dieses Thema überhaupt noch einmal aufgreifen wird. Grundsätzlich ist der Stillstand in der politischen Entwicklung nunmehr seit 25 Jahren faktisch ein Rückschritt. Die Gefahr dabei besteht, dass sich diese Inaktivität in Verbindung mit Inakzeptanz und einem fehlgeleiteten Umweltimage für viele Jahre festzementieren wird.

In der freizeitlichen Schifffahrt wurde die Chance zu einer nachhaltigen Entwicklung versäumt, aber aktuell eröffnet sich eine zweite Chance hierfür, indem der europäische Wassertourismus durchaus und gerne die deutschen Wasserwege als

1.5 Entwicklungen in Deutschland

Transitrouten nutzen könnte. Allerdings deuten die Zeichen und Taten der Verkehrs- und Transportpolitik leider nicht darauf hin, dass es hier umfassende Entwicklungen geben wird und es zeichnet sich ab, dass auch diese zweite nautische Chance für Deutschland versäumt werden wird. Das ist zu bedauern, denn im europäischen Gleichklang wären diese Entwicklungen gut und einfach umzusetzen, da es in anderen europäischen Regionen bereits fest etablierte Wassertourismusstrukturen gibt, die gerne und einfach aufgegriffen werden können, und in einer Vernetzung Deutschland als Transitregion in der Mitte Europas einbinden würde.

Übungsfragen zu Kap. 1
1. Zu welcher Zeit hat die Entwicklung des Yachtsports begonnen und welche Nationen waren hierbei führend?
2. Inwieweit geben die modernen Hightech-Hochseeregatten Entwicklungen für den Breitensport vor? Nennen Sie ein Beispiel.
3. Aus welchem Grund ist das Boot in den skandinavischen Ländern ein alltägliches Fortbewegungsmittel?
4. Wieviel Kilometer Länge umfasst das deutsche Binnenwasserstraßennetz?
5. Welchen Einfluss und welche Bedeutung hatte die kaiserliche deutsche Kriegsmarine auf die Entwicklung des Yachtsports in Deutschland?
6. Mit welchen Bootstypen begann der Wassersport in Deutschland populär zu werden?
   Beschreiben Sie ein Beispiel.

Grundlagen und Bedingungen des Wassertourismus

Definition des Begriffs Wassertourismus

Wassertourismus ist ein sehr junges Phänomen, das sich erst seit Anfang der 1990er-Jahre in Deutschland etabliert hat. Entsprechend neu sind auch die verschiedenen Bezeichnungen hierfür, insbesondere der Begriff Wassertourismus. Gemeint ist hiermit die erstmals in den 1990ern aufgekommene touristische Ausübung des Bootfahrens, da dieses in früheren Zeiten in Deutschland weitgehendste unbekannt war und zumindest in den politischen Betrachtungen nicht existierte. So mussten für dieses neue Phänomen und Segment des Tourismus ab Mitte der 1990er-Jahre eine Definition und ein Begriff gefunden werden. Anlass waren die Situation, dass vor allem die Kommunen in den neuen Bundesländern Brandenburg und Mecklenburg-Vorpommern erkannten, dass ihr Gewässerreichtum gerne von Bootsfahrern touristisch befahren wird. Politik und Verwaltung erkannten dieses (alte und) neue Tourismussegment als bedeutendes Entwicklungsziel und förderten diesen neuen Tourismus breit angelegt. Die Entwicklung von Marinas und Wasserwander-Rastplätzen etc. an den Gewässern erlebte einen bis dato in Deutschland unbekannten Aufschwung. In dieser Pionierphase wurde dieses neue Phänomen mit verschiedenen Bezeichnungen umschrieben: Bootstourismus, Wassersporttourismus, Wassertourismus oder auch maritimer und nautischer Tourismus. Alle unterschiedlichen Begriffe implizieren unterschiedliche Inhalte und Ziele und wurden vorwiegend nach dem Ermessen des Verwenders benutzt. Sogar rechtlich unhaltbare Begriffe und Wortkombinationen wurden zusammengestellt, obwohl die restlichen Grundlagen diese Kombinationen ausschließen. So sind einige Bezeichnungen, die auch heute noch hörbar sind, entweder falsch oder irritierend. Es soll daher an dieser Stelle erstmals die Nomenklatur dieses touristischen Phänomens analysiert werden und ein eindeutiges Votum für den Begriff Wassertourismus aufgestellt werden (s. Abb. 2.1).

Der Begriff *Bootstourismus* umfasst expressis verbis den Tourismus nur mit Booten, andere Formen des Tourismus am oder auf dem Wasser umfasst dieser Begriff nicht und andere Wassernutzungen sind damit ausgeschlossen. Da der Wassertourismus jedoch wesentliche breiter angelegt ist und auch andere Tourismusformen

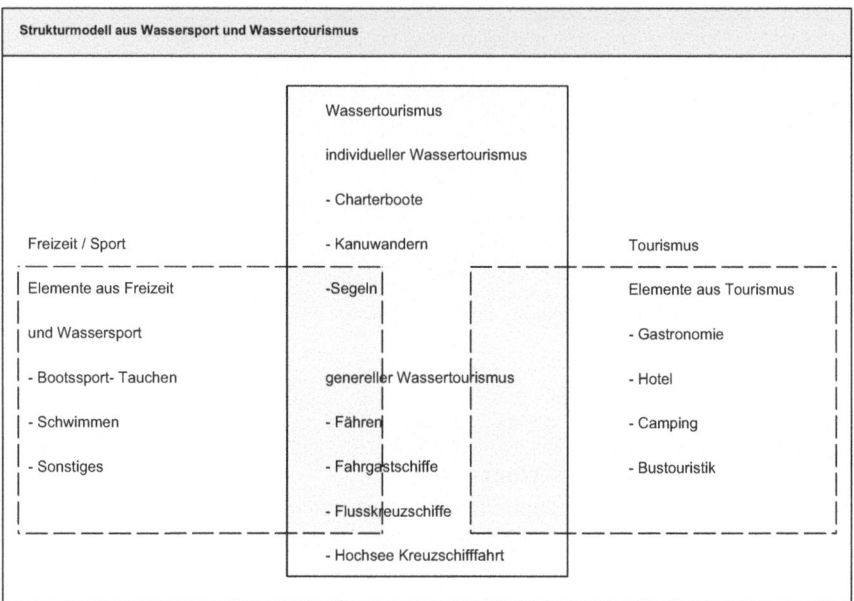

Abb. 2.1 Strukturmodell des Wassertourismus. (© H. Haass, 2024)

Was zählt zum Wassertourismus?

- **Individueller Bootssport**
  Kanu/Paddeln, Segeln, Motorboot- /Hausbootfahren, Surfen, Tauchen, Angeln etc.

- **Organisierte Fahrgastschifffahrt**
  Kreuzschifffahrt, regionale Personenschifffahrt, Fähren, schwimmende Gastronomie etc.

- **Sonstige wasserbezogene Tourismusangebote**
  Gastronomie, Hotellerie, Camping, Städtetourismus, Naturtourismus, Events/Festivals, Baden/Schwimmen, Sport etc.

Abb. 2.2 Teilbereiche des Wassertourismus. (©H. Haass, 2024)

am und auf dem Wasser umfasst, die nicht mit Booten ausgeführt werden, wie angeln, tauchen, Naturbeobachten etc., kann der Begriff Bootstourismus nicht verwendet werden (s. Abb. 2.2).

Wassersport-Tourismus – dieser Begriff ist ein Widerspruch in sich und ist auch schon aus rechtlicher Sicht nicht haltbar. Denn Wassersport und Wassertourismus sind zwei völlig verschiedene Phänomene, die nicht kombinierbar oder vermischbar sind. Dieses zeigt sich auch in den unterschiedlichen Förderrichtlinien für beide

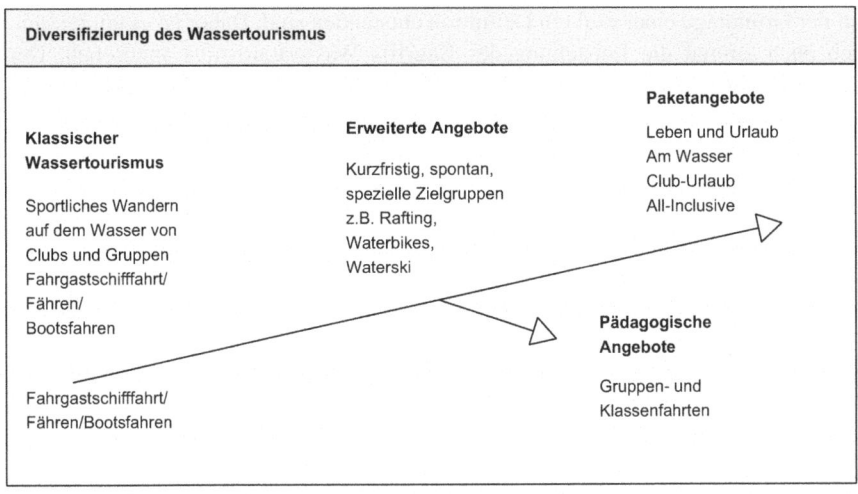

Abb. 2.3 Diversifizierung des Wassertourismus. (©H. Haass, 2024)

Phänomene, die nicht kombinierbar sind. Sportförderung von Vereinen im Breiten- und Spitzensport ist das eine und touristische Förderung von Urlaubsphänomenen die andere Seite. Eine Verbindung oder Kombination beider Förderungen ist rechtlich unmöglich und wurde Anfang der 1990er-Jahre mehrfach versucht, ist jedoch grundsätzlich an o.g. Ausschluss gescheitert. insofern ist dieser Begriff Nonsens (s. Abb. 2.3).

Maritimer oder nautischer Tourismus umfasst alle Phänomene auf und am Wasser, die etwas mit Nautik zu tun haben. Da aber im Tourismus am und auf dem Wasser noch viel mehr als nur Nautik gemacht werden kann (s.o.), ist auch dieser Begriff viel zu kurz gefasst und vernachlässigt alle Phänomene, die touristisch mit dem Wasser zusammenhängen, aber nichts mit Nautik zu tun haben. Die Einschränkung auf Nautik schließt hier wesentliche andere Nutzungsformen aus und umschreibt damit nicht den gesamten Wassertourismus.

Der Begriff Wassertourismus wurde vom Autor dieses Buches Anfang der 1990er-Jahre eingeführt und umfasst als generalisierende Bezeichnung alle touristischen Phänomene und Aktivitäten im Zusammenhang mit Wasser, auch neben dem Boot fahren. Also z. B. auch die Personenschifffahrt, Angeln, Tauchen, Baden, Wohnen auf dem Wasser und vieles andere mehr. Es geht dabei nicht nur um aktive Nutzungsformen, sondern auch das Wasserbeobachten, Spazierengehen am Wasser etc. sind hiermit gemeint und bezeichnen, was zu Anfang der 1990er-Jahre in Politik und Verwaltung erreicht werden sollte, nämlich eine umfassende tourismuswirtschaftliche Entwicklung von Wasserlagen und Gewässern.

Kurios ist, dass diese Definitionsdiskussion bis heute nicht beendet ist und in vielen wassertouristischen Studienkonzepten und -manifesten werden von Experten immer noch verschiedene irritierenden und teilweise falsche Definitionen postuliert. Die meisten so verwendeten Begriffe sind Zufallsformulierungen, die kaum auf der Grundlage einer exakten Definition entstanden sind. Daher ist es interessant, sich auch einmal die Entstehung des Begriffs Wassertourismus anzusehen. Der Autor des vorliegenden Buches hat sich Anfang der 1990er-Jahre mit einem Team verschiedener Wissenschaftler in der Forschungsgruppe Wassersport, Wassertourismus mit der Suche nach einer sachlich eindeutigen Definition und Bezeichnung dieses damals neu aufgetretenen touristischen Phänomens befasst. So ist nach umfassenden Diskussionen und Studien der Begriff Wassertourismus entstanden, der allein die Breite aller dieser Phänomene abdeckt. Die in diesem Bereich arbeitenden Fachleute und Experten und auch Politiker und Verwaltungen sind leider bis heute dieser Bezeichnung nur selten gefolgt. In manchen Studien wird beharrlich auf andere Begriffe gesetzt, was häufig das Ergebnis dieser Arbeiten verfälscht oder zumindest falsch verstehen lässt. Der momentane Stillstand in der Entwicklung des Wassertourismus ist auch zu einem Großteil auf diese Uneinheitlichkeit in den Begriffen begründet.

In diesem Zusammenhang ist es auch interessant, einen Blick auf andere europäische und internationale Begriffe für diese Phänomene zu werfen.

Im englischen Sprachraum wird von „boating" und „yachting" gesprochen, wenn es um die Aktivitäten des Bootfahrens geht. In übrigen Zusammenhängen, z. B. wirtschaftlich oder administrativ, wird von „nautical tourism" gesprochen.

Ähnlich ist es im Italienischen, wo man den „turismo nautico" kennt. Diese Bezeichnung greift im italienischen Verständnis wesentlich weiter als im deutschen Begriff nautischer Tourismus. Im Italienischen versteht man hier alle touristischen Phänomene im Zusammenhang mit Wasser.

Im französischen Sprachraum ist es der „tourisme nautique" und in den Niederlanden wird es „nautisch toerisme" genannt. In allen diesen Sprachräumen werden Nautik und Tourismus im Begriff weiter gefasst als im vergleichbaren deutschen Begriff. Es ist insofern wichtig, die deutsche Definition auch den übrigen europäischen Definitionen anzupassen, um eine Vergleichbarkeit und vor allem auch eventuelle Vernetzung und Verbindung dieser Phänomene zu ermöglichen. Die o.g. Definition des Wassertourismus kommt daher diesen anderen europäischen Begriffen am nächsten und sollte auch schon allein aus diesen Gründen in der weiteren Entwicklung in diesem Sinn verwendet werden.

2.1 Das soziale Image des Bootfahrens in anderen internationalen Regionen

Wassersport ist eine der Sportarten, die in Deutschland ein sehr ambivalentes Verständnis in der Bevölkerung hat. In Deutschland ist dieses ein sehr spezielles Verhältnis, dass in Abschn. 1.5 bereits dargestellt wurde. Interessant ist es auch, einen Blick in andere internationale Regionen zu werfen, auch um im weiteren Rahmen zu verstehen, wie die sehr spezifische Situation in Deutschland entstanden ist und warum es so schwer und fast unmöglich scheint, dieses extrem schlechte Image aufzubrechen.

2.1.1 Betrachtungen des Wassersports in England

England ist eine Insel, das prägt nachhaltig das Verhältnis der Engländer zum Wasser und zur Schifffahrt. Hinzukommt eine einmalige Geschichte und Tradition der britischen Seefahrt. Die Schifffahrt generell hat einen gewaltigen Entwicklungsschub in der Kolonialisierung durch europäische Staaten gebracht. Seit dem Mittelalter sind europäische Staaten in die Welt hinaus gesegelt und haben Kolonien erobert. Alle großen europäischen Nationen, die Kolonisation betrieben haben, waren auch große Seefahrtnationen. England stand hier lange Zeit an der Spitze und erreicht durch seine Seefahrer eine Vormachtstellung weltweit. England wetteiferte im 19. Jahrhundert mit Deutschland um die maritime Weltspitze. England ist durch seine Seefahrt zur Weltmacht geworden. Die britische Bevölkerung steht dahinter und hat erkannt, dass sie nicht nur wirtschaftlich gut damit fährt. Eine große wirtschaftliche Branche der Seefahrt ist über viele Jahrhunderte in England entstanden. Neben der militärischen Seefahrt hat sich auch die Handelsschifffahrt sehr weit entwickelt und natürlich auch der Yacht- und Bootssport. Heute sind weltweite Bootswerften und Wassersportfirmen gut bekannt. Auch viele erfolgreiche und bekannte Regattasegler kommen aus England. Insgesamt war und ist England eine Seefahrtnation, die aus ihrer maritimen Tradition und Geschichte auch heute noch viele Ableitungen in den Regattasport hat und damit international nach wie vor eine Spitzenposition in Seefahrt und Wassersport einnimmt. Die Bevölkerung steht vollständig hinter dieser Tradition und trägt so zu einer umfassenden gesellschaftlichen Akzeptanz des Wassersports bei.

2.1.2 Betrachtungen des Wassersports in Skandinavien

Die skandinavischen Länder sind eine der weltweit bedeutendsten Wassersportregionen. Lange Traditionen in allen maritimen Bereichen wie Bootsbau, nautisches Zubehör, Industrie und Wassertourismus prägen das Image, insbesondere von Dänemark, Schweden und Norwegen. Da Wassertourismus generell mit sommerlichen Wetterverhältnissen verbunden wird, haben es Norwegen und Finnland eher schwer, in diesem Tourismussegment eine große Rolle zu spielen. Dennoch sind sie in der maritimen Industrie führend. Skandinavischer Wassertourismus steht für Vielfältigkeit, Freiheit und gute Servicequalität. Es sind dennoch vorwiegend Skandinavienfans und Liebhaber, die hier als Wassertouristen auftreten. So scheidet Skandinavien für zum Beispiel eindeutige Mittelmeerliebhaber eher aus und die Gäste in Skandinavien kommen auch eher aus den nordeuropäischen Regionen. Als besonderer Schwerpunkt im skandinavischen Wassertourismus ist der Angeltourismus in Norwegen zu nennen. Hier hat Norwegen mit exzellent ausgebauter Infrastruktur und Fischreichtum eine internationale Spitzenposition im Wassertourismus. Skandinavien profitiert in starkem Maß von der verkehrlichen Notwendigkeit des Bootfahrens als Transport- und Beförderungsmittel. Postschiff wie die Hurtigruten zeigen sehr deutlich, dass alles Maritime hier zum Funktionieren des Alltags dazu gehört und so als eine gesellschaftliche Normalität angesehen wird.

2.1.3 Betrachtungen des Wassersports in den Niederlanden

Die Niederlande sind eines der europäischen Wassertourismus-Eldorados. Hier finden sich sowohl im Binnen- wie auch im Seebereich vielfältige und ideale Fahrensbedingungen. Viele deutsche Wassertouristen haben aufgrund dieser idealen Bedingungen und exzellenten Servicequalitäten im Wassertourismus ihr Boot in die Niederlande verlegt und sind hier zu Dauergästen geworden. Man hat in den Niederlanden den großen tourismuswirtschaftlichen Nutzen des Wassertourismus erkannt und entsprechend in dieses Tourismussegment investiert. Diese Rechnung geht seit vielen Jahren sehr gut auf und das Land hat ein perfektes Image für den Wassertourismus, Obwohl das Wasserangebot regional mit Deutschland vergleichbar ist, genießen die Niederlande doch ein wesentlich wassertourismusfreundlicheres Image, was zahlreiche deutsche Bootsbesitzer zum Abwandern in die Niederlande veranlasst hat. Einfache Vorschriften und ein lockerer Umgang miteinander machen das Befahren der Gewässer und das Liegen in den Häfen sehr einfach und angenehm. Die niederländische Tourismusindustrie stellt sich auf ihre Gäste ein und entwickelt entsprechende Angebote. Die Servicequalität ist insgesamt höher und besser als in Deutschland, was zusätzlich für ein positives Image sorgt. Die Niederlande haben sowohl im Rahmen ihrer Kolonien sehr viel Seefahrt betrieben, wie aber auch für Transport innerhalb ihres Landes. Interessant ist, dass gerade hier epochale Innovationen im Schiffbau das Entstehen großer Flotten ermöglichen. So konnten in den Niederlanden mithilfe der Windkraft erstmals Sägewerke betrieben werden und große Mengen Holz zu Planken und Balken aufgesägt werden, was den Schiffbau extrem beflügelte. Hierin waren die Niederlande die erste Nation, die den Schiffbau auf diese Weise industrialisierte. Eine hohe gesellschaftliche Akzeptanz war damit selbstverständlich.

2.1.4 Betrachtungen des Wassersports im Mittelmeerraum

Die wassertouristischen Mittelmeerregionen wie Spanien, Frankreich, Italien, Kroatien, Griechenland und die Türkei bieten mit ihrer vorzüglichen Wettergarantie ideale Voraussetzungen für den Wassertourismus. Hinzu kommen interessante Historie, Kultur, Essen und Trinken und der mediterrane Lifestyle, was insgesamt zu einer sehr hohen Attraktivität dieser Reviere führt. In den Mittelmeerregionen haben sich in den letzten Jahrzehnten exzellente Marinas entwickelt, die mit hoher Servicequalität für ein gutes Image des Wassertourismus in diesen Regionen sorgen. Die gute Erreichbarkeit aus ganz Europa eröffnet diesen Regionen sehr hohe Entwicklungspotenziale, die in den kommenden Jahren auszuschöpfen sind. Es bestehen durchaus in den o.g. Regionen beachtliche Unterschiede in qualitativer und preislicher Hinsicht. War Kroatien Ende der 1990er-Jahre ein preiswertes Urlaubsland, so ist es inzwischen preislich in eine Spitzenposition aufgestiegen. Italien setzt in den letzten Jahren vermehrt auf Qualitätstourismus, was gern über entsprechende

Preisstrukturen durchgesetzt wird. Hier entstehen viele neue Marinas des Luxussegmentes. Im gesamten Mittelmeerraum spielt der Super- und Megayachttourismus eine zentrale Rolle. Marinas rüsten entsprechende Liegeplätze und Infrastrukturen nach und Kommunen an diesen Plätzen setzen auf dieses Touristensegment. Schließlich kommt noch der Kreuzfahrttourismus im Mittelmeer hinzu, der in bestimmten Orten und Regionen (Venedig und Dubrovnik) zu Überfüllung und Überlastung dieser Orte führt. Die Nationen im Mittelmeerraum nutzten die Seefahrt seit dem Altertum als wirtschaftliche und militärische Phänomene. Hinzu kam der Fischfang, der für viele Orte und Menschen eine Überlebensstrategie war. Das gesellschaftliche Image der Schifffahrt war damit keine Frage, sondern eine Selbstverständlichkeit. Die neuerlichen wirtschaftlichen Effekte aus dem luxuriösen Wassertourismus und dem Superyachtbusiness sind so nachhaltig und überzeugend, dass kaum jemand diese Nutzeffekte infrage stellen will und kann.

2.1.5 Betrachtungen des Wassersports in Australien und Neuseeland

Auch diese Hochburgen des Wassertourismus sind interessant und noch weiter entwicklungsfähig. Für Europäer leider zu weit entfernt, verfügen nur wenige Europäer über tatsächliche Erfahrungen und Bootspraxis aus diesen Regionen. Aufgrund der hohen Verfügbarkeit von Wasser hat sich die maritime Freizeitindustrie hier sehr weit entwickelt. Allerdings erfährt man in Europa nur sehr wenig über diese Reviere und ihre Möglichkeiten und Angebote. Die anspruchsvollen Offshore-Reviere haben gerade das Hochseeregattasegeln befördert und viele bekannte Spitzensegler hervorgebracht. Diese Tatsache prägt das Image des südpazifischen Raums und ist auch in Europa in dieser Richtung bekannt und interessant. Aus touristischer Sicht spielt diese Region für Europa und Deutschland kaum eine bedeutende Rolle. Im pazifischen Raum ist Wassersport zu einem Lifestyle geworden, der aber auch beachtliche wirtschaftliche Effekte auslöst. Dieses ist erkannt worden und kaum jemand stellt hier diesen Nutzen infrage. Die gesellschaftliche Akzeptanz vom Bootfahren und Hochseesegeln ist in breiter Form in der Gesellschaft vorhanden.

2.1.6 Betrachtungen des Wassersports in den USA

Die USA sind weltweit eine der größten Wassersportnationen. Dieses gilt für die Anzahl an Sportbooten, aber auch für die wirtschaftliche Kraft dieser Branche. In der National Marine Manufactures Association (NMMA) sind weltweit die meisten Unternehmen zusammengeschlossen. Bootsbau, Ausrüstung Motoren etc. haben zahlreiche international tätige Unternehmen hervorgebracht, zum Beispiel Brunswick oder andere, die national wie international tätig sind. In den USA wird das gesamte Spektrum des Wassers und des Wassertourismus abgedeckt, vom Binnenbootfahren bis zum Offshore-Segeln. So sind auch hier einige Spitzensegler bekannt geworden und prägen das Wassersportimage der USA, zum Beispiel Dennis Connor und andere. Zahlreiche international bekannte Hochseeregatten werden in den USA gesegelt, sowohl auf dem Atlantik wie auch auf dem Pazifik. Die USA sind weltweit der größte Wassersportmarkt. Hier sitzen die größten Werften und Unternehmen der Branche und hier ist das gesellschaftliche Image der Bootfahrten vollständig akzeptiert. So weitläufig wie das Land ist, so weitläufig sind auch die Ansichten zum Bootfahren. Ein Farmer in einem Wüstenstaat wird kaum eine Beziehung zum Bootfahren haben, kann dieses jedoch akzeptieren. Einwohner von wasserreichen Staaten sehen dieses ganz anders und betrachten das Bootfahren als Element eines sportlichen Lifestyles.

2.2 Voraussetzungen für den Wassertourismus in Deutschland

Die politisch sehr spezielle Situation in Deutschland Anfang der 1990er-Jahre hat den Wassertourismus als touristisches Phänomen unter sehr spezifischen Bedingungen entstehen lassen. Dieses Phänomen des Reisens war bis dahin weitgehend unbekannt und wurde weder in Politik noch Verwaltung besonders berücksichtigt. Vielmehr wurde Bootfahren als Individualinteresse nur einiger weniger betrachtet, das keine politische Berücksichtigung und keine öffentliche Förderung erlaubte. Diese Ausgangssituation machte es Anfang der 1990er-Jahre daher außergewöhnlich schwierig, hier zu entwickeln, allerdings machte die Aussicht auf wirtschaftliches Wachstum in den neuen Bundesländern das Unmögliche doch möglich. Ein Blick auf diese schwierigen und z.T. auch kuriosen Ausgangssituationen erklärt diese Problematik (s. Abb. 2.4 und 2.5).

Teilnehmer-/Nachfragezahlen im Wassertourismus		
Wassersportaktive Urlauber	:	ca. 19,0 Mio. Personen
Incoming-Wassertouristen /geschätzt	:	ca. 1,50 Mio. Personen
Inlands-Wassertouristen /geschätzt	:	ca. 6,75 Mio. Personen

Abb. 2.4 Nachfragezahlen im Wassertourismus. (©H. Haass, 2024)

2.2 Voraussetzungen für den Wassertourismus in Deutschland

Entwicklung des Wassertourismus/Voraussetzungen in Deutschland	
Positiv	**Negativ**
Wasserflächen Vielfältige Binnenwasserstraße	**Fehlende Netzwerke** Technische Infrastrukturen Ufergastronomie Verknüpfung mit touristischen Angeboten
Ladeflächen Attraktive Städte in Wasserlagen Mit vielfältigen touristischen Angeboten	
Organisation Verwaltung Traditionen Wassersportverbände	**Mangelhafte Standards** Baulicher Zustand Defizite in der Grundausstattung Innerstädtische Gastliegeplätze Ver- und Entsorgungsangebote Management/Verfügbarkeit Regelung und Verordnungen
Nachfragepotenzial Steigende Zahl von Wassersportlern und Führerscheininhabern Populär	**Ungenügend Information** Wassertouristische Leitsysteme CD/CI und Marketing

Abb. 2.5 Voraussetzungen für den Wassertourismus in Deutschland. (©H. Haass, 2024)

2.2.1 Finanzielle und materielle Bedingungen

In Deutschland kursiert immer noch der Eindruck, dass Bootsbesitz gleichbedeutend mit großem Reichtum ist. Ein Irrglaube, der leider sehr fest etabliert ist und schon seit vielen Generationen immer weitergegeben und genährt wird. Die Ursprünge dieses Images liegen sicherlich in der ausschließlich aristokratischen Elite der kaiserlichen Yachtclubs. Die gesellschaftlichen Realitäten sehen jedoch ganz anders aus, indem es seit den 1950er-Jahren durchaus eine breite Bevölkerungsschicht von Normalverdienern gab, die dieses Hobby mit normalem Einkommen ausüben konnten. Die Politik unterstützte und unterstützt indirekt und unbewusst diesen Irrglauben, in dem sie durch Inaktivität nicht zu Veränderung oder Besserung beiträgt. Eine nähere Betrachtung über die tatsächlichen Kosten eines Sportbootes zeigen, dass es durchaus sehr kostenintensivere Hobbys gibt, die jedoch bei weitem gesellschaftlich nicht so geächtet sind, wie das Bootfahren. Positiv für den Bootssport ist, dass es beständig einen großen Gebrauchtbootmarkt gibt, auf dem kleine Boote bereits für einige Hundert Euro zu erhalten sind. Sportboote sind sehr langlebige Wirtschaftsgüter mit einer durchschnittlichen Lebensdauer von 50–70 Jahren. Diese Tatsache schlägt sich in Verbindung mit einer hohen Verfügbarkeit auf die Preise nieder und führen auch dazu, dass sich das Image doch langsam wandelt. Einen zuvor nicht dagewesene Entwicklungsschub gab es ab Anfang der 1990er-Jahre, der durchaus interessante Neuerungen mit sich brachte.

Es ist zunächst einmal wichtig, sich die finanziellen Voraussetzungen zum Bootfahren anzusehen.

Diese finanziellen Voraussetzungen zum Bootfahren setzen sich aus vier Bausteinen zusammen:

- Anschaffungskosten des Bootes, neu oder gebraucht
- Kosten der Ausrüstung (Motor, Navigation, Sicherheitsausrüstung etc.)
- Betriebskosten (Treibstoff, Wartung, Reparaturen, Versicherungen etc.)
- gegebenenfalls Liegeplatzkosten und Hafengebühren etc.

Diese Kosten müssen insgesamt nicht sehr hoch sein. Belegt wird dieses durch die Tatsache, dass der Großteil der Bootsfahrer in Deutschland durchschnittliche Verdiener und/oder Rentner sind. Auch verhältnismäßig viele Mittelständler und Handwerker sind in diesen Sportarten anzutreffen, was auch durch den hohen Service- und Reparaturaufwand an Booten zu erklären ist. Andererseits werden größere und teurere Sportboote häufig und gern in sogenannten Eignergemeinschaften gekauft und gehalten, um die Kosten auf mehrere Eigner aufzuteilen. Es ist also bei weitem nicht so, wie eine Redensart das Bootfahren beschreibt, in der Segeln als „unter der kalten Dusche stehen und 100-€-Scheine zerreißen" dargestellt wird.

Und schließlich sucht jeder Bootsfahrer auch nach den für ihn finanziell besten Möglichkeiten, seine Kosten niedrig zu halten. Die Möglichkeiten hierzu sind auch vielfältig, von Eigenleistungen über Nachbarschaft und Freundschaftshilfen oder Winterrabatte von Betrieben und Händlern.

Auch im touristischen Geschäft des Bootfahrens wird sehr genau auf das Geld geschaut. Wassertouristen vergleichen sehr genau die Preise und lassen sich in ihrer Reiseplanung durchaus auch längere Zeit für Planung, Vergleiche und Buchungen. Kosten für eine Bootscharter, Hafengebühren und sonstige Kosten werden zum einen vom Gast bereits vor der Reise genau verglichen und geprüft. Aber auch die Anbieter einer Region kennen das vorhandene Preisgefüge und Niveau sehr genau und wissen, wo die Zahlgrenze der Kunden liegt.

Interessant ist, dass in den letzten Jahren im Zusammenhang mit Epidemie, Inflation und Kriegen die Nachfrage nach attraktiven Urlaubsangeboten im Inland zugenommen hat. Insbesondere im Zusammenhang mit Wasser ist der Gast durchaus bereit sein Urlaubsbudget in ähnlicher Höhe wie vor 2019 einzusetzen. Dieses hat erhebliche Auswirkungen auf den vorhandenen Gebrauchtbootmarkt, der derzeit sehr strapaziert ist.

2.2.2 Verfügbarkeit und Zugang zu Gewässern

Für die urlaubsmäßige und touristische Ausübung des Bootfahrens spielt die wohnungsnahe Verfügbarkeit eines Gewässers kaum eine Rolle, da eine urlaubsbedingte Anreise zu einem Gewässer als Teil des Urlaubs mit eingeplant und eingebucht wird. Da aber der Wassertourismus auch in Tages- und/oder Wochenendform ausgeübt wird, spielt die Verfügbarkeit eines wohnungsnahen Gewässers eine entscheidende Rolle. Untersuchungen der Forschungsgruppe Wassersport/Wassertourismus haben gezeigt, dass in Deutschland für die Freizeit auf dem Wasser gene-

2.2 Voraussetzungen für den Wassertourismus in Deutschland

rell eine maximale Fahrzeit von 1,5 h zu einem für den Bootssport geeigneten Gewässer gesucht wird. Dabei kommen meistens trailerbare Boote zur Verwendung. Es kann nicht auf allen Gewässern in Wohnnähe jede Bootssportart ausgeübt werden, aber prinzipiell kann jeder etwas für sich in seiner Region finden, um zunächst Freizeit auf dem Wasser ausüben zu können. Die Betrachtung der Verfügbarkeit von bootsgeeigneten Gewässern steht in direktem Zusammenhang mit den Möglichkeiten des Zugangs zum Gewässer und der Möglichkeit einer Befahrbarkeit. Hier stehen zahlreiche, auch umweltpolitische Barrieren, im Raum, die leider eher noch zu weiteren Restriktionen von Befahrungsmöglichkeiten führen werden. Europäische und nationale Vorgaben zur Ausweisung von Schutzgebieten, insbesondere im Verlauf von Flüssen, lassen erwarten, dass weite Teile des Wasserstraßennetzes in Deutschland in den kommenden Jahren einer freizeitlichen und bootssportlichen Nutzung entzogen werden. Hiervon betroffen werden vor allem die sogenannten Nebenwasserstraßen sein, für die jetzt kaum Unterhaltarbeiten durchgeführt werden und umfassende Renaturierungspläne bestehen, die das Befahren mit Sportbooten verhindern. Das Bundesprogramm blaues Band lässt diese restriktiven Maßnahmen erkennen und passt sehr gut in die politischen Vorgaben des Landschaftsschutzes. Gestärkt werden diese Restriktionen auch durch das oben genannte gesellschaftliche negative Image des Bootssport ist. Und leider lassen sich diese Positionen auch sehr gut für Ziele des Umwelt- und Klimaschutz ausschlachten.

Die touristische Nutzung der deutschen Gewässer und Wasserstraßen sieht dagegen etwas anders aus. Alle Gewässer, die einen eindeutigen wirtschaftlichen Nutzen durch den Tourismus erbringen, werden geöffnet und sind nutzbar. Gewässer, die wenig oder kaum touristisch genutzt werden, erfahren kaum eine Berücksichtigung und werde kaum ausgebaut und/oder unterhalten. Das heißt, die großen Durchgangswasserstraßen und Kanäle werden unterhalten, die sogenannten Nebenwasserstraßen dagegen kaum, obwohl diese touristisch sehr interessant sein können. Eine geografische Verfügbarkeit von touristischen Gewässern ist durchaus gegeben. Allerdings wird diese nicht durchgängig gesehen und erhalten (s. Abb. 2.6, 2.7, und 2.8).

Voraussetzungen eines kanugeeigneten Gewässers:

o Möglichkeiten zur Schaffung von Ein-/ Ausstiegsstellen, Ein- und Aussetzstellen
o Möglichkeiten zur Schaffung von interessanten Fahrstrecken, Rundkursen
o Leichte bis mittlere Fließgeschwindigkeit des Gewässers (maximal 8-10 km/h)
o Wenig bis keine Berufsschifffahrt
o Landschaftlich reizvoll, im Wechsel mit touristisch interessanten Orten
o Schaffung von kanugerechter Infrastruktur (Rastplätze am Ufer, Übernachtungsplätze, Zufahrts-/ Lagermöglichkeiten für Boote etc.)
o Möglichst wenig Wehre, Schleusen oder Umtragen
o Möglichst ganzjährige Befahrbarkeit des Gewässers
o Gute Erreichbarkeit und Anbindung an das Straßennetz

Abb. 2.6 Voraussetzungen für ein motorbootgeeignetes Gewässer. (©H. Haass, 2024)

> **Voraussetzungen eines motorbootgeeigneten Gewässers:**
>
> o Ausreichende Gewässergröße (Breite, Wassertiefe, Länge)
> o Nautische Infrastruktur (Schleusen, Brückendurchfahrten etc.)
> o Befahrbarkeit mit motorgetriebenen Booten
> o Landschaftlich reizvole Uferlandschaften und Gewässerverlauf im Wechsel mit touristisch interessanten Orten
> o Möglichkeiten zur Schaffung interessanter Fahrstrecken und Rundkursen
> o Möglichkeiten zur Errichtung von baulicher Infrastruktur (Slipanlagen, Anlegestellen, Übernachtungs- und Rastplätze etc.)
> o Keine störenden gewerblichen Gewässernutzungen und Schifffahrt
> o Möglichkeit zur Verbindung mit touristischen Angeboten der Region

Abb. 2.7 Voraussetzungen für ein kanugeeignetes Gewässer. (©H. Haass, 2024)

> **Voraussetzungen eines segelgeeigneten Gewässers:**
>
> o Keine oder möglichst geringe Fließgeschwindigkeit des Gewässers
> o Windsicherheit und Gleichmäßigkeit
> o Ausreichend große Wasserfläche > 30 ha
> o Keine störende gewerbliche Gewässernutzung
> o Landschaftlich reizvolle Ufer
> o Möglichkeiten zur Vernetzung mit touristischen Angeboten und Infrastruktur der Region
> o Möglichkeiten, die erforderliche Infrastruktur auszubauen (Slipanlagen, Anlegestellen, Liegeplätze etc.)
> o Gute Erreichbarkeit und Anbindung an des Straßennetz der Region

Abb. 2.8 Voraussetzungen für ein segelgeeignetes Gewässer. (©H. Haass, 2024)

Interessant ist auch die gegenwärtige Diskussion über die Einrichtung eines Nationalparks Ostsee, der eine weitgehenden Sperrung der Ostseeküsten für den Wassersport/Wassertourismus zur Folge hätte. Das Ergebnis dieser Diskussion bleibt abzuwarten.

2.2.3 Anschaffung eines neuen oder gebrauchten Bootes

Für die meisten Anfänger im Bootssport erscheint die Anschaffung eines eigenen Bootes als die größte Hürde. Dabei bieten sich hier mehrere Möglichkeiten an, auch kostengünstig an ein Sportboot zu kommen. Es muss nicht immer der Neukauf sein. Dieser erste Schritt wird sicher zunächst als Einstieg in die Auswahl eines geeigneten und passenden Bootes realistisch sein. Der Besuch von Bootshändlern und

Ausstellungen zeigen einem die Marktbreite. Hier ist auch fachkundige Beratung sinnvoll und hilfreich. Der Kauf eines neuen oder gebrauchten Bootes sollte nicht allein zwischen Händler und Kunde erfolgen. Im Gegensatz zum Autokauf, dessen Risiken und technische Prüfungen weit verbreitet und bekannt sind, bestehen beim Bootskauf sehr große Unkenntnisse und Zweifel über die richtige Entscheidung. Es wird insofern grundsätzlich zur Hinzuziehung eines Bootssachverständigen geraten, der den Kauf im Sinne des Kunden begleiten soll. Beim Kauf eines älteren gebrauchten Bootes ist diese fachkundige Beratung und Prüfung des Bootes besonders wichtig, da ein Laie nicht über die erforderlichen Kenntnisse und Prüfverfahren verfügt, die ein Sachverständiger mitbringt. Die Mitwirkung eines Sachverständigen muss nicht sehr teuer sein, bietet aber dem Kunden sehr viel mehr an Sicherheit und Vertrauen in sein Boot. Es gibt viele Checklisten und Prüflisten im Internet zum Bootskauf, aber die direkte Prüfung des Bootes vor Ort wird dadurch ersetzt. Der Sachverständigenverband Internationale Bootsexperten e.V. bietet in Form eines Gebrauchtboot-Checks unter Mitwirkung eines Sachverständigen eine fachkundige Erstprüfung des ausgewählten Bootes. Grundlage dieser Überlegungen ist einmal die Art des Bootes und für welchen Bootssport das Boot sein soll: Rudern, Paddeln, Segeln, Surfen, Motorboot fahren und anderes und natürlich ist die Frage, für welche Nutzungsart das Boot sein soll – Freizeit/Wochenende oder Urlaub? Diese Parameter setzen bereits bestimmte Prämissen und/oder Ausschlüsse. Für alle Nutzungsarten wird grundsätzlich empfohlen, als Anfänger stets mit einem kleineren Boot zu beginnen, das dann gegebenenfalls nach der ersten Saison und ersten Erfahrungen gegen ein größeres Boot getauscht werden kann. Dieses Herantasten an die ideale Bootsgröße und -art hat sich aus vielerlei Gründen bewährt. Einmal ist ein kleineres Boot für den Anfänger leichter auf dem Wasser zu handhaben und gegebenenfalls auch an Land. Die Bootsgröße wächst dann mit den Erfahrungen. Aus Sicht des Urlaubs auf dem Wasser ist die Frage nach einem eigenen Boot eher untergeordnet. Hier wird meistens ein Urlaubsboot gechartert, wenn es um größere Touren und Törns geht. Kleinere Boote, die eher als Badeboote oder Tagesausflugsboote genutzt werden, werden gern als eigene Boote in den Urlaub mitgenommen. Dieses Urlaubsvergnügen hat seine Wurzeln in den 1960er- und frühen 1970er-Jahren, als Schlauchboote als gut transportabel auf den Markt kamen. Diese leichten Boote konnten gut im Kofferraum oder im Wohnwagen verstaut werden und verschafften ein großes Urlaubsvergnügen. Später kamen trailerbare Boote auf den Markt, die auch gern in den Urlaub mitgenommen wurden. Diese Trailerboote erleben derzeit eine Renaissance, weil sie einfach praktisch sind. Daneben hat sich seit etwa Mitte der 1990er-Jahre das Chartern von Booten im Urlaub eingestellt und bis heute als gut funktionierendes Urlaubsphänomen erhalten.

2.3 Ausblick auf die gesellschaftliche Entwicklung des internationalen Wassertourismus

Ein Ausblick nach vorne auf die Entwicklung des Wassertourismus in Deutschland zeigt zunächst eine enttäuschende Ausgangssituation. Es soll hier keinesfalls ein sozialpolitisches Statement begeben werden, aber es ist deutlich seit einigen Jahren, auch aufgrund zunehmender sozialer Ungleichheiten, eine gewisse Neidkultur entstanden, die sich durch alle gesellschaftlichen Cluster zeiht. Der von der Statistik als Durchschnittsbürger gezeichnete Einwohner wird als der Normalmaßstab betrachtet, von dem eine Abweichung nach oben als verwerflich angesehen wird. Es sind häufig alltägliche Kleinigkeiten, die der eine besitzt und vom Nachbarn dafür geneidet wird. Dieses Problem setzt sich beim Bootfahren fort. Festzuhalten ist, dass die soziale Struktur der Gesellschaft diese Urlaubsform auch wesentlich mitbestimmen wird. Driftet die deutsche und europäische Gesellschaft weiter auseinander und nehmen soziale Differenzen, Spaltungen und Spannungen weiter zu, wird das direkte Auswirkungen auf den Wassertourismus haben. Schafft es die Politik, diese Differenzen und Spaltungen zu beenden und aufzuheben, kann sich auch der Wassertourismus, durchaus als ein etwas luxuriöser Urlaub, etablieren und weiterentwickeln. Europa insgesamt steht hier politisch am Scheideweg, wie die derzeitigen Wahlergebnisse in den Regionen zeigen. Schafft die Politik es, die Gesellschaften zusammenzuführen und zu stabilisieren, werden wirtschaftliche und soziale Spannungen aufgelöst und Toleranz, Akzeptanz und Kommunikation werden zunehmen. Schaft die Politik dieses nicht, werden die sozialen Spannungen zunehmen und der Wassertourismus kann nur noch für wenige als Urlaub in Betracht kommen. Diese Eliten sichern sich dann in ihren Urlaubsrevieren gegen Einwirkungen von außen ab und spalten damit die Gesellschaft noch mehr. Ansätze derartiger Separierungen sind derzeit schon in den USA erkennbar, wo ja die sozialen Spannungen größer sind als in Europa.

2.4 Boot fahren, Ausübungsformen

Um das Bootfahren als Urlaubsvergnügen einschätzen zu können, sind weiterhin die verschiedenen und möglichen Ausübungsformen zu betrachten. Dabei ist es wichtig, dass es eigentlich um eine Sportart geht, die sich weiterentwickelt hat und damit nun auch zu einem Urlaubsphänomen geworden ist. In beiden Bereichen, sportlich und touristisch, haben sich zahlreiche Spezialisierungen entwickelt. Diese Aufteilungen des Bootfahren in verschiedene Ausübungsformen haben z. T. historische Gründe oder Ursachen in der Spezialisierung dieses Sportes.

2.4.1 Boot fahren als Freizeitaktivität

Boot fahren als Freizeitvergnügen und Hobby zu betreiben, ist wohl die naheliegendste Ausübungsform. Dies setzt eine saisonale und/oder ständige Verfügbarkeit von Gewässer und Boot voraus, also ein Liegeplatz am Gewässer, von dem aus innerhalb kurzer Zeit eine Ausfahrt unternommen werden kann. Das klingt zunächst sehr attraktiv und verlockend. Jedoch zeigen Statistiken, dass gerade kleinere Boote für spontane Ausfahrten durchschnittlich nur 38 h pro Jahr bewegt werden. Das ist recht wenig, hat aber vielfältige Gründe. Eine feierabendliche Bootstour oder eine Sonntagsfahrt sind dann doch eher eine Ausnahme, wenn Zeit, Beruf, Familie und andere Verpflichtungen hierzu noch Zeit lassen. In der überwiegenden Zeit einer

Saison von April bis Oktober wird ein Boot eher als schwimmendes Gartenhaus oder Wochenendhaus genutzt und tatsächliche Ausfahrten sind eher selten.

Als sehr angenehme und kostengünstige Variante dieser Nutzungsart werden Trailerboote benutzt. Diese kleineren und leichteren Sportboote stehen meistens bei der Wohnung oder beim Haus und werden zum Ausfahren einfach an den PKW gehängt und zum Wasser gefahren. Sie sind jederzeit einsetzbar. Das Trailerbootfahren ist auch eine ideale Art des Einstiegs in das Bootfahren. Und auch im Urlaub eignen sich Trailerboote zum Mitnehmen und bereiten jede Menge Urlaubsspaß. Gerade als Einstieg in den Bootssport wurde das Trailerbootfahren in mehreren Aktionen von den Sportverbänden beworben, um mehr Teilnehmer im Bootssport zu gewinnen. Diese Aktionen, mit sehr viel Geld ausgestattet und breit beworben, verliefen allerdings eher unbedeutend. Grund hierfür war die mangelnde Ausstattung der Gewässer mit entsprechenden Wasserungsstellen. Der Erfolg wäre um einiges grösser gewesen, wenn man den Ausbau der notwendigen Wasserungsstellen in dieses Projekt mit eingebunden hätte. Denn diese Art des Bootfahrens setzt die Existenz einer geeigneten Wasserungsstelle, einer Slipanlage, am Gewässer voraus. Diese existieren in Deutschland viel zu wenig. Eine wissenschaftliche Recherche und Analyse der Forschungsgruppe Wassersport/Wassertourismus zeigt, dass in Deutschland circa 3800 dieser Anlagen an den Gewässern fehlen. Diese Anlagen sollen in erster Linie einer funktionierenden Wasserrettung dienen und zum schnellen Einsetzen von Rettungsbooten der Feuerwehr etc. für Rettungseinsätze vorhanden sein. Sie könnten als öffentliche Infrastrukturen aber auch von Trailerbootfahrern genutzt werden. Leider zeigt die Politik und Verwaltung auf Länder- und Kommunalebene, kein Interesse an diesen lebensrettenden Anlagen. Obwohl die Zahl der tödlichen Wasserunfälle nach den Statistiken der DLRG leider jährlich ansteigt, ist die Politik in diesem Punkt inaktiv. In sehr vielen Städten werden ehemals geschlossene Hafenflächen geöffnet und mit Wohnungen, Geschäften und Gastronomie ausgebaut, d. h. es werden viele Menschen an die Ufer und Hafenkanten gebracht, ohne, dass ausreichende und entsprechende Rettungseinrichtungen gebaut werden. Leider wird hier das notwendige Sicherheitsverständnis nicht berücksichtigt.

2.4.2 Boot fahren als Breiten- und Leistungssport

Die Wassersportarten wurden auch immer schon wettkampfmäßig betrieben. Es gab immer Regatten, gleich ob beim Rudern, Segeln oder Motorbootfahren.

Einzelne Wassersportarten sind als olympische Disziplinen anerkannt. Dieses sind muskelbetriebene Sportarten, wie Rudern und Kanufahren sowie windgetriebene Sportarten wie Windsurfen und Segeln. Für diese Sportarten existieren Leistungszentren und internationale Regeln, nach denen diese Sportarten als Leistungs- und Wettkampfsport ausgeübt werden. Gerade beim Segeln gibt es eine Vielzahl von internationalen und nationalen Regatten, die ein profimäßiges Training erfordern. Diese sportliche Ausübung des Bootssportes ist gut organisiert in Fachverbänden und Landessportbünden. Viele Wassersportvereine in Deutschland bilden die Basis des Leistungssports (s. Abb. 2.9).

Abb. 2.9 Segeln als Leistungssport. (Adobe stock; 487964962; ©Peter Allgaier)

In den Jugendabteilungen der Vereine wird der Wettkampfnachwuchs ausgebildet und in Kadern an den Leistungssport herangeführt. Diese Struktur und Aufgaben der Vereine ist wichtig, um den Wettkampfsport im Bootssport zu fördern. In die Sportförderung fließen so erhebliche Bundes- und Landesmittel und zigfache Ehrenämter in den Vereinen, ohne die das Sportsystem Wettkampfwassersport kollabieren würde. Der Breitensport auf dem Wasser wurde immer auch schon in Form von Wanderfahrten und Touren ausgeübt. Dieses ist die historische Basis des Wassertourismus und hier eröffnet sich eine Schnittstelle zum Wassertourismus, die rechtlich sehr genau zu trennen ist.

Ebenso wichtig ist der Leistungssport im Bootssport für ständige und spannende technische Neuerungen und weitere Entwicklungen von Booten und Ausrüstung. Insbesondere die Digitalisierung ist auch im Bootssport als Leistungssport besonders wichtig. Hier spielt gerade der Hochseeregattasport eine zentrale Rolle. Die elektronischen Entwicklungen bieten hier neben mehr Komfort vor allem mehr Sicherheiten auf See. GPS-Ortungen und -Rettungen machen diese Sportarten sicherer und komfortabler. Viele ältere Bootssportler kommen aus dem Regattasport und betreiben ihren Longlife-Sport im Alter noch als schönes Hobby.

2.4.3 Boot fahren als Urlaubsaktivität und Wassertourismus

Diese dritte Ausübungsform des Bootfahrens als Urlaubsvergnügen ist sicherlich die jüngste und auch zugleich die wirtschaftlich attraktivste Ausübungsform. Diese Art des Bootfahrens hat als weit verbreitete und beliebte Ausübung ihre Ursprünge

2.4 Boot fahren, Ausübungsformen

Abb. 2.10 Klepper-Faltboot. (Adobe stock; 45555085 ©luna)

in Deutschland in den frühen 1930er-Jahren, als es bis zum Kriegsausbruch 1939 vorwiegend bei Jugendlichen sehr beliebt, war die Flüsse mit Kanus, Kajaks oder Faltbooten zu befahren. Das Faltboot war hierzu eine deutsche Bootstypentwicklung. Die Marken Klepper und Pouch haben sich bis heute gehalten und sind sehr beliebte und einfach zu transportierende Boote (s. Abb. 2.10).

In den 1960er- und 1970er-Jahren hat sich in Verbindung mit dem Aufkommen des Massentourismus auch der Wunsch nach kleineren leichten Badebooten entwickelt. Das Badeboot oder Schlauchboot, das mit dem Zelt oder Wohnwagen mitgenommen wurde, hat vielen Menschen einen Einstieg in den Bootssport ermöglicht. Markennamen wie Metzeler, Wiking, Gugel und Zephyr sind heute nicht mehr bekannt, waren aber zu diesen Zeiten ein besonderer Luxus für viele Urlauber (s. Abb. 2.11).

Mit zunehmender Diversifizierung des Tourismus entwickelte sich auch das Bootfahren als Urlaubsaktivität weiter. Ein wichtiger und wesentlicher Entwicklungsschritt im Wassertourismus war das Aufkommen des Bootscharterns, was zunächst fast ausschließlich im Segelsport und für wirkliche Fachleute, die meistens aus Segelvereinen und -clubs kamen und über entsprechende Ausbildungen, Fachkenntnisse und Erfahrungen verfügten. Diese Urlaubsform, einige Zeit ausschließlich auf einem Boot zu verbringen und zu interessanten Ort zu fahren, war durchaus eine luxuriöse Urlaubsform, die auch ihren Preis hatte. Diese Exklusivität wurde noch gesteigert, nachdem mit dem Chartern in heimischen Revieren, wie der Ostsee, oder in europäischen Revieren, wie den Niederlande/Ijsselmeer, noch exotische Reviere hinzukam, wie die Karibik, Seychellen etc. Allerdings waren diese anspruchsvollen Siri wäre auch nur für wirkliche Fachleute möglich, sodass diese

Abb. 2.11 Schlauchbootfahren als Urlaubsvergnügen. (Adobe stock; 24849601 ©kaesler media)

Urlaubsformen bis heute nur einem sehr begrenzten Teilnehmerkreis offen steht. Hinzukommt nicht zuletzt aufgrund dieser Begrenzungen, dass diese Form des Wassertourismus noch nicht einen spürbar wirtschaftlichen Beitrag leisten kann.

Der wirklich große Durchbruch des Wassertourismus als ein anerkanntes und tourismuswirtschaftliches Segment kam erst Anfang und Mitte der 1990er-Jahre. Es kamen in dieser Zeit einige begünstigende Faktoren zusammen, die ein Aufblühen dieses Tourismussegmentes ermöglichten, das dann jedoch leider in der ersten Dekade der 2000er-Jahre wieder abebbte.

Die begünstigenden Faktoren waren ganz sicher der Zusammenschluss beider deutscher Staaten, die territoriale Einigung Deutschlands und der Zugewinn neuer Wasserlandschaften in Mecklenburg-Vorpommern und Brandenburg, die wirtschaftlich günstige Förderlandschaft für öffentliche und gewerbliche Investitionen im Wassertourismus und vor allem die auf vorgenannten Bedingungen beruhende, politische und öffentliche Akzeptanz dieser Urlaubsform und Wirtschaftsbranche (s. Abb. 2.12).

Interessant hierbei war, dass die tradierte Assoziation von Reichtum und Exklusivität des Bootfahrens sich nun genau ins Gegenteil umwandelte. Öffentliche Verwaltungen und Kommunen hatten in den Jahrzehnten zuvor Investitionen in den Bootssport durchweg abgelehnt, um keine Individualinteressen zu bedienen, doch nun wurde ein allgemeines öffentliches Interesse erkannt, was letztlich auch die wirtschaftliche Existenz ganzer Kommunen sicherte. Also in der Tat eine 180°-Wendung.

Diese politisch sehr interessante Wendung brachte dann auch zahlreiche unterschiedliche Ausübungsformen des Wassertourismus hervor. Auch neue Ausübungs-

Abb. 2.12 Hausbootfahren als Urlaubsart. (Adobe stock; 193005617 © upixa)

formen entstanden und brachten interessante Entwicklungen mit sich, neben dem klassischen Kanu- und Kajakwandern das nun auf ein luxuriöses Niveau angehoben wurde. Es entstanden auch Hausboote, schwimmende Häuser und weitere Formen, die bis heute bestehen. Diese interessanten Ausübungs- und Freizeit-/Urlaubsformen haben eine große Breite an neuen Bootstypen, wie zum Beispiel Hausboote, hervorgebracht. Einige Extreme zeigen das Ende dieser Bandbreite. Aber insgesamt hat diese Zeit für viele Entwicklungsschübe in den Urlaubsformen und Bootstypen gesorgt.

Diese Euphorie aus der Mitte der 1990er-Jahre hat sich leider in der ersten Dekade der 2000er-Jahre gelegt, indem falsche Hoffnungen und Erwartungen über exorbitante wirtschaftliche Effekte für Ernüchterung gesorgt haben und somit auch das politisch-öffentliche Interesse an der Entwicklung und Förderung des Wassertourismus reduzierten. Der Vergleich von der heißen Kartoffel, die nun fallen gelassen wurde, passt gegebenenfalls recht gut. Die Politik wandte sich anderen Themen zu, die in den Folgejahren eine wesentlich größere Bedeutung erlangten als die touristische Entwicklung in Deutschland, so zum Beispiel das Flüchtlingsthema 2015 die Atomkraftdiskussion seit Fukushima, die Corona-Pandemie, der Ukraine-Krieg und nicht zuletzt die wirtschaftliche Rezession der letzten Jahre.

Jetzt im Jahr 2024 deutet sich eine Konsolidierung der Gesamtsituation an, indem die Pandemie überwunden scheint, die Schrecken einer Inflation doch kleiner ausfallen als erwartet und der Ukraine-Krieg – so makaber es klingt – zu einem Alltagsbegleiter geworden ist, jedoch immer weniger zu einer Gefahr oder Bedrohung für Deutschland. Derzeit sind es vielmehr die innenpolitischen Diskussionen um Heizungsstilllegungen und andere klimapolitische Ziele, die in der öffentlichen Diskussion für Aufruhr sorgen.

Es zeichnet sich aber auch eine neue Entwicklung ab, die durchaus zu einer Renaissance des Wassertourismus in Deutschland führen kann. Vor allem die Unsicherheiten aufgrund der Corona-Pandemie sowie die Inflation in Verbindung mit den Klimazielen verursachen derzeit eine neue Perspektive des Reiseverhaltens. Kurzfristige Urlaubsentscheidungen und kostengünstige Angebote stärken den Inlandstourismus. Gefragt sind dennoch Angebote mit einer hohen Attraktivität und durchaus gerne auch mit etwas Exklusivität und da kommen Angebote mit Wasserbezug sehr gut beim Kunden an. Dieses zeigt sich zum einen in einer beständigen Nachfrage nach Hausbootcharter, aber auch in Nachfragezahlen nach schwimmenden Urlaubs- und Ferienhäusern. Diese attraktiven Unterkünfte dienen als Basis für weitere Wassersportaktivitäten wie Segeln, Surfen, Kiten, Stand-Up-Paddeln, Kanu, Kajak etc. Diese sind alles bezahlbare, aber dennoch hoch attraktive und aktive Urlaubsbeschäftigungen, die an geeigneten Orten und bei schönem Wetter für einen unvergleichbaren Spaßfaktor sorgen, wie in der Karibik oder am Mittelmeer.

Diese innovative Art von Wassertourismus könnte in den nächsten Jahren zu einer stabilen und mehrjährigen Entwicklung in Deutschland werden. Voraussetzung ist jedoch die Schaffung von Grundlagen und Rahmenbedingungen durch Politik und Verwaltung als weitere überzeugende Aspekte. Dieser Entwicklung gilt, dass diese Art von Wassertourismus nicht nur an Meeresküsten und große Gewässer gebunden ist, sondern auch die Vielzahl von Seen, Talsperren und Flüssen und Kanälen etc. für diese Aktivitäten geeignet sind. Dieses würde ein Auftrieb für die zahlreichen und teuer entwickelten Seenlandschaften in Sachsen, Sachsen-Anhalt und Brandenburg bedeuten, aber auch für sehr viele Seen in ganz Deutschland. Da zahlreiche Seen derzeit in der Entstehung sind nach Ende des Kohleabbaus müssen die Weichen zur Entwicklung dieser Gewässer schon jetzt in die richtige Richtung gestellt werden. Angemessene Infrastrukturen und Angebote, sowohl öffentlich wie auch gewerblich und privat, sind zielgerichtet zu entwickeln. In diesem Zusammenhang ist neu die Frage zu stellen, welche neuen Rollen und Aufgaben den Wassersportvereinen zukommen. Auch hier sind innovative Schritte notwendig und durchaus auch unter anderem Anpassungen des Vereinsrechtes an diese neuen Situationen des Tourismus vorzunehmen.

2.5 Wassertourismus als Urlaubsform

Wassertourismus als Urlaub im Inland wird immer attraktiver. Es soll im Folgenden auf die prädestinierten Regionen und Angebotsformen näher eingegangen werden. Es klingt makaber, aber der Klimawandel arbeitet dieser Entwicklung entgegen, indem es Regionen in Deutschland gibt, die über längere und wärmere Sommer verfügen werden. So zum Beispiel Mecklenburg-Vorpommern mit der Ostseeküste. Die Seenlandschaften in Brandenburg, das Emsland als Flussbandlandschaft mit Anbindung an die Niederlande und das Ruhrgebiet mit seinen Flüssen, Kanälen und Seen. aber auch die süddeutschen Regionen mit ihren Seen, Talsperren und Flüssen. Es kann aber insgesamt davon ausgegangen werden, dass alle tourismusgeeigneten Gewässer in Deutschland eine positive Entwicklung einschlagen können.

2.5 Wassertourismus als Urlaubsform

Dabei gelangen Regionen und Gewässer, die derzeit in keinster Weise im touristischen Fokus stehen, durchaus ins Blickfeld der Gäste und können sich zur effizienten und interessanten Freizeit- und Tourismusregionen entwickeln. In den meisten dieser Fälle sind den Politikern und Verwaltungsperson diese immensen Chancen und Potenziale noch gar nicht bewusst, beziehungsweise in noch zu weiter Ferne. Dieses ist jedoch ein Irrtum. Die oben genannte Entwicklung ist bereits in vollem Gange. Es soll im Folgenden in einem durchaus für viele deutsche Regionen repräsentativen Beispiel dieses derzeitige Dilemma dargestellt werden.

Im Osten Niedersachsens entsteht auf der Fläche des ehemaligen Braunkohletagebaus Schöningen, auf halber Fläche in Land Sachsen-Anhalt, der größte künstlicher See Niedersachsens, der Lappwaldsee (s. Abb. 2.13). Der Wassereintrag soll bis 2038 abgeschlossen sein, der entstehende See liegt halb in Niedersachsen und halb in Sachsen-Anhalt, die Größe der Wasserfläche erlaubt viele Nutzungen und Wassersportarten.

Auch das schwimmende Wohnen zu Urlaubszwecken ist hier durchaus vorstellbar, um in diesem neuen touristischen Markt aktiv zu werden, sind jedoch die infrastrukturellen Voraussetzungen bereits heute zu schaffen. Dies ist in den mehrjährigen

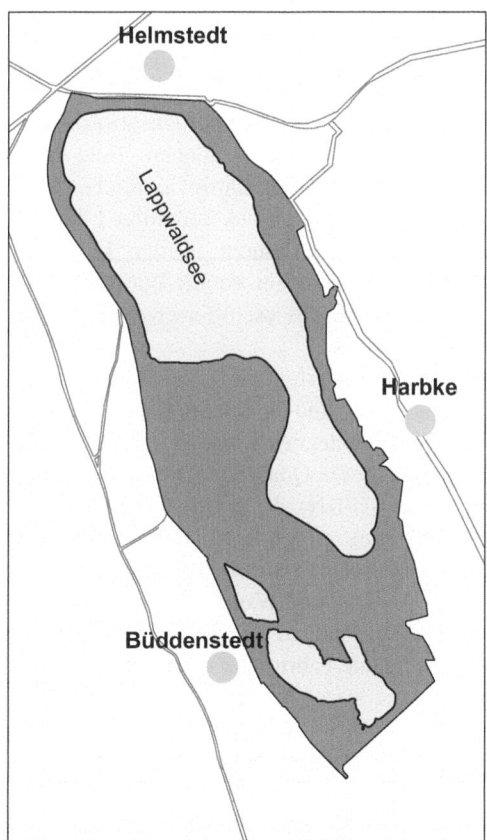

Abb. 2.13 Übersicht Lappwaldsee. (©H. Haass, 2024)

Planungsvorläufen zu berücksichtigen. Sind diese weiterhin an mehrjährige Genehmigungs- und Prüfverfahren gekoppelt, sind letztlich auch Finanzierungs- und Förderprogramme mit mehrjährigen Antrags- und Prüfverfahren zu berücksichtigen. Letztlich erfordern dann auch die Umsetzungsmaßnahmen der Bauwerke und Anlagen mehrere Jahre Bauzeit. Es ist bedauerlich, dass den Verantwortlichen zum einen die doch beachtlichen Chancen und Potenziale dieses touristischen Geschäftes nicht bekannt und nicht bewusst sind, zum anderen sind die erforderlichen Maßnahmen wie Infrastrukturen etc. und die hierfür erforderlichen Zeitfenster nicht bekannt. Dieses ist bedauerlich, denn dieser entstehende See besitzt ein großes Potenzial für eine innovative touristische Nutzung. Die Ausgangsbedingungen sind hier ideal und die Chance dieses Sees am touristischen Markt sind groß, vor allem auch, weil diese Region in der Vergangenheit kaum ein Gewässer aufweisen konnte. Nun wird es der größte künstliche See in Niedersachsen, was eine ungeahnte Attraktivität auslösen wird.

2.6 Führerscheine zum Bootfahren

Das Führen eines Sportbootes, insbesondere unter Motor, ist in Deutschland führerscheinpflichtig. Hierfür hat der Gesetzgeber die amtlichen Sportbootführerscheine Binnen (SBF) und See erlassen, die immer dann erforderlich werden, wenn die Motorenstärke über 15 PS liegt. Diese gesetzliche Regelung ist Grund dafür, dass es in einigen wassertouristischen Regionen Hausbootcharter gibt, die mit Motoren von maximal 15 PS betrieben werden, aber dadurch führerscheinfrei sind und von jedermann gefahren werden können. Eine knappe Einweisung in Boot, Motorenbedienung und in das Fahrtrevier reichen aus, um damit in den Urlaub zu starten.

Darüber hinaus gibt es freiwillige Führerscheine: den Sportküstenschifferschein (SKS), der zum Fahren in der 12-Seemeilen-Zone qualifiziert, danach den Sportseeschifferschein, der die Bootsführung in der 30-Seemeilen-Zone ermöglicht und den Sporthochseeschifferschein (SHS), der zum weltweiten Führen eines Sportbootes ausbildet.

Eine Besonderheit bildet der Bodensee, als internationales Gewässer mit seinen Patenten. Hier sind für den Sportbootfahrer die Kategorie A, Basisschein mit Motorteil und die Kategorie D, der Segelteil, von Interesse.

Neben diesen Qualifizierungen gibt es noch besondere Qualifizierungen, so den Pyroschein (FKN), der zur Nutzung von Signalpistolen und -mitteln berechtigt und die drei Funkzeugnisse (UBI) für UKW-Funk im Binnenbereich sowie im Kurz- und Fernbereich (SRC und LRC).

Für ausländische Wassertouristen gilt die sogenannte Gastregelung, d. h. für ausländische Bootsfahrer ist der Führerschein erforderlich, der im Heimatland für das entsprechende Fahrtrevier erforderlich ist.

2.7 Betriebskosten des Bootfahrens

Als circa Mitte der 1970er-Jahre das Bootfahren für viele Menschen attraktiv und erschwinglich wurde, kursierte unter Seglern der Vergleich, Segeln sei wie unter der kalten Dusche stehen und 100-DM-Scheine zerreißen. Dieser Vergleich überspitzt

2.7 Betriebskosten des Bootfahrens

sicherlich gewaltig, denn in der Realität sind doch weiter Bevölkerungskreise alle Einkommensgruppen im Wassersport aktiv. Es ist dennoch interessant und wichtig, einen Blick auf die materiellen Voraussetzungen des Wassersports und auf seine tatsächlichen Ausübungskosten zu werfen. Es gibt auch im Wassersport das ökonomische Prinzip, dass alle Waren und Dienstleistungen, die zu Massenartikeln werden, in ihrem Preis sinken. Der Eigentumsanteil bei Wassertouristen ist sehr unterschiedlich gelagert. Kleinere Boote sind oftmals im Eigentum, größere Boote werden eher gechartert. Nach eigenen Beobachtungen teilen sich die Wassersportarten in zwei Gruppen, die finanziell ggf. weit auseinander liegen.

Zum einen die sogenannten muskelbetriebenen Bootssportarten wie Kanu, Kajak, Paddeln und Rudern, die mit einem vergleichsweise geringen materiellen und finanziellen Aufwand betrieben werden können. Hier beginnen die Preise für gebrauchte Boote bei etwa 100 €, bei Neubooten bei etwa 800 €. Hinzu kommt die Ausrüstung für Boot und Sportler für circa 200–500 €. Es werden gegebenenfalls noch Transportmaterial für Boot und Ausrüstung benötigt für circa 150–200 €. Außerdem sind Boot und Ausrüstung im Winterhalbjahr zu lagern, was weiterhin mit einigen Kosten zu berechnen ist. Wird dieser Wassersport urlaubsmäßig ausgeübt, kommen noch weitere indirekte Kosten für Übernachtungen, Verpflegung, Eintritte etc. hinzu, die individuell und eher als indirekte urlaubsbedingte Kosten zu buchen sind.

Die zweite Gruppe sind Segel- und Motorbootsportler, die zunächst in sehr unterschiedliche Bootsgrößen einzuteilen sind. Es können Größenklassen in Abhängigkeit von der Bootslänge gebildet werden.

A. Segelboote und Motorboote bis 6 m Länge
Diese kleinste Gruppe umfasst meistens trailerbare Boote. Es liegen die Anschaffungskosten entsprechend niedrig und reichen bei gebrauchten Segelbooten von 300–2000 € Neuboote beginnen bei circa 2500 € und reichen bis circa 20.000 €, hinzu kommt die Ausrüstung mit circa 1500 €. Bei Motorbooten beginnt das Gebrauchtboot manchmal bei circa 2000 € und reicht bis circa 15.000 €. Die Ausrüstung liegt hier bei circa 1500–1800 €. Bei beiden Bootsgruppen kommt noch ein Trailer für den Transport hinzu. Für diesen braucht man circa 600 € und der Preis als Neufahrzeug beginnt bei circa 1.500 €. (s. Abb. 2.14).

B. Segelboote und Motorboote bis 10 m Länge
Die kleineren dieser Boote bis circa 8 m Länge sind unter Umständen noch trailerbar. Die größeren Typen benötigen einen Wasserliegeplatz und einen Winterliegeplatz. Beides erhöht die jährlichen Betriebskosten zusätzlich. Die Anschaffungskosten für gebrauchte Segelboote bis 10 m Länge liegen zwischen ca. 5000 € und ca. 50.000 €. Neuboote dieser Größe sind zwischen ca. 25.000 € und 100.000 € zu erhalten. Bei Motorbooten beginnt der Gebrauchtbootmarkt für diese Größe bei ca. 15.000 € und reicht bis ca. 50.000 €. Neuboote kosten ca. 25.000 € bis über 100.000 €, hinzu kommt für beide Bootsgruppen wiederum die Ausrüstung, die mit circa 3500 € zu veranschlagen ist. Die oben genannten Liegeplatzkosten variieren sehr stark und sind sicherlich mit mindestens 1000 € und aufwärts zu veranschlagen.

Abb. 2.14 Kleines Segelboot. (Adobe stock; 207140020 ©Heinz Waldukat)

C. Segelboote und Motorboote bis 18 m Länge
In dieser dritten Gruppe müssen bereits größere Geldbeträge aufgewendet werden, um ein Boot, die Ausrüstung und den Liegeplatz etc. bezahlen zu können. Aus diesem Grund finden sich häufig Eignergemeinschaften, die sich die doch beachtlichen Gesamtkosten aufteilen. Diese bewegen sich bei Gebrauchtbooten für Segel- und Motorboote ab circa 25.000 € aufwärts. Neuboote liegen im oberen fünfstelligen bis mittleren sechsstelligen Bereich. Die Ausrüstung kommt mit circa 10.000 € hinzu. Kosten für Liegeplatz und Winterlager variieren stark nach Örtlichkeit und Region und sind mit mehreren Tausend Euro zu veranschlagen. Als Besonderheit ist bei Booten dieser Größe die gewerbliche Investition zu nennen. Das neue Boot wird gewerblich gekauft und dann als Mietboot verwendet, so können die Investitionskosten, Ausrüstung und Unterhalt steuerlich geltend gemacht werden. Ein durchaus interessantes Modell, das gerade für diese größeren Boote in Betracht kommt. Es können hier kaum konkrete Kostenangaben gemacht werden, da diese ab dieser Größenklasse erheblich variieren. Insbesondere die Unterhaltkosten für Liegeplatz, Winterlager, Treibstoff, Service, Wartung und Versicherung etc. sind sehr stark variierend (s. Abb. 2.15).

D. Segelboote und Motorboote über 18 m Länge
Sportboote reichen nach Definition der EU-Sportbootrichtlinie von 2013 bis 24 m Länge. Das Segment 18–24 m Längen nimmt zahlenmäßig weniger Raum ein, da es hierbei doch um Investitionsbeträge geht, die jeweils weit jenseits der Millionengrenze liegen. Diese Größen sind als reine selbst gefahrene Sportboote eher selten und bilden bereits den Übergang zu den Superyachten. Die Kosten für diese Boote variieren sehr stark, was auch auf die Unterhaltskosten dieser Boote zutrifft.

2.7 Betriebskosten des Bootfahrens

Abb. 2.15 Großes Motorboot. (Adobe stock; 764880792 ©GM Photography)

E. Segel und Motorboote als Super-, Mega- und Gigayachten

Superyachten umfassen Schiffe von 25–60 m Länge, Megayachten sind definiert auf Längen von 60–100 m Länge und Gigayachten beginnend bei 100 m Länge und aufwärts. Dieses Segment zählt nicht mehr zu den Sportbooten und umfasst durchweg crewbediente Schiffe. Die Kosten hierfür werden für gewöhnlich geheim gehalten (s. Abb. 2.16).

Interessant im Rahmen der vorliegenden Arbeit sind Sportboote der Gruppen A bis C. Diese sind durchweg Sportboote, die meistens vom Eigner gefahren werden. Diese sind auch die Boote, die in der Regel für wassertouristische Aktivitäten genutzt werden. Die finanzielle Betrachtung dieser Boote teilt sich in die Investitionskosten für Boot und Ausrüstung und in die Betriebskosten. Diese werden häufig unterschätzt und führen gerade in der Gruppe B und C zu finanziellen Engpässen bei den Haltern. Es existieren unterschiedliche Faustregeln, die diese Betriebskosten eines Sportbootes beziffern lassen. Häufig hört man von einem Betrag in Höhe von circa 10 % des Anschaffungspreises pro Jahr für den Unterhalt des Bootes.

Die wichtigsten Positionen hierbei sind:

- Liegeplatz und Winterlager,
- Treibstoff,
- Wartung, Pflege und Reparaturen,
- Versicherungen und Gebühren.
- Fahrtkosten zum Boot, gerade bei weiter entfernten Liegeplätzen.

Diese finanziellen Bedingungen klingen zunächst umfangreich, sind jedoch in ihrer absoluten Höhe nicht unerschwinglich. Das zeigt auch die Tatsache, dass die meisten Bootseigner der Gruppen A und B Mittelständler und aus mittleren Einkommensschichten sind. Also kein Vergnügen nur für Millionäre, sondern ein

Abb. 2.16 Superyacht. (Adobe stock; 251178830 ©Brad)

durchschnittlich teures Hobby für Normalverdiener. Auch die Preisentwicklung auf dem Gebrauchtbootmarkt bietet keine gravierenden Überraschungen, sondern spiegelt die saisonale Nachfrage wider in der Zeit. Nach der Corona-Pandemie war die Nachfrage besonders hoch was auch aus oben genannten Gründen erklärlich ist. Allerdings pendelt sich diese erhöhte Nachfrage temporär wieder ein.

2.8 Wie wirken Inflation, Rezession und Kriege auf den Wassertourismus?

Die politische Zeitenwende hat auch den Wassersport und Wassertourismus erfasst. Was im Bootssport noch vor 10 Jahren normal und möglich war, gilt jetzt nicht mehr. Die großen und tiefgreifenden Ereignisse Anfang der 2000er-Jahre zeigen erhebliche Wirkungen auf den Wassersport und Wassertourismus. Sowohl in positiver wie auch negativer Hinsicht sind Beobachtungen festzustellen, entstehen dabei Probleme in wirtschaftlicher und in politischer Hinsicht im Vordergrund. Letztere insbesondere in sicherheitspolitischen Fragen, wobei sich beide Aspekte nicht voneinander trennen lassen und in direkter Abhängigkeit zueinanderstehen. Ungewissheit und verlorene Verlässlichkeit stellen sich ein. Gerade Auslandsfahrten mit Booten bekommen häufig finanzielle Unsicherheiten, insbesondere die Frage der Treibstoffkosten und Versorgung. Als zusätzliche Verunsicherung kommt der Faktor klimapolitische Restriktionen hinzu, die die oben genannten Bedingungen noch verschärfen und somit den Wassertourismus erheblich bremsen. Betrachtet man die Situation visionär, wird sehr deutlich, dass bisheriges nicht mehr gültig ist und die politischen, klimapolitischen und wirtschaftlichen Rahmenbedingungen zunehmend restriktiver werden. Dieses erklärt sich rein sachlich aus der Notwendigkeit, treibstoffrelevante Bootsaktivitäten, die auch Naturräume belasten, stark einzuschränken, beziehungsweise zu untersagen.

Zu allen diesen Faktoren kommt nicht zuletzt auch als Ergebnis eine neuerliche Euphorie des Inlandurlaubs in Deutschland. Dieser ist in den oben genannten Risiken kalkulierbar und gewinnt somit eine große Beliebtheit. Urlaub in Deutschland soll doch etwas Erholsames und Attraktives bieten, was durch das Element Wasser leicht erreicht werden kann. Sorgen über unbekannte Preise und Kosten werden über vertraute Preise wie zu Hause zerstreut. Sicherheitsrisiken lösen sich auf durch gleiche Verhältnisse wie am Heimatort und die geringen Entfernungen von zu Hause vermitteln zusätzlich ein Sicherheitsgefühl und jederzeitige Rückzugsmöglichkeit. Die sommerlichen Wetterverhältnisse der frühen 2020er-Jahre boten zusätzlich ideale Urlaubsbedingungen auf dem Wasser. Es ist insofern festzuhalten, dass wirtschaftliche und sicherheitspolitische Rahmenbedingungen den Wassertourismus zwar beeinflussen, es aber auch Möglichkeiten gibt, diesen Druckfaktoren auszuweichen und durch innovative Entwicklungen dennoch diese Urlaubsform ausüben zu können.

Insgesamt zeigen diese politischen und wirtschaftlichen Faktoren mittel- und langfristig doch recht wenig Wirkung auf den Wassertourismus. In der Tourismusbranche wird beobachtet, dass sich das Buchungsverhalten etwas geändert hat. Kurzfristige Buchungen nehmen stark zu, was wiederum Auswirkungen auf die Anbieterseite hat. Im Wassertourismus bedeutet dieses ständig auf Stand-by zu stehen und freie Kapazitäten zur Verfügung zu haben, um kurzfristig Buchungsanfragen positiv beantworten zu können. Wer sich diesem Trend verschließt, wird starke Umsatzeinbrüche hinnehmen müssen.

Der zweite Faktor, der sich geändert hat, ist die Auswahl der Urlaubsregionen. War das Auswahlverhalten vor dem Ukraine-Krieg eher von Neugier auf andere Regionen und Länder bestimmt und wollte man auch einmal Regionen erkunden, die nicht auf der Beliebtheitsliste ganz oben standen, wurden auch gewisse politische Sicherheitsrisiken in Kauf genommen. Dieses Verhalten hat sich grundlegend geändert und es werden Länder und Regionen gebucht, die politisch stabil und absolut sicher sind. Dieser Trend wird länger anhalten und stabil bleiben, d. h. der Wassertourismus muss sich auf diese Situation einstellen und Vercharterer nur Reviere anbieten, die diese Anforderungen erfüllen. Zu dieser politischen Stabilität zählt auch die öffentliche Sicherheit in der Region. Gerade in Charterrevieren können Piraterie etc. zu einem K.o.-Kriterium werden. Der Wassertourismus in Deutschland ist davon bei weitem nicht betroffen und Deutschland bietet seinen Gästen eine politische und öffentliche Sicherheit wie kaum ein anderes Land auf der Welt.

2.9 Umwelt- und Klimaschutz: Auswirkungen und Belastungen auf Wassersport und Wassertourismus

Neben dem technologischen und digitalen Wandel im Bootssport kommen auch Anforderungen des Klimawandels zum Tragen. Es stellt sich die Frage, ob Bootssport unter den Bedingungen des Klimawandels und -schutzes überhaupt noch vertretbar ist. Grundsätzlich kann die Antwort nur Nein lauten. Zum einen erfordert die Produktion von Booten, Motoren und Ausrüstung wie bei allen Industriegütern, Rohstoffe und Energie. Zusätzlich steht die noch ungeklärte Frage des Recyclings von Booten im Raum. Des Weiteren wird zumindest mit Bootsmotoren noch meistens fossiler Treibstoff verbrannt, was in jedem Fall ein Klimaproblem darstellt und letztlich ist die Ausübung selbst, also das Auftreten von Booten und Personen in Naturräumen, eine Belastung von Landschaft, Natur und Gewässern. Dieses ist kein grundsätzlich neues Problem, indem doch der moderne Mensch auf der Welt selbst der größte Störfaktor ist. Militanter Umwelt- und Klimaschutz ist hier jedoch sicher nicht die erste Wahl an Lösungen. Es geht vielmehr darum, in einer abgewogenen Form Wassersport und Wassertourismus so zu betreiben, dass die Auswirkungen und Belastungen auf Umwelt und Klima vertretbar bleiben. Dabei werden gewisse Restriktionen kaum vermeidbar sein. Diese müssen jedoch so angelegt sein, dass sie akzeptabel sind. Digitale Technologien können dabei helfen. Es ist eine äußerst schwierige Aufgabe, für die es kaum ein Patentrezept gibt, noch ein schneller Wandel möglich ist und klare Lösungswege sind noch nicht erkennbar, sodass man zwar erkannt hat, was alles nicht möglich ist und wie es besser wäre, aber Wege dorthin sind noch nicht gefunden worden. Dieser Umstand, der nicht nur im Wassersport und Wassertourismus so besteht, macht es sehr schwer kurzfristig, richtig zu handeln. Die Folgen des Klimawandels haben den Takt der technischen Entwicklungsschritte überholt, sodass nun Eile geboten ist, marktreife Alternativtechnologien zu entwickeln.

2.10 Deutschland als wassertouristisches Transitland innerhalb Europas

Es ist allein geografisch erkennbar, dass Deutschland inmitten Europas ein wassertouristisches Transitland ist. Es ist weniger eine Zieldestinationen, was aufgrund der Wetterverhältnisse in Deutschland und vergleichsweise weniger touristischen Regionen und Angebote erklärlich ist. Die deutschen Wasserstraßen sind Tourismusregionen und laden aufgrund ihrer geografischen Struktur vorwiegend zum Durchfahren, Wasserwandern und Transitfahren ein. Insbesondere im Binnenbereich bieten die zahlreichen Orte an den Flüssen und Kanälen, oft mit nur wenigen Kilometern Abstand, eine interessante Durchfahrt durch deutsche Regionen. Zum längeren Verweilen als Zieldestinationen laden sie weniger ein. Dabei kann Deutschland in Nord-Süd-Richtung ebenso interessant wie in West-Ost-Richtung befahren werden. Kurios ist, dass diese Erkenntnis in der Branche nicht bekannt ist und man sich dort vorwiegend als Zieldestinationen aufstellt und vermarktet. Die Folge sind enttäuschte Geschäftserwartungen oder sogar Geschäftsaufgaben. Selbst die Politik ist diesem Irrtum erlegen und zieht sich zunehmend aufgrund ausbleibender wirtschaftlicher Erfolge aus der Entwicklung und Förderung des Wassertourismus zurück. Eine fatale Spirale, in die die wassertouristische Entwicklung hineingeraten ist.

Wassertourismus als Transitgeschäft erfordert insgesamt gänzlich andere Angebote und Infrastrukturen, die derzeit in Deutschland nicht existieren. Hier lassen sehr hilfreiche Parallelen aus dem Fahrradwandern oder Wohnmobiltourismus übertragen und Erkenntnisse aus diesen Bereichen für den Wassertourismus übernehmen. Zum Beispiel ist bekannt, dass der durchreisende Tourist, der nicht längere Zeit am selben Ort verbleibt, auch kein abwechslungsreiches und vielfältiges Angebot benötigt. Er benötigt die allgemein üblichen Serviceangebote für den persönlichen Bereich. Er benötigt ggf. technische und medizinische Angebote und Einkaufsmöglichkeiten des täglichen Bedarfs. Weitere touristische Angebote für Besuche und Besichtigungen etc. sind nur sehr begrenzt erwünscht. Wichtiger ist eine komfortable „Weiterleitung" an den nächsten Etappenstandort. Hier mangelt es in Deutschland ganz besonders. Es existieren kaum faktische und regionale Vernetzungen dieser Art, sodass z. B. am Standort dem Touristen bereits die Fahrtroute, der Service und eine Vorbuchung für das nächste Etappenziel angeboten werden können. Zu diesem Thema könnten viele Dinge eingerichtet und verbessert werden, die dann gerade das Transitgeschäft stärken würden und Deutschland damit innerhalb Europas eine wassertouristische Alleinstellung geben würde. Eine Anpassung der Entwicklung und Förderung an diese Situation könnte den Wassertourismus in Deutschland beachtlich befördern (s. Abb. 2.17).

Deutschland ist in vielerlei Hinsicht ein attraktives Durchreiseziel für Wassertouristen. Das Land verfügt über ein umfangreiches Netzwerk von Flüssen, Seen und Kanälen, das sowohl für Freizeitaktivitäten als auch für touristische Zwecke genutzt wird. Es ist wichtig für das Verständnis dieser Branche, dass Deutschland keine wassertouristische Zieldestination ist, sondern ausschließlich ein Transitland, das jedoch im Zentrum Europas liegt und somit eine ganz besondere Funktion als Transitland erhält. Die vielen Flüsse und Kanäle in Nord-Süd-Richtung und in West-Ost-Richtung erlauben ein Durchqueren des Landes auf gut ausgebauten und vor allem attraktiven Wasserstraßen und Landschaften (s. Abb. 2.18).

Abb. 2.17 Reisen auf dem Wasser durch Deutschland. (Adobe stock; 145438441 ©Torsten Radmann)

Abb. 2.18 Europäische Ziel-/Quellgebiete, Deutschland als Transitland. (©H. Haass, 2024)

Die Branche muss dieses erkennen und ihre Angebote darauf entsprechend entwickeln und spezifizieren. Dieses ist in sehr vielen Fällen nicht erkannt und falsche Angebotsstrukturen erschweren das Geschäft. Transitwassertouristen haben andere Wünsche und Bedarfe wie Destinationswassertouristen. Entsprechend passend sind die Angebote der Unternehmen, Kommunen und Vereine auszurichten. Der Transitkunde bleibt nicht allzu lange an einem Standort. Aber er wünscht für diese kurze Zeit exzellenten Service und die Erfüllung seiner Bedarfe. Diese reichen vom technischen Service über Gastronomie bis zu profanen alltäglichen Einkäufen und Erledigungen. Wenn dieses am Standort nicht möglich ist, ist der Standort für den Transitkunden unattraktiv und wird in wirtschaftliche Schwierigkeiten kommen. Insgesamt lässt sich sagen, dass Deutschland aufgrund seiner Wasserwege, Seen und Küsten eine Vielzahl von Wassersport- und Tourismusmöglichkeiten bietet, was es zu einem attraktiven Zwischenziel für Menschen macht, die Wasseraktivitäten und -erlebnisse suchen und diese auf ihrer Durchquerung durch Deutschland mitnehmen möchten.

Übungsfragen zu Kap. 2
1. Erläutern Sie den Begriff Wassertourismus und seine Bedeutung.
2. Welches sind die vier Voraussetzungen für den Wassersport/Wassertourismus?
3. Wie lang ist die maximale Fahrtzeit in Deutschland zu einem für den Bootssport geeigneten Gewässer?
4. Welches sind die Ausübungsformen des Wassersports?
5. Warum ist Deutschland ein wassertouristisches Transitland? Erläutern Sie dieses und zeigen ein Beispiel.

3 Aktuelle Segmente des Wassertourismus

Aufbauend auf der Definition des Wassertourismus aus Kapitel zwei werden nun die weiterführenden Segmente des Wassertourismus betrachtet. Dabei wird der Wassertourismus in aktive Segmente, die eher eine sportliche Orientierung haben und in passive Segmente, die eher touristisch orientiert sind, unterteilt. Dabei werden in die beiden Bereiche auch Aktivitäten aufgenommen, die alle unmittelbar mit dem Element Wasser zusammenhängen und in touristische Ausübungsform betrieben werden können. Die Zusammenstellung gerade der passiven Segmente könnte gegebenenfalls noch erweitert werden, jedoch wäre dann ein Entfernen von unmittelbarem Wasserbezug gegeben und das Element Wasser nicht mehr zwangsweise zu diesen Aktivitäten erforderlich. Dann würde die o.g. Definition aufgeweicht und nicht mehr zutreffend.

3.1 Aktive Wassertourismussegmente

Die aktiven Wassertourismussegmente umfassen alle gängigen Wassersportarten, die dann auch im Urlaub ausgeübt werden können. Zu unterscheiden sind hierbei Wassersportarten, die das Reisen auf dem Wasser ermöglichen und Wassersportarten, die nur temporär und lokal und rein sportlich ausgeübt werden. Aus Ersteren ist auch der Begriff des Wasserwanderns entstanden, der das Reisen mit verschiedenen Bootstypen vorwiegend auf Binnenwasserstraßen umfasst. Hierzu zählt auch das Küsten- und Hochseesegeln, das eine Form des Reisens auf dem Wasser darstellt. Es wurde in Kapitel eins aufgezeigt, dass diese Reiseformen durchaus schon älter sind und weit zurückreichende Anfänge haben, andere, wie das Hausboot fahren, sind aktueller und müssen sich in der Tourismusbranche erst noch behaupten. Die zweite Gruppe sind Aktivsportarten, wie surfen, Kiten oder Wasserskifahren etc. Diese Wassersportarten werden sehr aktiv ausgeübt und sind häufig als Urlaubssport in Clubs und Resorts etc. angeboten und unterrichtet. Diese Aktivurlaube wurden in den 1960er-Jahren durch den Club Méditerranée in Frankreich initiiert und fand zahlreiche Nachahmer in der Tourismusbranche und haben sich im Wesentlichen bis heute gehalten und sind sehr beliebt.

3.1.1 Muskelgetriebene Wassersportarten: Kanu, Kajak, SUP etc.

Dieses Segment des Wassertourismus hat mit die längste Tradition und ist aus Umwelt- und Klimaaspekten sehr beliebt, da es kaum Klimabelastungen verursacht. Zu Anfang und Mitte der 1990er-Jahre war das Kanuwandern extrem attraktiv und erfreute sich sehr starker Zuwachsraten. Diese Euphorie erhielt politischen Rückenwind, indem zahlreiche Förderprojekte diese Tourismusart begünstigten, da Kanuwandern vorwiegend eine regionale Sache ist, entstanden zahlreiche Konzepte für Kanuwandern vor allem in Brandenburg und Mecklenburg-Vorpommern (s. Abb. 3.1).

Es entstanden vor allem sogenannte Wasserwanderrastplätze, um komfortable Infrastrukturen für den muskelgetriebenen Wassertourismus zu schaffen. Das fatale an dieser positiven Entwicklung war, dass nur dieses muskelgetriebene Wassertourismussegment in den Förderungen Berücksichtigung fand. Der Motorboot-, Segel- und Hausboottourismus wurde als elitär und klimabelastend betrachtet und kaum bis gar nicht gefördert und entwickelt. Ein folgenschwerer Irrtum und Fehler, der in den kommenden Jahren und heute als Problem im gesamten Wassertourismus erkennbar ist. Die Euphorie des Kanuwanderns sank rapide mit dem Zeitpunkt, als die öffentliche Förderung dieses Tourismussegments eingestellt wurde. Wenn man heute von Wassertourismus spricht, assoziiert man damit allerdings immer noch zu-

Abb. 3.1 Kanuwandern als Urlaubsart. (Adobe stock, 130830412, ©majonit)

erst das Kanuwandern und erst an zweiter Stelle das Hausboot fahren. Die übrigen gleichberechtigten Segmente werden einfach ignoriert. Das Kanuwandern bietet eine breite Komfortpalette in seiner Ausübung. Beginnend vom sehr einfachen Kanuwandern mit Zelt und Schlafsack bis zum Luxuskanuwandern mit Gepäcktransport, First-Class-Hotels und Gourmetverpflegung. So konnte sich auch in den 1990er-Jahren die Bundesvereinigung Kanutouristik gründen, die dieses Tourismussegment aktiv befördert hat.

Trotz dieser beachtlichen Angebotsbreite ist das Kanuwandern nur etwas für Enthusiasten geblieben und zeigt auch nur sehr begrenzten Zulauf. Sobald ein regionales Förderprojekt aufgelegt wird, gewinnt dieses Segment regional an Bedeutung. Eine bundesdeutsche Entwicklungsstrategie für den Kanutourismus gibt es derzeit nicht und ist auch nicht in Sicht. Bei den muskelgetriebenen Wassersportarten zeigt sich noch eine recht neue Entwicklung, die durchaus das Potenzial eines schnell wachsenden Tourismussektor hat: das Stand-Up-Paddling (s. Abb. 3.2).

Diese sehr junge Wassersportart entwickelt sich vom Funsport zu einem Tourensport mit entsprechend geeignetem Equipment. Flussbefahrungen mit Stand-Up-Paddlern gewinnen an Attraktivität und werden vermehrt angeboten. Insgesamt erfordern muskelgetriebene Wassertourismussegmente gut entwickelte Infrastrukturen und weitreichende touristische Dienstleistungen bis zur persönlichen Betreuung und daher können diese Wassertourismussegmente nur immer so gut sein, wie das persönliche Engagement ihrer Anbieter vor Ort vorhanden ist. Und dieses wiederum ist als stark saisonabhängiges Geschäft nur mit ausreichender Förderunterstützung möglich. Die meisten dieser Anbieter können dieses Geschäft

Abb. 3.2 Stand-Up-Paddling als beliebtes Urlaubsvergnügen. (Adobe stock, 314821958, ©David.Sch)

daher auch nur im Nebenerwerb und als Saisonbetrieb führen. Eine Full-Existenz als Kanuverleiher ist kaum möglich. Die bundesdeutsche Gewässerkarte ist insbesondere in den Hochburgen bereits seit Ende der 1990er-Jahre fest verteilt. Neue Anbieter kommen in den letzten Jahren kaum mehr hinzu und die Entwicklung stagniert in quantitativer wie auch in qualitativer Hinsicht. Bewegungen zeigen sich gegebenenfalls in der Diversifizierung von Unternehmen in der Angebotserweiterung auch mit wasserfremden Dienstleistungen und kleineren Einzelmaßnahmen wie Preisanpassungen, Hygienemaßnahmen bei Quarantäne oder Bootsspezifizierungen.

3.1.2 Windgetriebene Wassersport- und Tourismusarten: Segeln, Kiten, Windsurfen etc.

Diese windgetriebenen Wassertourismusarten nehmen aufgrund ihrer Vielfalt einen großen Raum ein. Hier kommen sowohl die rein sportlich betriebenen Urlaubsformen wie Surfen und Kiten wie auch die vorwiegend reisenden Ausübungen zum Tragen. Die aktiven Ausübungsformen betreffen hier wieder aktive Menschen im Urlaub, die die Aktivitäten als Urlaubssport ausüben. Die Sportgeräte (Surfbretter etc.) sind für viele Menschen finanziell erschwinglich, leicht zu transportieren und sind daher ein optimales Urlaubssportgerät. Letztere sind eine traditionelle Urlaubsform, die es schon seit vielen Jahrzehnten gibt (vergleiche Kap. 1)-Derzeit sind insbesondere das Küsten- und Hochseesegeln mit entsprechend geeigneten und sicheren Booten beliebt. Als deutsches Toprevier wird hier die Ostsee angesehen.

Attraktiver ist das Yachtsegeln im Mittelmeer, was als das europäische Toprevier zu bezeichnen ist. Wetterstabilität, gute Reviere, Kultur und Geschichte bieten ein volles Programm, das in kurzer Flugzeit von Deutschland erreichbar ist und bei Chartertouristen äußerst beliebt und bekannt ist. Selbstverständlich runden andere Topsegelreviere in der Welt das Angebot ab, wie die Karibik, Mexiko oder Neuseeland und Australien. In diesen Topurlaubsregionen spielt das Segeln als Urlaubssport und Angebote wie zum Beispiel Katamaran- oder Gleitjollensegeln eine wichtige Rolle und kommt ebenso als Ausübungsform im Wassertourismus zum Tragen. In dieser Ausübungsform des Segelns im Urlaub und in Ferienanlagen und -resorts etc. ist der Übergang zu windgetriebenen Wassersportarten als Urlaubssport zu sehen. Hierzu zählen auch Sportbootschulen, die in Ferienkursen den Erwerb von Segelscheinen, Sportbootführerscheinen und spezielle Kurse anbieten. Derartige Angebote sind insbesondere im Kinder- und Jugendbereich zu finden (s. Abb. 3.3).

Insgesamt kommt den windgetriebenen Wassersportarten im Urlaub eine zunehmende Bedeutung zu, da hier vor allem in diesen klimaneutralen Antriebsarten große Vorzüge gesehen werden. Dass jedoch die Geräte, Boote und Ausrüstungen sehr energieintensiv produziert und entsorgt werden müssen und dass diese Urlaubsarten land- und wasserseitig auch sehr flächenintensiv sind, wird meistens übersehen. Hier sind Reglementierungen unumgänglich und werden sicher in den nächsten Jahren einsetzen. Dieses darf jedoch nicht Verbote und Restriktionen auf breiter Front bedeuten, sondern viel mehr innovative Konzepte und Modelle in allen oben

3.1 Aktive Wassertourismussegmente 55

Abb. 3.3 Segelsport. (Adobe stock, 14628122, ©Aintschie)

genannten Bereichen der Produktion, des Recyclings, des Betriebs und der Ausübung und der Mobilität auf dem Wasser insgesamt. Zu all diesen Fragen wird in den nächsten Jahren ein beachtlicher Forschungs- und Entwicklungsschub einsetzen müssen, um den gestellten Anforderungen in der Zukunft gerecht zu werden.

3.1.3 Motorgetriebene Wassertourismusarten: Hausboot fahren, Motorboot fahren etc.

Perspektivisch gesehen stellen diese Segmente zugleich die größte Problemgruppe, aber auch das größte Entwicklungspotenzial dar. Es gibt in diesem Segment seit vielen Jahrzehnten traditionelle Touren und Fahrten in Geschwaderform. Dieses wird vorwiegend von den Sportfachverbänden organisiert und sind im eigentlichen Sinn Sportveranstaltungen. Demgegenüber hat sich in den letzten circa 30–35 Jahren das Hausbootfahren als reines Urlaubssegment etabliert. Hierbei werden in den meisten Fällen bewohnbare Boote mit mehr oder weniger Komfort verchartert und dienen als Wohnmobil auf dem Wasser, um attraktive Reviere zu befahren. Diese Urlaubsform hat circa Mitte der 1990er-Jahre in Deutschland begonnen, nachdem einerseits die ostdeutschen Gewässer befahrbar waren und andererseits die politischen Rahmenbedingungen hierfür geschaffen wurden (s. Abb. 3.4).

Diese Entwicklung wäre auf den Gewässern und in der politischen Situation der alten Bundesrepublik undenkbar und unmöglich gewesen, nicht zuletzt auch wegen des elitären Images des Motorbootfahrens, was gesellschaftlich als elitärer Luxus

Abb. 3.4 Klassische Motorboote. (Adobe stock, 700382122, ©Vladimir Drozdin)

angesehen wurde und als Individualinteresse einiger weniger politisch und verwaltungsmäßig keine Beachtung fand. Interessant ist, wie sich diese Situation und politische Akzeptanz innerhalb kurzer Zeit vollständig gewandelt haben und wie dieses gesellschaftlich akzeptiert wurde. Hausboot chartern ist damit zu einer der beliebtesten Wassertourismusarten geworden, zugleich aber auch die umstrittenste Urlaubsart. Die hohe Attraktivität ist unmittelbar davon abhängig, wie attraktiv und infrastrukturell ausgebaut das Revier ist. Es gibt in Deutschland noch Gewässer im Innenbereich, in denen keine wassertouristische Infrastruktur entwickelt wurde, obwohl diese Reviere landschaftlich, kulturell, touristisch und gastronomisch höchst attraktiv wären.

Inwieweit eine weitere Entwicklung und ein Ausbau dieses Wassertourismussegmentes in Deutschland noch möglich und gewünscht ist, hängt in starkem Maße von der politischen Bereitschaft ab, diese Tourismusart zu fördern. Als weiteres Teilsegment des motorgetriebenen Wassertourismus ist das Trailerboot fahren zu sehen. Viele Urlauber nehmen ein kleines und trailerbares Motorboot in den Urlaub mit. Gerade Schlauchboote und andere motorgetriebene Wassersportgeräte wie Jetski oder Water Bikes sind hierfür gut geeignet. Diese Wassersportgeräte sind transportabel und flexibel und eignen sich auch gut für die Freizeit vor und nach dem Urlaub.

Beim motorisierten Bootssport steht die Umwelt- und Klimaverträglichkeit im Vordergrund. Es ist außer Frage, dass Verbrennungsmotor der Vergangenheit angehören und saubere alternative Antriebe gefordert werden. Durch momentan vorzugsweise Elektroantriebe ist dieses Problem weitgehend gelöst. Das weitere Problem der Flächeninanspruchnahme durch Boote und Personen an Ufern und auf den

Wasserflächen ist derzeit noch nicht gelöst. Hier wird es außer Beschränkungen und Kontingentierung keine Alternativen geben. Es scheint, als ob diese Reglementierungen über die Kosten dieser Freizeit- und Urlaubsarten durchgesetzt werden. Wassersport als Urlaub – für viele ist da nicht mehr erschwinglich und für einige wenige wird es möglich bleiben, sich diesen Luxus erlauben zu können. Mit weiterem Zudrehen dieser Preisschraube werden dann weite Flächen an Ufern und Gewässern freibleiben von Urlaubern und Wassertourismus. So utopisch und ungerecht diese Vision auch klingen mag, sie ist politisch die einzige Alternative, die gesellschaftlich durchsetzbar ist. Andererseits bedeuten diese massiven Einschnitte in die Selbstbestimmung des Einzelnen auch erhebliche wirtschaftliche Einbußen im touristischen Geschäft. Diese werden der Tourismuswirtschaft als Opfer eines Klimaschutzes abverlangt und es werden kaum Wahl- oder Entscheidungsmöglichkeiten durchzusetzen sein. Alternative wirtschaftliche Modelle, die diese Verluste zumindest in Teilen ausgleichen könnten, sind nicht in Sicht.

3.1.4 Tauchen als Wassertourismussegment.

Tauchen als Urlaubssport hat sich schon immer großer Beliebtheit erfreut. In Deutschland findet dieses nicht statt, entsprechende Reviere existieren nicht. Insofern soll hier auch nur kurz auf diese Wassertourismusart eingegangen werden. Das Gerätetauchen mit Ausrüstung und Technik benötigt geeignete Reviere. Geeignet sind alle Gewässer die temperaturmäßig und auch vom Interesse her spannend sind. Warme Meeresbereiche im Mittelmeer, im Roten Meer oder in der Karibik sind traditionelle Tauchreviere, in Deutschland ist die Ostsee ein Spezialrevier, da hier sehr alte Schiffswracks liegen, die das Wracktauchen interessant machen (s. Abb. 3.5).

Tauchen ist unter Klimaaspekten weniger bedeutend, auch weil die Aktivenzahlen doch eher gering sind und die Urlaubsart kaum ein Massenphänomen ist. Der Energieaspekt kann vernachlässigt werden, da die Ausrüstung und Wartung der Technik sehr energiearm erfolgen. Perspektivisch wird sich an dieser Situation kaum wesentlich etwas ändern, sodass Tauchen als Wassertourismusurlaubsart kaum größere Veränderungen oder gar Restriktionen erfahren wird.

3.1.5 Angeln als Wassertourismussegment

Der Angelsport erfreut sich auch als Urlaubsaktivität großen Zulaufs. Gerade in den letzten Jahren ist die Zahl der aktiven Angler in Deutschland beachtlich gestiegen, wobei auch ein spürbarer Zulauf von Anglerinnen feststellbar ist. Früher war das Angeln eher eine Alte-Herren-Domäne, was sich sichtbar aufgelöst hat. Sehr viele jüngere Angler und Frauen sind in diesem Sport aktiv und haben ihren Zulauf aufgrund von Natur und Technik zum Angeln gefunden. Technik, Euphorie und Digitalisierung haben das Angeln zu einem Hightechsport gemacht und gerade im Urlaub wird diese gesamte Hochtechnologie gerne eingesetzt (s. Abb. 3.6).

Abb. 3.5 Tauchen im Urlaub. (Adobe stock, 244062937, ©Jan Finsterbusch)

Abb. 3.6 Angeln im Urlaub. (Adobe stock, 176274763, ©lassedesignen)

Sehr gut organisierte Angelreisen mit Fanggarantie sind beliebte Urlaubsarten und nehmen im Angebotssektor stark zu. Angelurlaub ist zu einer Materialschlacht geworden und wer die größte, beste und teuerste Angelausrüstung mitbringt, hat damit automatisch die größten Fangchancen. Der Angelurlaub und -sport sind jedoch aus Umwelt- und Klimasicht kritisch zu betrachten, da zwei Belastungen stattfinden: Zum einen die mengenmäßig zahlreichen Personen, die an den Gewässern auftauchen und zum anderen der Fang und die Entnahme von Fischen aus den Ökosystemen der Gewässer. Fangbeschränkungen und Verbote zeigen bereits erste Probleme und weisen die zukünftigen Entwicklungen auf.

3.1.6 Sonderformen aktiver wassertouristischer Segmente

Neben den oben genannten traditionellen Wassertourismussegmenten, die auch aktiv ausgeübt werden, gibt es noch diverse Sonderformen, die hier nur zum Teil dargestellt werden, weil sie in den meisten Betrachtungen des Phänomens Wassertourismus gänzlich unberücksichtigt bleiben. Hierzu zählen Wassertourismussegmente wie Wasserfliegen, schwimmen und baden oder andere Wassersportarten, die auch urlaubsmäßig betrieben werden können. Bei den Sonderformen wird sich in den nächsten Jahren sicherlich einiges Neues ergeben, was vor allem auch die natürlichen Aspekte des Wassers beinhaltet. Gemeint sind hier Angebote, die das Kennenlernen des Elementes Wasser und das Erproben von naturwissenschaftlichen Tatsachen des Wassers betreffen. Dieses beginnt z. B. damit, dass viele Hobbysegler gar nicht die Physik des Segelns kennen. Dieses kann man sehr plastisch und direkt vermitteln und damit das Verständnis des Segelns und die Wirkungen des Windes im Segeln erklären.

3.2 Passive Wassertourismussegmente

Als passive Wassertourismussegmente werden alle Aktivitäten betrachtet, die das Wasser eher rezeptiv und touristisch nutzen. Hierzu zählen vorwiegend alle Phänomene der Personenschifffahrt. Diese erfreuen sich in den letzten Jahren eines großen Zulaufs, geraten jedoch zunehmend aus Klimaschutzgründen in die Kritik. Die Emissionen der Kreuzfahrtschiffe sind immens und Versuche mit nichtfossilen Treibstoffen laufen bereits. Alle diese Phänomene sind durch größere Personengruppen und als Gruppenveranstaltungen gekennzeichnet und sind damit klimaproblematisch. Diese passiven Wassertourismussegmenten zählen ebenso bedeutend zum Wassertourismus, wie die aktiven Segmente, da sie in wirtschaftlicher, klimabezogener und touristischer Hinsicht eine zentrale Position innerhalb des Phänomens Wassertourismus einnehmen. Die hier vorgenommene Teilung in aktive und passive Segmente ist in der vorliegenden Literatur so nicht existent und es werden vielmehr beide Segmente zusammengefasst, was jedoch aus vielerlei Hinsicht zu ungenau ist, um eine weiterführende Betrachtung vornehmen zu können. Diese

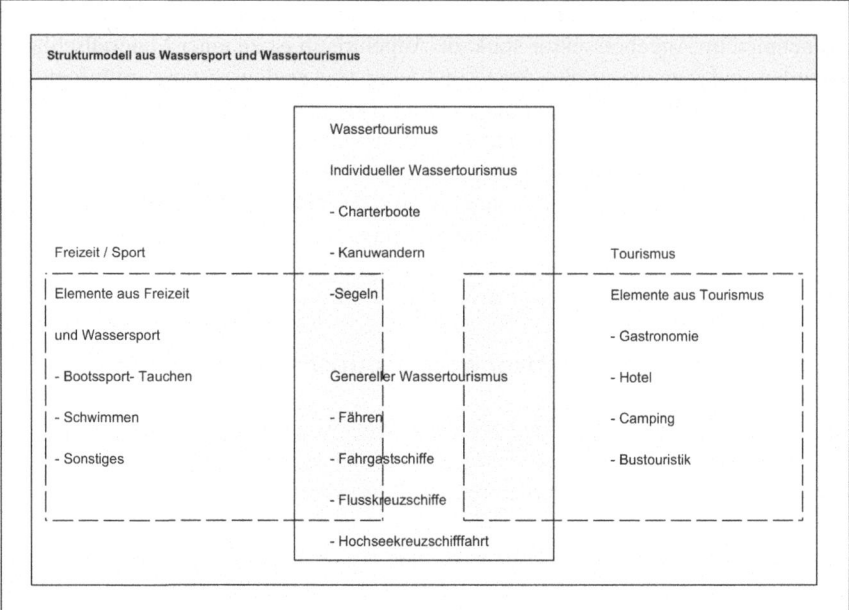

Abb. 3.7 Strukturmodell Wassertourismus. (©H. Haass, 2024)

Teilung in aktive und passive Segmente hat weitreichende Konsequenzen in Bezug auf Infrastrukturen, Angebote, Werbung und auch auf eventuelle Förderungen (s. Abb. 3.7).

3.2.1 Ausflugsschifffahrt

Die traditionelle Ausflugsschifffahrt oder auch Fahrgastschifffahrt (FGS) ist als Urlaubsaktivität weitgehend in Vergessenheit geraten beziehungsweise unattraktiv geworden. Ihr haftet das Image von Seniorenveranstaltungen an, aufgrund veralteter und extrem unattraktiver Programme, Angebote und Schiffstypen. Ausflugsschiffe mit busartiger Bestuhlung und traditionellem Kaffee-und-Kuchen-Angebot mit Erläuterungen und interessantem Panorama locken keine Urlauber an. Hier sind alternative und innovative Angebote und Programme und vor allem moderne und flexible Schiffskonzepte erforderlich. So wurden bereits Ende der 1980er-Jahre flexible Schiffsmodelle gefordert und der Branche empfohlen. Jedoch wurden diese Ratschläge nicht aufgegriffen. Die damaligen Prognosen, dass diese Branche noch weiter abstürzen würde, wenn nicht kurzfristig neue Angebote und Schiffsmodelle aufgenommen würden, haben sich inzwischen bestätigt und die Ausflugsschifffahrt liegt de facto am Boden. Verbliebene Angebote wurden in allen Orten erst reduziert, dann gänzlich vom Markt genommen und die Schiffe verkauft. Ein Neuaufbau

3.2 Passive Wassertourismussegmente

Abb. 3.8 Fahrgastschifffahrt. (Adobe stock, 14807295, ©Lothar LORENZ)

dieser Branche würde Jahrzehnte dauern und ein wirtschaftlicher Betrieb wäre derzeit kaum möglich (s. Abb. 3.8).

Andererseits bietet diese Branche durchaus eine Fülle reizvoller Potenziale, die jedoch ein einzelnes Angebot kaum nutzen kann, da in der regionalen Vernetzung wasser- und landseitig die größten Chancen liegen. Sofern man die Ausflugsschiffe nicht als solitäres Angebot versteht, sondern vielmehr als ein Element eines vernetzten Angebotes, erhöhen sich die Angebotsmöglichkeiten und Marktchancen erheblich. Bedauerlich ist jedoch, dass viele Schiffsunternehmen der Ausflugsschifffahrt nicht mehr existieren und somit für eine derartige Weiterentwicklung nicht mehr zur Verfügung stehen (s. Abb. 3.9, 3.10, und 3.11).

3.2.2 Kreuzschifffahrt, Fluss und See

Die Kreuzschifffahrt ist zu unterteilen in Flusskreuzschifffahrt und Hochseekreuzschifffahrt. Beide Segmente erfahren seit Jahren großen Zulauf und große Beliebtheit. Dieses wird nicht zuletzt auch durch die TV-Serie „Das Traumschiff" befördert und initiiert. Die Nachfragen sind ungebrochen. Lediglich die Corona-Pandemie hat dieser Branche einen Einbruch beschert, der jedoch nach kurzer Zeit wieder ausgeglichen werden konnte.

Kritisch muss man durchaus die Klimarelevanz dieses Wassertourismussegments betrachten laufen doch die meisten Schiffe auf Fluss und Hochsee mit Verbrennungsmotoren, die mit Schweröl betrieben werden. Dann wird die Umweltproblematik

---

Aufgaben und Ziele der Regionalen Fahrgastschifffahrt

- Erlebnisreiches und ansprechendes Tagesprogramm auf dem Wasser
- Erwartungen an die Schifffahrt stellen
- Aktiv innovative Angebote und spezifische Trends anbieten
- Nachfrage- und trendorientierte Schifffahrt

Regionale Fahrgastschifffahrt - >>Kleiner Bruder<< der Kreuzschifffahrt?

1. Hochseekreuzschifffahrt:
    - Image / Status
    - Angebot-Packages
    - >>Traumschiff<<-Serie in TV
    - Kreuzschifffahrt-Euphorie der 1980/90er-Jahre
    - Entwicklung der Schiffe und Angebote

2. Flusskreuzschifffahrt:
    - Parallen zur Hochseekreuzschifffahrt
    - Häufig gleiche Reedereien
    - Wachstumsmarkt

3. Regionale Fahrgastschifffahrt:
    - >> Logik der Kette<<
    - Kaum bekannt / wenig beachtet
    - Erwartungen-Leistungen

Abb. 3.9 Aufgaben und Ziele der Ausflugsschifffahrt. (©H. Haass, 2024)

sehr deutlich. Nicht nur während der Fahrt laufen diese Maschinen, auch beim Liegen der Schiffen müssen diese Maschinen laufen, da es nicht überall in den Terminals ausreichende Landanschlüsse gibt. Und noch ein belastender Faktor kommt hinzu, die Personenzahlen bei Landausflügen, die bis zu mehrere Tausend Personen in einen kleinen Ort bringen können und damit zu erheblichen Überlastungen vieler touristischer Destinationen führen. Besonders deutlich wird dieses in Venedig und Dubrovnik und auf mehreren kleineren Karibikinseln, die von den großen Kreuzfahrtschiffen gern angefahren werden und auch gern ins Programm der Landausflüge hineingenommen werden. Hier sind noch keine hinreichenden Lösungen gefunden, außer Verboten und Reglementierungen, die zu Verdruss der Gäste und Passagiere führen (s. Abb. 3.12).

Wirtschaftlich ist die Kreuzfahrtbranche innerhalb der Wassertourismusmärkte ein Riese mit Zuwachspotenzial aufgrund anhaltender Nachfragen. Dabei sollte es eigentlich anders sein und vernunftmäßig eine Zurückführung der Kapazitäten erfolgen, aber noch obsiegt die wirtschaftliche Attraktivität gegen die Vernunft des

Verbesserungsansätze für die regionale Fahrgastschifffahrt

- Schiffsarchitektur und Sicherheit
    - Aufenhaltsqualität, Multifunktionalität und Erlebnisvielfalt
    - Schiffsarchitektur, innen und außen
    - Einsatz von Licht und Illumination
    - Bewegen auf dem Schiff

- Events, Programme und Erlebnisgastronomie
    - Große Fülle an Kombinationsmöglichkeiten
    - Beiprogramme an Bord anbieten
    - Firmenevents, schwimmende Galerie, Autopräsentationen, Businesstermine etc.
    - Erlebnisgastronomie mit hoher Flexibilität

- Image, Kundenansprache und Service
    - Imagegerechte Angebote
    - Service-Kette an Bord und Land
    - Ausstatung und Accessoires vorsichtig einsetzen
    - CI des Unternehmens entwickeln und präsentieren
    - Kompetente Partner für landseitige Angebote finden

Abb. 3.10 Verbesserungen für die Ausflugsschifffahrt, Kooperationen. (©H. Haass, 2024)

Klimaschutzes. Perspektivisch würde man diese Angebote des Wassertourismus nicht gänzlich aufgeben wollen und können, aber Wandlungen in den Antriebs- und Energietechniken werden nötig und andere Formen der Kreuzfahrt, wie sie bereits heute erkennbar sind, werden sich einstellen. Nicht das Hopping von Ort zu Ort wird der Reiz einer Kreuzfahrt sein, sondern die Angebotsfülle an Bord, die Landausflüge entbehrlich macht. Nicht ferne Orte sind das Ziel, sondern das Schiff selbst wird so zu Destinationen. Dieses Konzept wird bereits heute von einigen Anbietern verfolgt, ob es sich durchsetzt in der Branche bleibt, abzuwarten. Visionen zeigen Modelle von schwimmenden Städten, die als Urlaubsziele angefahren werden und nach Bedarf verlegt werden können. Andere Modelle zeigen Fahrtrouten abseits der bekannten Destinationen in neue, noch unerschlossene Regionen der Welt, wie etwa die Polregionen, Äquatorregionen etc. Inwieweit diese Ziele klimafreundlich angefahren werden können und ob deren Eroberung durch Touristen vertretbar ist, bleibt abzuwarten. Es steht fest, dass dieses Wassertourismussegment das wirtschaftlich wichtigste ist und zugleich oder gerade deswegen die größte Entwicklungsdynamik aufweist. Insofern werden in den nächsten Jahren in diesem Segment viele neue und innovative Entwicklungen einsetzen.

> **Verbesserungsansätze für die regionale Fahrgastschifffahrt**
>
> - Schiffsarchitektur und Sicherheit
>   - Aufenhaltsqualität, Multifunktionalität und Erlebnisvielfalt
>   - Schiffsarchitektur, innen und außen
>   - Einsatz von Licht und Illumination
>   - Bewegen auf dem Schiff
>
> - Events, Programme und Erlebnisgastronomie
>   - Große Fülle an Kombinationsmöglichkeiten
>   - Beiprogramme an Bord anbieten
>   - Firmenevents, schwimmende Galerie, Autopräsentationen, Businesstermine etc.
>   - Erlebnisgastronomie mit hoher Flexibilität
>
> - Image, Kundenansprache und Service
>   - Imagegerechte Angebote
>   - Service-Kette an Bord und Land
>   - Ausstatung und Accessoires vorsichtig einsetzen
>   - CI des Unternehmens entwickeln und präsentieren
>   - Kompetente Partner für landseitige Angebote finden

Abb. 3.11 Verbesserungen für die Ausflugsschifffahrt, konzeptionell. (©H. Haass, 2024)

3.2.3 Traditionsschifffahrt

Urlaubsattraktionen sind immer dann ein USP, wenn es etwas einzigartiges und besonderes zu besichtigen und gegebenenfalls auch zu benutzen gibt. Bei Traditionsschiffen ist dieses der Fall. Hier gibt es immer etwas anzusehen und vielerorts auch etwas zum Mitmachen und Ausprobieren. Dabei teilt sich das Wassertourismussegment der Traditionsschifffahrt in einen vorwiegend rezeptiven Teil, die Museumsschiffe, Schiffsmuseen etc., und einen aktiven Teil, wie Bootsbaukurse, Museumswerften und Technikmuseen.

Beide Teile sind als Urlaubsaktivität sehr beliebt und noch relativ neu und wenig verbreitet. Dabei hat jede Region eine eigene maritime Tradition und oftmals einen eigenen spezifischen Bootstyp hervorgebracht, die jedoch meistens vergessen sind und kaum aufbereitet und präsentiert werden. Selbst in Binnenregionen mit kleineren Gewässern und Flüssen, existieren maritime Geschichte und Traditionen, da in der Vergangenheit überall Wasser als Transportwege genutzt wurde. Holzflößerei, Fischerei und Torftransport auf dem Wasser und vieles mehr sind historisch überall zu finden und wären entsprechend aufbereitet und präsentiert eine sehr attraktive und interessante Urlaubsaktivität. Es ist kurios und verwunderlich, dass dieses Thema der Kultur- und Technikgeschichte in Deutschland derart in Vergessenheit

Abb. 3.12 Fahrgastschifffahrt. (Adobe stock, 14807295, ©Lothar LORENZ)

geraten ist und man Sorge haben muss, dass die wenigen überlieferten und noch existierenden Zeugnisse bald vollends für die Nachwelt verloren sind. Zu begrüßen wären daher Initiativen und Programme, die grade diese Themen auch touristisch aufgreifen und zu einem innovativen Urlaubsthema und Angebot in Deutschland machen würden (s. Abb. 3.13).

3.2.4 Wasser und Natur beobachten

Diese wohl passivste Form der Wassertourismussegmente ist aber auch zugleich eine der attraktivsten Formen, das interessante Spiel von Licht und Wasser zu beobachten ist. Überall möglich und weitgehend klimaneutral sind Wanderungen entlang von Ufern. Wege an Gewässern sind attraktiv, aber auch Kanuwandern ist für das Wasser- und Naturbeobachten als Urlaubsform sehr beliebt.

Auch mit dem Angeln lässt sich dieses Segment sehr gut verbinden. Insgesamt sollte Wasser- und Naturbeobachten auch immer eine edukative Komponente beinhalten, denn das allgemeine Wissen über das Element Wasser ist nur sehr rudimentär. Wenige Menschen haben weiterreichende Kenntnisse über Wirkungen, Kräfte und naturwissenschaftliche Verhältnisse des Wassers. In Wasserspielplätzen, Infopoints und Bildungsangeboten kann man auch auf spielerische Art und Weise viel Wissen über das Wasser präsentieren und schafft damit interessante Angebote für Urlauber. Diese Angebote sind sowohl im Meeres -wie auch im Binnenbereich interessant. Vom Gebirgsbach über die Talsperre, das Hochwasserspeicherbecken,

Abb. 3.13 Traditionsschiff. (Adobe stock, 111618998, © Dagmar Richardt)

Fluss- und Kanalgewässer bis zum Meeresstrand bieten alle Gewässer etwas Einzigartiges, das entsprechend dargestellt und präsentiert werden sollte. Das Beobachten von Wasserflächen ist aber nicht nur eine beliebte Aktivität in der Natur, auch städtische Wasserflächen können sehr interessante Beobachtungen eröffnen und auch ruhige Erholung ermöglichen. Wasser im Stadtraum hat dabei neben einem visuellen und optischen Wert aber auch eine wichtige Aufgabe für das städtische Mikroklima, in dem durch Verdunstung die Luftfeuchte erhalten und Abkühlung produziert wird (s. Abb. 3.14).

3.2.5 Sonderformen passiver wassertouristischer Segmente

Auch im Wassertourismus gibt es eine Reihe von Sonderformen, die nicht in vorgenannte Segmente passen. Es ist dabei interessant zu beobachten, mit welcher Entwicklungsgeschwindigkeit verschiedene neue und innovative Angebote entstehen. Die Themenfülle dabei scheint unbegrenzt und vor allem Angebote im aktiven Segment, muskel- und windgetrieben, zeigen dabei die größte Innovationsdynamik. So wurde aus Windsurfen, das Kitesurfen und weiter das Foilsurfen. Wasserskifahren entwickelte sich zum Wakeboarden und SUP-paddeln zum Foiling. Die Entwicklungen laufen beständig weiter, auch die Angebote, Museums- und Traditionsschiffe zu präsentieren, gibt es erst seit circa 30–40 Jahren. Vorher galten diese Exponate als uninteressant und maritimer Sport als eine neue Euphorie. Ein neuer-

Abb. 3.14 Wasser beobachten. (Adobe stock, 281196068, ©Jenny Sturm)

liches Interesse an maritimen Themen, Geschichten und Exponaten scheint sich derzeit zu bilden, das ist zu begrüßen. Denn zum einen stärkt es vergessene, maritime Traditionen und zum anderen schafft es Innovationen im Wassertourismus, die dringend gebraucht werden und es werden touristische Qualitäten in den Wassertourismus eingebracht. Eine besonders interessante Sonderform sind schwimmende Ferienhäuser, die sich zunehmend großer Beliebtheit erfreuen. In Deutschland sind diese Gebäude noch weitgehend unbekannt, weil sie baurechtlich nicht erfasst sind und nicht im Rahmen einer Baugenehmigung geprüft werden können. Dieser innovative Trend ist noch gesondert zu betrachten. Auch im Bildungsbereich wird sich die passive Wasserbeobachtung durchsetzen und neue Angebote entwickeln, die die klimapositiven Wirkungen des Wassers zeigen sollen.

3.2.6 Freizeitwohnen auf dem Wasser

Das Freizeitwohnen auf dem Wasser erfreut sich sehr großer Beliebtheit und hat für einen neuen Markt an Ferienimmobilien gesorgt, die schwimmenden Häuser. Im Gegensatz zu Hausbooten, die als Sportboote definiert sind und fahren können, liegen schwimmende Häuser ortsfest und verfügen über keine Antriebe etc. Diese beiden Definitionen werden häufig vermischt und dies führt zu gravierenden Missverständnissen. Es hat sogar schon zu Gerichtsprozessen und Parlamentssitzungen geführt, da die Grenze zwischen beiden Phänomenen nicht klar definiert ist und verschieden ausgelegt wird. So wurden schon für Hausboote Baugenehmigungen gefordert und schwimmende Häuser als Sportboote zugelassen. Der Gesetzgeber verhält sich hier wiederum sehr bedeckt und es fehlen in Deutschland eindeutige Regelungen für die schwimmenden Häuser. Ein erster Ansatz in diese Richtung ist die Initiierung der DIN SPEC 80003 – Schwimmende Gebäude Technische Anforderungen und Prüfungen, 2021, die seit Juni 2021 erstmals im Rahmen einer Vornorm Klarheiten zu o.g. Differenzen gibt. Die Verwaltungen der Länder und Kommunen tun sich leider sehr schwer mit der Anwendung dieser Norm, obwohl sie in den meisten Fällen Eindeutigkeiten schaffen würde.

Abb. 3.15 Schwimmendes Haus. (Adobe stock, 8191339, ©Kalle Kolodziej)

Grundsätzlich gilt, dass das schwimmende Wohnen, vor allem im Urlaub, eine sehr große Beliebtheit und Nachfrage erfährt. Sofern die rechtlichen Regelungen hierfür eindeutig wären und angewendet würden, könnte dieses den touristischen Markt erheblich befördern. Über das touristische Wohnen hinaus wäre das Wohnen auf dem Wasser für sehr viele Kommunen eine Bauform, die den örtlichen Immobilienmarkt entspannen könnte, denn so wie Wasserflächen als Bauflächen ausgewiesen würden, so würde auch neue Wohnungen auf dem Wassere entstehen. Dieses hätte eine Entspannung des örtlichen Immobilienmarktes zur Folge, weil Wohnungen auf dem Land frei würden (s. Abb. 3.15).

Aber allein in der Hotellerie und Gastronomie auf dem Wasser liegen beachtliche Chancen und wirtschaftliche Potenziale, die noch lange nicht erkannt und ausgeschöpft sind. Diese Entwicklung würde perfekt mit der Situation Deutschlands als Transitland einhergehen, denn durchreisende Touristen suchen verschiedene Übernachtungsmöglichkeiten, auch wenn es nicht auf dem Boot sein soll.

3.3 Angebot- und Nachfragesituation im Wassertourismus

Wie für jede andere Wirtschaftsbranche ist auch für den Wassertourismus das ausgewogene Verhältnis aus Angebot und Nachfrage wichtig. Es kann grundsätzlich davon ausgegangen werden, dass dieses Verhältnis im Wassertourismus sehr schwierig herzustellen ist. Verschiedene Gründe sind hier erkennbar, ganz besonders machen sich zwei Probleme bemerkbar. Zum einen ist diese Branche mit ihren Segmenten im Tourismus insgesamt wenig bekannt und weitgehend uninteressant. Kaum ein Touristiker oder Tourismuswissenschaftler interessiert sich ernsthaft für die Branche Wassertourismus. Verstärkend kommt hinzu, dass diese Branche selbst extrem unprofessionell betrieben wird, da es meistens Quereinsteiger in den Wassertourismus sind, die Betriebe führen. Qualifikationen oder Ausbildungen im Wassertourismus gibt es nicht und so findet man durchweg alle Berufsbilder in dieser Branche, leider jedoch kaum touristische Qualifikationen. Dieses Dilemma kennzeichnet und bestimmt das Angebot-Nachfrage-Verhältnis in einer eher hinderlichen Art und Weise. Diese Problematik kennzeichnet vor allem die Situation in Deutschland, wo dieses Geschäft doch beachtlich dadurch behindert wird.

3.4 Nachfragesituation im Wassertourismus in Deutschland

3.4.1 Nachfragen nach aktiven Angeboten

Die Nachfrage nach wassertouristischen Aktivitäten variiert stark, je nach Region, Saison, wirtschaftlichen Bedingungen und Trends im Tourismussektor. Für aktuelle und präzise Informationen zu den Nachfragen nach wassertouristischen Angeboten wäre es am besten, auf spezifische Branchenberichte, Tourismusstatistiken, Marktforschungsdaten oder lokale Tourismusorganisationen zuzugreifen. Diese Quellen können detaillierte Einblicke in die Trends und Entwicklungen des wassertouristischen Sektors in bestimmten Regionen oder Ländern bieten. Dennoch sind einige spezifische Nachfragesituation generell auf den Wassertourismus übertragbar.

Beliebt sind immer Mitmachangebot, die etwas Neues und Unbekanntes vermitteln. Aber auch der Spaß und das Erlebnis dürfen nicht zu kurz kommen und bestimmen die Attraktivität eines Angebots. Interessant sind immer Angebote, die eine mehrfache Attraktivität bieten, also Natur, Technik, Wasser etc. Monostrukturierte Angebot sind dagegen eher unbeliebt. Hinzu kommt die Region, in der das Angebot stattfindet. Ist diese touristisch schon vorgeprägt, kann das wassertouristische Angebot diesen „Nährboden" gut nutzen und darauf aufbauen.

Weniger beliebt sind Bootsangebote auf Basis von Verbrennungsmotoren. Elektroantriebe sind geduldet und muskel- oder windgetriebene sehr beliebt. Aber auch ruhige Angebote, wie schwimmende Häuser oder Wasserbeobachten, sind sehr beliebt, weil hierbei keine offensichtlichen Umweltbelastungen produziert werden. Eine ganz neue Komponente kommt hinzu, der CO_2-Fußabdruck der wassertouristischen Aktivitäten. Hier geht es zum einen um den CO_2-Fußabdruck in der Produktion und Organisation des Sportgerätes und des Angebotes und zum anderen um den Abdruck der eigentlichen Aktivität. Es ist hierzu noch kaum Näheres bekannt und veröffentlicht, könnte aber eine Innovation werden, indem für Wassersportgeräte und Boote etc. der CO_2-Abdruck ihrer Herstellung angegeben wird und der Ausstoß während der Aktivität selbst.

3.4.2 Nachfragen nach passiven Angeboten

Im Wassertourismus gibt es verschiedene passive Angebote, die darauf abzielen, den Gästen entspannende und genussvolle Erlebnisse auf dem Wasser zu bieten, ohne dass diese selbst ein Boot steuern müssen. Diese Aktivitäten sind dann meistens in andere Freizeit-/Urlaubstätigkeiten eingebunden und ergänzen diese wirkungsvoll.

Als ganz eindeutig sind hier Fährdienste zu nennen, gleich ob Autofähren oder Personenfähren, die die Touristen zu einem gewählten Ziel bringen. Oftmals wird eine solche Anreise bewusst mit einer Fährfahrt verbunden, um auch dieses Urlaubserlebnis mitzunehmen.

Sightseeing-, Sonnenuntergangs- und Dämmerfahrten sind ebenfalls beliebt und schließen einen tollen Urlaubstag stilvoll ab. Der Tourist muss selber nichts machen und erfährt einen perfekten Service mit gastronomischer Versorgung.

Schwimmende Restaurants, Fluss-/Seelounges werden zunehmend beliebt, weil sie ein unvergessliches Erlebnis auf dem Wasser bieten. Man ist hier bereits auf dem Wasser, jedoch ohne Risiko einer Seekrankheit oder anspruchsvoller nautischer Mitarbeit. Nur das Genießen und Chillen auf dem leicht bewegten Sitzplatz allein sind ein besonderes Vergnügen.

Und schließlich sind organisierte Angeltouren auch eine passive Form des Wassertourismus, indem hier das Angelboot von einem Guide geführt und der Angeltourist an die besten Fangplätze gefahren wird. Er wird dann auch in die richtige Angeltechnik eingewiesen und das Fangerlebnis ist garantiert.

Es ist wichtig zu beachten, dass die Verfügbarkeit dieser Angebote je nach Region und Anbieter variieren kann. Es empfiehlt sich, lokale Tourismusunternehmen zu kontaktieren oder deren Websites zu besuchen, um aktuelle Informationen zu erhalten und herauszufinden, welche passiven Wassertourismusangebote in einer bestimmten Gegend verfügbar sind.

3.4.3 Nachfrageentwicklungen im Wassertourismus

Die Nachfragesituation im Wassertourismus kann von verschiedenen Faktoren beeinflusst werden, darunter saisonale Schwankungen, wirtschaftliche Bedingungen, Umweltfaktoren und sogar globale Ereignisse wie Pandemien, Kriege etc.

Vor 2022 war der Wassertourismus in vielen Regionen beliebt, da er eine Vielzahl von Aktivitäten umfasst, darunter Bootsfahrten, Wassersport, Kreuzfahrten, Tauchen und mehr. Die Nachfrage hängt oft von der Attraktivität der Wasserdestinationen, der Verfügbarkeit von Infrastruktur und Dienstleistungen, der Wirtschaftslage und der allgemeinen Reisebereitschaft ab.

Die aktuelle Nachfragesituation ist durch die aktuelle politische und wirtschaftliche Situation gekennzeichnet. Langfristige Buchungen sind extrem stark zurückgegangen und es wird vorwiegend spontan gebucht. Das bedeutet für die Branche, sich auf diese Nachfrage einzustellen und flexibel zu sein. Weiterhin sind längere Urlaubsreisen mit Wasserbezug aufgrund der Wettersituationen ebenfalls eher unbeliebt. Ein spontanes Wochenende bei gutem Wetter ans Wasser ist inzwischen der Standardfall geworden und diese Art von Buchungen nehmen beständig zu. Die gleiche Entwicklung ist aus dem Städtetourismus bekannt, wo ebenfalls sehr spontan ein kurzfristiges Wochenende in einer europäischen Stadt gebucht wird. Dazu sind All-inclusive-Pakete gefragt, um innerhalb der kurzen Reisezeit keine Zeiten mit Auswahl und Einzelbuchungen zu verlieren.

3.4.4 Das Marktprofil des Wassertourismus in Deutschland

Der Wassertourismus in Deutschland hat ein sehr spezielles Marktprofil, was es einerseits vereinfacht und zu einem attraktiven Nischensegment macht, andererseits aber auch erschwert, aufgrund nur geringer Konturenschärfe. So ist es z. B. nicht erforderlich, bestimmte Qualifizierungen oder Ausbildungen im Wassertourismus nachzuweisen. Quereinsteiger sind der Regelfall und auch entsprechend geeignete touristische oder nautische Ausbildungen sind eher selten.

3.4.5 Professionalität im Wassertourismus und Quereinsteiger

Im Bereich des Wassertourismus können verschiedene Ausbildungen, die auf die spezifischen Anforderungen dieses Sektors zugeschnitten sind, durchlaufen werden. Allerdings sind die im Folgenden gezeigten Ausbildungen und Berufe nur sehr selten bei Betreibern wassertouristischer Unternehmen zu finden.

Zunächst ist eine Ausbildung als Schiffsführer im Binnen- oder Seebereich grundsätzlich eine gute nautische Grundlage für das wassertouristische Geschäft. Es werden hier zwar keine touristischen Elemente vermittelt, aber der gesamte nautische Bereich ist bestens erfüllt.

An einzelnen Hochschulen wird in Studiengängen des Tourismus auch der Schwerpunkt Wasser gesetzt und angeboten. Auch diese Ausbildung ergänzt in touristischer Hinsicht eine entsprechen Qualifizierung. Es werden vorwiegend Organisation und Verwaltung von touristischen Unternehmen vermittelt.

Ganz perfekt auf den Wassertourismus zugeschnitten sind Ausbildungen zum Wassersportlehrer, also Segellehrer, Surflehrer, Tauchlehrer, Wasserskilehrer etc. Hier kommt zwar das touristische Moment etwas kurz, aber eine fundierte wassersportliche Grundlage ist durch diese Ausbildungen gegeben und hilfreich. Diese Personen sind häufig in Ferienresorts, auch als Animateure etc., eingesetzt.

Neben diesen prädestinierten Ausbildungen zum Wassertourismus gibt es noch einige Zusatzqualifizierungen, die einen Bezug zum Wassertourismus mitbringen. So z. B. eine Reiseleitung mit Wassersportoption, was jedoch immer an der jeweiligen Person hängt, ob diese an dem Thema interessiert ist und sich hier engagiert.

Schließlich können auch Ausbildungen im Umweltbereich und in der Bootstechnik eine Grundlage für das wassertouristische Geschäft darstellen. Hier fehlen dann zwar die wichtigen touristischen Elemente, die jedoch in Zusatzqualifizierungen erworben werden können.

Die Bedeutung touristischer Fertigkeiten und Fähigkeiten im Wassertourismus sind nicht zu unterschätzen. Diese bringen Quereinsteiger i. d. R. kaum mit, sind jedoch von existenzieller Bedeutung. Es ist bekannt, dass gerade touristische Servicedienstleistungen in Deutschland sehr rudimentär vorhanden sind und praktiziert werden. Kundenansprache und Betreuung sowie auch Reklamationsmanagement sind extrem wichtig, aber in Deutschland eine lästige Aufgabe, die touristische Betriebe möglichst vermeiden.

Es ist wichtig zu wissen, dass die genauen Ausbildungsangebote je nach Land und Region variieren können.

Qualifizierungen und Professionalität im Wassertourismus sind auch entscheidend, um die Sicherheit der Touristen zu gewährleisten, die Qualität der Dienstleistungen zu verbessern und einen nachhaltigen Tourismus zu fördern. Da es beim Bootssport doch ein erhebliches Risikopotenzial gibt und immer wieder auch Unfälle auf dem Wasser passieren, sollte das Thema Sicherheit ganz oben auf der Liste stehen. Die im Wassertourismus tätigen Personen müssen daher in Rettungsmaßnahmen auf und am Wasser geschult sein. Dieses betrifft zunächst die Wasserrettung und Erste Hilfe, was beim Umgang mit Booten etc. unerlässlich ist. Daneben sind Kenntnisse im Umweltschutz und das Verhalten bei Umwelthavarien nötig. Weiterhin sind geografische und regionale Kenntnisse wichtig, auch um Sicherheitshinweise für Fahrtrouten geben zu können. Und schließlich sind auch rechtliche Kenntnisse nötig, um entsprechende Verantwortlichkeiten, Zuständigkeiten und Standards zu kennen.

Die kontinuierliche Weiterbildung des Personals, regelmäßige Sicherheitsüberprüfungen und die Anpassung an sich ändernde Vorschriften tragen dazu bei, die Qualität und Professionalität im Wassertourismus aufrechtzuerhalten.

Einen fachlichen Quereinsteiger im Wassertourismus bezeichnet eine Person, die aus einem anderen Fachgebiet kommt, und sich entscheidet, in die Wassertourismusbranche einzusteigen. Der Wassertourismus umfasst Aktivitäten wie Bootsfahrten, Kreuzfahrten, Wassersport, Angeln und andere Freizeitaktivitäten, die mit Gewässern verbunden sind. Hier sind einige Schritte und Überlegungen für fachliche Quereinsteiger im Wassertourismus erforderlich, um in dieser völlig neuen und unbekannten Branche bestehen zu können.

Zunächst sollte sich der Quereinsteiger über die für ihn neue Materie und neuen Aufgaben bewusst sein und bereit sein, angebotene Ausbildungen und Zertifikate zu erwerben. Es existiert derzeit in Deutschland (noch) keine einheitliche Ausbildung zum Wassertourismusanbieter, aber zahlreiche Kurse und auch Ausbildungen bieten die Möglichkeit, sich in seinem Segment zumindest fachliche Grundkenntnisse anzueignen. Schwierig wird es immer dann, wenn zu den neuen fachlichen Kenntnissen und Fertigkeiten noch betriebliche Besonderheiten hinzukommen, die die Arbeit erschweren. Von einem echten Bürokratieabbau kann leider momentan nicht die Rede sein, und so werden die zu erfüllenden Auflagen und Anforderungen ständig zunehmen, was häufig zu Verdruss der Quereinsteiger führt.

Fachkenntnisse und Erfahrungen sowohl im marinen wie auch im betrieblichen Bereich werden sich nach den ersten Jahren des Betriebs von selbst einstellen und Routinen werden sich entwickeln.

Ein zentraler Aspekt im (Wasser-)Tourismus allgemein ist die Kundenfreundlichkeit. Ein Thema, das im Tourismus in Deutschland eher untergeordnet ist, aber gerade im touristischen Geschäft von höchster Bedeutung ist. Hier können Schulungen und Weiterbildungen über Kundenansprache, Kundenbetreuung und Beschwerdemanagement helfen, eine solide Basis auszubauen, die auch die Kunden hoch schätzen werden.

Das Thema Sicherheit und Schutz sowohl der Gäste wie auch der Boote etc. spielt im Wassertourismus eine zunehmende Rolle. Das allgemeine Sicherheitsbedürfnis nimmt ständig zu und wird im Tourismus zu einer Reihe an Standards führen, die im Wassertourismus wichtig sind. Daneben kommt auch dem Thema Klimaschutz eine große Bedeutung zu. Nachfragen von Kunden, ob das Angebot klimaneutral ist, werden immer häufiger gestellt und sind berechtigt. Hier muss der Wassertourismusmanager in der Lage sein, Angebote auf ihre Klimarelevanz zu prüfen und zu erkennen, was verbessert werden muss.

Im Rahmen der Zunahme der o.g. Themen und Aspekte kommt den rechtlichen Anforderungen an einen Wassertourismusbetrieb eine immer größere Bedeutung zu. Nicht nur steuerrechtliche Auflagen, sondern auch umweltrechtliche, zivilrechtliche bis hin zu strafrechtlichen Aspekte werden immer bedeutender und der Wassertourismusmanager muss in der Lage sein, bei allen diesen Fragen eine rechtliche Ersteinschätzung vornehmen zu können.

Schließlich bringt die fortschreitende Digitalisierung eine Reihe an Anforderungen mit sich, die sowohl an die instrumentelle Ausstattung des Betriebs wie auch an die Fertigkeiten des Managers und des Personals Herausforderungen stellen. Der Wassertourismusmanager muss sich mit diesen Aufgaben auseinandersetzen und in der Lage sein, entsprechende Aufgaben zur erfüllen.

Es ist wichtig zu beachten, dass der Wassertourismussektor vielfältig ist, und es gibt viele verschiedene Rollen und Möglichkeiten. Eine gründliche Vorbereitung und die Bereitschaft, neue Fähigkeiten zu erlernen, sind entscheidend für einen erfolgreichen fachlichen Quereinstieg in diese Branche.

3.5 Profile der Wassertouristen, Kunden und Gäste

Im Bereich des Wassertourismus spielen Kundenprofile eine entscheidende Rolle, da sie helfen, die Bedürfnisse, Vorlieben und Verhaltensweisen der Zielgruppe besser zu verstehen. Gerade für den Quereinsteiger sind präzise Kundenprofile mit ihren Analysen eine wertvolle Arbeitshilfe, einen Betrieb marktgerecht aufzubauen. Die Kundenprofile im Wassertourismus teilen sich daher in allgemein demografische Profildaten und in spezifische nautische Profildaten.

Die allgemeinen demografischen Daten umfassen Angaben wir Alter, Geschlecht, Wohnort, Familienstand und Familie, Verkehrsmittel, Anreisedaten, Einkommen etc. Weiterhin Daten zu Reiseverhalten und -präferenzen, Reisdauer, bevorzugte Ziele und Zeiten, Reisekosten etc.

Die spezifischen nautischen Daten umfassen Wassersportarten, Naturinteressen, Erfahrungsniveau, Präferenzen im Bootsbereich und bei den Bootsarten, Vorlieben der Fahrtreviere, Reisebudget etc.

Wichtig ist, diese Kundenprofile ständig aktuell zu halten und im Rahmen von Feedbackmaßnahmen immer wieder die Kunden erneut anzusprechen. Für den Kunden zeigt sich hierdurch eine Fürsorge des Anbieters und Betreuung, für das Unternehmen sind diese aktuellen Daten wichtig.

Und letztlich müssen diese aktuellen Kundenprofile auch zu echten Veränderungen und Anpassungen im Betrieb führen. D. h. der Betrieb muss bereit und in der Lage sein, kurzfristig Änderungen aufzunehmen und umzusetzen. Im Bereich der allgemeinen touristischen Kundendaten ist es auch wichtig, sein Ohr am allgemeinen touristischen Geschehen zu haben und ständig über neue Trends und Kundenwünsche im allgemeinen Tourismus informiert zu sein. Was als Trend in der Hotellerie auftritt, gilt in selbem Maß auch für die Marina und den Wassertourismusbetrieb.

Die Erstellung detaillierter Kundenprofile ermöglicht es Unternehmen im Wassertourismus, maßgeschneiderte Angebote und Dienstleistungen anzubieten, die den Bedürfnissen und Erwartungen ihrer Zielgruppe entsprechen.

3.5.1 Verschiedene Nutzerprofile im Wassertourismus

Im Wassertourismus in Deutschland und Europa gibt es eine Vielzahl von speziellen Kundenprofilen, da die Interessen und Bedürfnisse der Menschen stark variieren.

Diese spezifischen Nutzerprofile sind als Standardinformationen zu verstehen. Sie weichen sicherlich an den einzelnen Gewässern und Revieren stark voneinander ab, dennoch geben sie zunächst einen guten Einblick in die Wünsche und Anforderungen dieser Kunden.

Traditionell ist bereits der Segelbegeisterte, der eine große Leidenschaft für das Segeln hat und nach Destinationen mit guten Segelbedingungen und gut ausgestatteten Yachthäfen sucht. Er ist entweder selbst Schiffseigner oder Charterkunde. Aufgrund seiner Affinität zum Segeln hat er meistens auch ein großes Umweltinteresse und -verständnis.

Ebenfalls bekannt sind Charterkunden im Hausbootsegment. Dieses können sowohl erfahrene Motorbootfahrer wie aber auch Neulinge im Wassertourismus sein, die unterhalb der führerscheinfreien 15-PS-Grenze ein kleineres Sport- oder Hausboot bewegen möchten. Diese Kundengruppe ist zwar eher klein, aber doch relativ beständig und gut kalkulierbar.

Die Kanu- und Kajaktouristen sind seit vielen Jahren eine bekannte Wassertourismusgruppe. Die rasche und starke Entwicklung dieses Segmentes zu Anfang der 1990er-Jahre hat dazu geführt, dass es zahlreiche Anbieter gibt und eine starke Organisation auf Bundesebene, die diese Art des Reisens mit Nachdruck vertritt. Der Bundesverband Kanutouristik betreibt daher auch politische Lobbyarbeit und hat in den vergangenen Jahren einige bedeutende Entwicklungen initiiert und durchgesetzt.

3.5 Profile der Wassertouristen, Kunden und Gäste

Tauchliebhaber suchen nach Orten mit klarem Wasser, reicher Unterwasserfauna und -flora sowie Tauchschulen und Tauchausflügen. Diese Urlaubsaktivität hat in den letzten Jahren stark zugenommen und an Beliebtheit gewonnen. Geeignete Reviere liegen meist außerhalb Europas und erfordern eine größere Reise.

Kunden, die Abenteuer mit Wasserbezug suchen, sind vorwiegend auch Aktivurlauber. Sie suchen z. B. Wildwasserrafting, Kajaktouren oder Kitesurfing. Ihre Ansprüche an Unterkunft und Verpflegung sind eher gering. Nahe an diesem Segment sind die Naturtouristen mit Wasserbezug, die vorwiegend die ökologische Seite des Wassers interessiert.

Im Luxussegment finden sich Kunden, die Luxus auf dem Wasser suchen. Entweder auf einer Kreuzfahrt oder im kleineren Rahmen auf einer Luxusyacht mit allen erdenklichen Services. Hier wird im Rahmen einer Kreuzfahrt Luxus sowohl an Bord wie aber auch bei den Landausflügen erwartet. Kultur und Geschichte mit Wasserbezug sind Themen, die von dieser Nutzergruppe gesucht werden. Wenn dieses im Rahmen einer Kreuzfahrt mit dem Schiff erkundet wird, ist es eine perfekte Reise für die Nutzer.

Die Wellness-Seeker sind Nutzer, die Entspannung suchen und sich für Destinationen mit Thermalquellen, Wellnessresorts am Wasser und Bootstouren zur Erholung interessieren. Diese Nutzergruppe umfasst vorwiegend die Best Ager und nimmt ständig an Teilnehmern zu,

Und schließlich die Angelkunden, die zunächst nach Gewässern mit einer Vielzahl von Fischarten und Angelmöglichkeiten suchen, sei es in Flüssen, Seen oder auf dem Meer. Hier werden pauschale Angebote gesucht, ggf. auch unter Leitung eines Angel-Guides. Interessant ist, dass diese Nutzergruppe aktuell ständigen Zulauf von Frauen erhält.

Die Tourismusbranche passt sich ständig an die sich ändernden Präferenzen der Reisenden an, und es gibt sicherlich viele weitere spezielle Kundenprofile im Bereich des Wassertourismus in Deutschland. Es ist wichtig für Unternehmen in dieser Branche, ihre Angebote und Dienstleistungen auf die Bedürfnisse und Interessen dieser unterschiedlichen Kundengruppen zuzuschneiden.

3.5.2 Wie gehen die Anbieter auf Kundenprofile ein?

Wassertouristische Anbieter gehen auf die Wünsche ihrer Kunden ein, indem sie verschiedene Maßnahmen und Angebote bereitstellen, um ein positives Kundenerlebnis zu gewährleisten.

Zunächst ist es wichtig, sein Angebot an den Kundenwünschen zu orientieren. Wassertouristische Anbieter bieten oft verschiedene Touren und Aktivitäten an. Sie können auf Kundenwünsche eingehen, indem sie maßgeschneiderte Angebote erstellen, die den Interessen und Vorlieben der Kunden entsprechen. Dies könnte individuelle Routen, spezielle Aktivitäten oder private Charteroptionen umfassen.

Um noch näher an den Kunden heranzukommen, sind auch flexible Zeitpläne und -angebote erforderlich. Kunden haben unterschiedliche Zeitpläne und Verfügbarkeiten. Anbieter können flexibel auf Kundenwünsche eingehen, indem sie verschiedene Abfahrtszeiten und -tage anbieten. Dies ermöglicht es den Kunden, ihre Touren entsprechend ihrer eigenen Plänen zu planen.

Um direkt vor Ort den Kontakt mit dem Kunden erfolgreich zu gestalten, ist qualifiziertes Personal erforderlich. Gut geschultes Personal kann auf individuelle Kundenbedürfnisse eingehen. Die Crew oder Guides sollten in der Lage sein, auf Fragen zu antworten, zusätzliche Informationen bereitzustellen und gegebenenfalls Anpassungen an der Tour vorzunehmen, um den Kunden zufriedenzustellen.

Der direkte Kontakt mit dem Kunden ist wichtig, um ein Feedback auf seine Angebote zu erhalten und daraufhin seine Angebote zu spezifizieren. Insofern gehören auch Kundenumfragen und Beschwerdemanagement zu einem modernen Wassertourismusbetrieb. Die Kommunikation mit dem Kunden muss flexibel erfolgen und Anfragen und Erstkontakt sind unmittelbar zu beantworten. Nicht zu vernachlässigen ist das After-Sales-Geschäft. Auch Kontakt der Kunden nach dem Urlaub müssen gepflegt werden und sind immens wichtig für das Image des Betriebs.

Kunden legen großen Wert auf ihre Sicherheit und ihren Komfort. Wassertouristische Anbieter können auf Kundenwünsche eingehen, indem sie klare Sicherheitsrichtlinien bereitstellen, qualitativ hochwertige Ausrüstung verwenden und sicherstellen, dass die Kunden während der Tour bequem und gut betreut sind. Dieses sollte in einer sichtbaren Zertifizierung präsentiert werden, die immer wieder aktualisiert werden muss.

Durch die Berücksichtigung dieser Aspekte können wassertouristische Anbieter sicherstellen, dass sie die Bedürfnisse und Wünsche ihrer Kunden verstehen und ihnen ein positives Erlebnis bieten.

Übungsfragen zu Kap. 3
1. Welches sind die muskelgetriebenen Wassersportarten und warum sind diese im Tourismus beliebt?
2. Warum sind auch passive Formen des Wassertourismus beliebt und welche Bedeutung hat dabei die Kreuzschifffahrt?
3. Welche fachlichen Qualifizierungen sollten Quereinsteiger im Wassertourismus mitbringen?
4. Welches sind die wichtigsten Kundenprofile im Wassertourismus? Beschreiben Sie zwei Kundengruppen.
5. Welches sind die wichtigsten Punkte eines guten Kundenverhältnisses?

4 Voraussetzungen für den Wassertourismus

Das wassertouristische Geschäft ist ein sehr komplexes Geschäft, das neben spezifischen internen Bedingungen auch einige weitere Voraussetzungen erfordert, die als Grundlagen dieses touristischen Geschäftes notwendig sind. Es sind hier im Wesentlichen vier Bereiche zu nennen, die möglichst alle positiv erfüllt sein sollten, um eine optimale wassertouristische Betriebsstruktur aufbauen zu können. Dabei sind nicht nur die unternehmerischen Bedingungen des Betriebs selbst gefragt, sondern auch öffentliche und räumliche Voraussetzungen, die generell vorab zu prüfen sind. Neben den vier hier dargestellten Voraussetzungen werden sicherlich noch weitere individuelle und spezifische Voraussetzungen hinzukommen, die hier nicht im Einzelnen aufgeführt werden können und die sehr individuell an die örtlichen Gegebenheiten gekoppelt sind.

4.1 Räumliche Voraussetzungen

4.1.1 Regionen und Standorte für den Wassertourismus

Für den Aufbau eines wassertouristischen Netzwerkes ist die generelle Eignung der Region zu prüfen. Das Vorhandensein eines nutzbaren Gewässers und die Nutzung der Ufer für Anlagen sind unentbehrlich. Hierfür eignen sich in Deutschland einige Regionen sehr gut, wo schon bereits Anfänge des Wassertourismus existieren. Vieles ist dort bereits eingerichtet, aber manches kann noch weiterentwickelt werden, um das Geschäft noch attraktiver und wirtschaftlicher machen zu können.

Diese geeigneten Regionen liegen sowohl an Binnengewässern als auch an der Küste.

Neben der Ostseeküste und der Nordseeküste bieten auch viele Binnenregionen attraktive Wassertourismusgebiete an, in denen wassertouristischen Netzwerke etabliert werden können.

Die attraktiven Flüsse und Kanäle sind die Elbe, der Rhein, die Mosel und die Donau, sowie der Mittellandkanal, der Dortmund-Ems-Kanal und die zahlreihen

Ruhrgebietskanäle und schließlich der Main-Donau-Kanal. Aber auch die kleineren Flüsse sind durchaus attraktiv, wie der Main, die Saale, die Aller und die Kanäle des Ruhrgebietes und die nordwestdeutschen Kanäle zur Nordsee und nicht zu vergessen die Berliner Gewässer und die Spree. Diese Fluss- und Kanalregionen bieten gerade für Wassertouristen vielfältige Erlebnisse, die Städte an diesen Flüssen zu besuchen.

Schließlich verfügt Deutschland über mehrere Hundert kleinerer und größerer Seen, die für den Wassertourismus sehr attraktiv sind. Angefangen bei der Müritz, dem Bodensee, der Mecklenburgischen Seenplatte über die Fränkische Seenplatte bis zu die vielen kleineren, auch künstlichen, Seen in den ehemaligen Kohlerevieren. Viele Seen sind miteinander verbunden, sodass es auch hier möglich ist, Rundkurse zu fahren. Und zahlreiche Talsperren in den Mittelgebirgen, die auch für den Wassersport/Wassertourismus zur Verfügung stehen, sind ebenfalls attraktiv (s. Abb. 4.1).

Es wird hiermit in Deutschland ein vielfältiges und weitreichendes Gewässernetz angeboten, das für alle Arten von Wassersport und Wassertourismus etwas bietet und jedem Interessierten die Möglichkeiten gibt, seinen Wassersport auszuüben.

Diese Regionen bieten eine breite Palette von Wassersportmöglichkeiten, von gemächlichen Bootstouren bis hin zu aktiven Wassersportarten wie Segeln, Surfen und Kajakfahren.

Gut gepflegte und navigierbare Wasserwege sind unerlässlich. Dazu gehören Flüsse, Seen und Kanäle mit ausreichender Wassertiefe und klaren Navigationsregeln.

4.1.2 Einzugsgebiete und Erreichbarkeiten

„Einzugsgebiete" und „Erreichbarkeiten" im Wassertourismus beziehen sich auf die geografischen und logistischen Aspekte von Wasserwegen und Gewässern in Deutschland, die für touristische Aktivitäten genutzt werden können. Aufgrund der hohen Dichte an nutzbaren Gewässern ist in Deutschland für fast Jeden eine gute Erreichbarkeit eines wassersportlich nutzbaren Gewässers gegeben. In zumutbarer Entfernung (ca. 1–1,5 h Fahrtzeit) vom Wohnstandort ist für alle Wassersportarten ein Gewässer verfügbar. Dieses ist eine sehr wesentliche Voraussetzung für den Wassersport und Wassertourismus in Deutschland, was in anderen europäischen Regionen bei Weitem nicht der Fall ist. Es muss daher als eine Besonderheit in Deutschland herausgestellt werden, die diesen Tourismuszweig damit in eine besonders günstige Situation stellt.

Als besonders und einzigartig muss hierbei die regionale Vielfalt der deutschen Gewässer herausgestellt werden, denn jede Landschaft hat ihre eigene Gewässerstruktur, die auch wiederum die unterschiedlichen wassertouristischen Nutzungen ermöglicht. Die Flüsse und Kanäle ermöglichen das Wasserwandern mit Städtetourismus, die Küsten den Wassertourismus auf dem Meer und die Seen und Talsperren den Boots- und Badetourismus.

Die Erreichbarkeit eines Gewässers hängt aber auch von seiner infrastrukturellen Ausstattung ab, wie Schleusen, Sliprampen und Anlegestellen etc. Eine gut aus-

4.1 Räumliche Voraussetzungen

Abb. 4.1 Zielregionen des Wasserwanderns in Deutschland. (©H. Haass, 2024)

gebaute Infrastruktur in dieser Hinsicht macht die Erreichbarkeit des Gewässers mit einem Boot erst möglich. Hinzu kommt die landseitige Anbindung mit Straßen, die eine Anfahrt und einen Transport eines Bootes ermöglichen. Gerade für die touristische Erschließung eines Gewässers ist die Straßenanbindung von allergrößter Wichtigkeit.

Schließlich spielen die Anbindung und Erreichbarkeit der allgemeinen touristischen Infrastruktur eine große Rolle. So müssen die wasserseitigen Einrichtungen auch über und mit den landseitigen touristischen Einrichtungen erreichbar sein. Die Förderung des Wassertourismus erfordert eine umfassende Planung und Zusammenarbeit zwischen verschiedenen Interessengruppen, einschließlich Regierungsbehörden, Tourismusorganisationen und Umweltschutzgruppen. Das Ziel ist es, nachhaltigen Tourismus zu fördern und gleichzeitig die natürliche Umgebung zu schützen.

4.1.3 Wassertouristische Kursarten

Wassertourismus bedeutet in den meisten Fällen Wasserwandern, also das Abfahren verschiedener Kurse und Strecken auf Gewässern mit dem Besichtigen/Besuchen von touristischen Angeboten an Land. Je nach Gewässerart bieten sich hier verschiedene Kursarten an, die touristisch angeboten werden können. Grundlage für die Entwicklung wassertouristischer Kurse sind die vorhandenen oder zu entwickelnden touristischen Highlights, die besucht werden sollen. Das heißt, der wassertouristische Kurs ist ein verbindendes Band dieser touristischen Angebote auf der Landseite.

Entscheidend für die hohe Attraktivität dieser Kurse ist das touristische Erlebnis aus Fahrtstrecke und Zielangeboten. Für die verschiedenen Gewässerarten bieten sich daher die hier folgenden Kursmodelle an.

4.1.3.1 Kurse auf Seen und Talsperren

Auf diesen Gewässern gibt es nur zwei Möglichkeiten, attraktive wassertouristische Kurse zu fahren. Zum einen ein Rundkurs, der entlang der Uferlinie verläuft und der in beide Richtungen gefahren werden kann. Wesentlich interessanter ist ein Zick-Zack-Kurs, der sowohl entlang des Ufers wie auch über das Gewässer führt. Je nach Gewässergröße und -art kann dieser Kurs nautisch anspruchsvoll sein und ermöglicht auch verschiedene Befahrungen, indem er komplett oder abschnittsweise gefahren werden kann. Es gibt in Deutschland nur wenige Seen oder Talsperren, für die man sich diese Mühe gemacht und derartige Kurse entwickelt hat. Es sind hierzu immer die Kooperation aller Beteiligten nötig, sodass ein Anbieter allein dieses nicht leisten kann. Es ist vielmehr ein wassertouristisches Netzwerk für den jeweiligen See erforderlich, in dem alle Partner ihren Beitrag einbringen müssen (s. Abb. 4.2).

4.1.3.2 Kurse auf Flüssen und Kanälen

Auf Flüssen und Kanälen erscheint es zunächst nur möglich, linear zu fahren. Dieses wird insbesondere bei Tagestouren innerhalb einer wassertouristischen Region eher langweilig, da man vermeintlich denselben Rückkurs wie die Hinfahrt fahren muss. Das muss aber nicht sein, wenn man die Kurse touristisch so anlegt, dass man auf der Hinfahrt z. B. alle am rechten Ufer liegenden Highlights besucht und auf der Rückfahrt alle linksseitigen Angebote abfährt. Oder man bietet auch hier einen

4.1 Räumliche Voraussetzungen

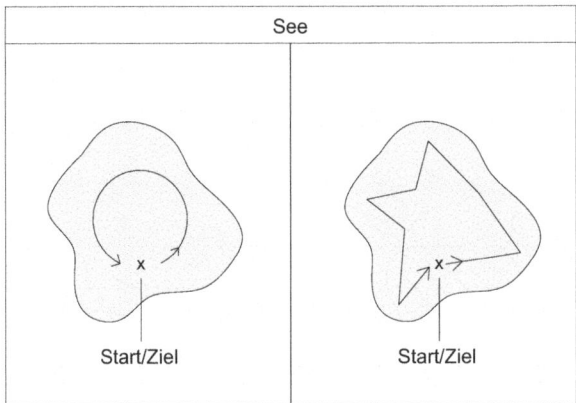

Abb. 4.2 Kursarten auf Seen. (©H. Haass, 2024)

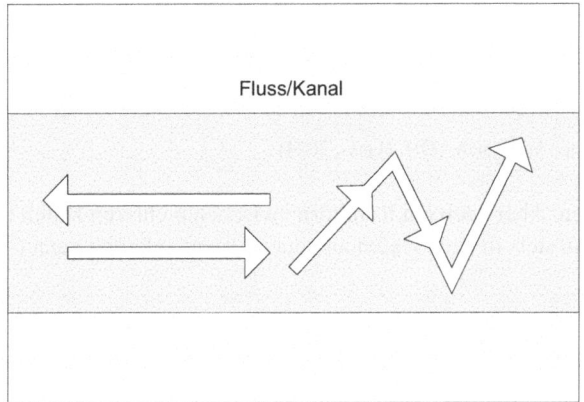

Abb. 4.3 Kursarten auf Flüssen und Kanälen. (©H. Haass, 2024)

wechselnden Zick-Zack-Kurs an, der ggf. auch nautisch anspruchsvoller wird als nur eine einseitige Befahrung. Auf Flüssen und Kanälen lassen sich die interessantesten Kursrouten entwickeln, obwohl dieses nicht so aussieht. Sofern man die touristischen Ziele an beiden Ufern wie eine Perlenkette versteht, lassen sich äußerst attraktive Fahrtrouten und Verbindungen zwischen Wasser- und Landseite entwickeln (s. Abb. 4.3).

4.1.3.3 Kurse an Küsten
An den Küsten der Meere bieten sich vorwiegend punktuelle Ziele (Häfen) an, die wechselseitig angefahren werden können. Das häufigste hier sind Törns, die aus dem Anfahren mehrerer, auch regionaler, Häfen bestehen. Diese Törns sollten vor Fahrtantritt geplant und vorbereitet sein, um Fahrtzeiten, Besonderheiten, Tiden und Liegeplätze etc. organisieren zu können. An den Küsten der Meere lassen sich auch Überfahrten zu Inseln planen, die dann als lineare Fahrtstrecken hin und zurück

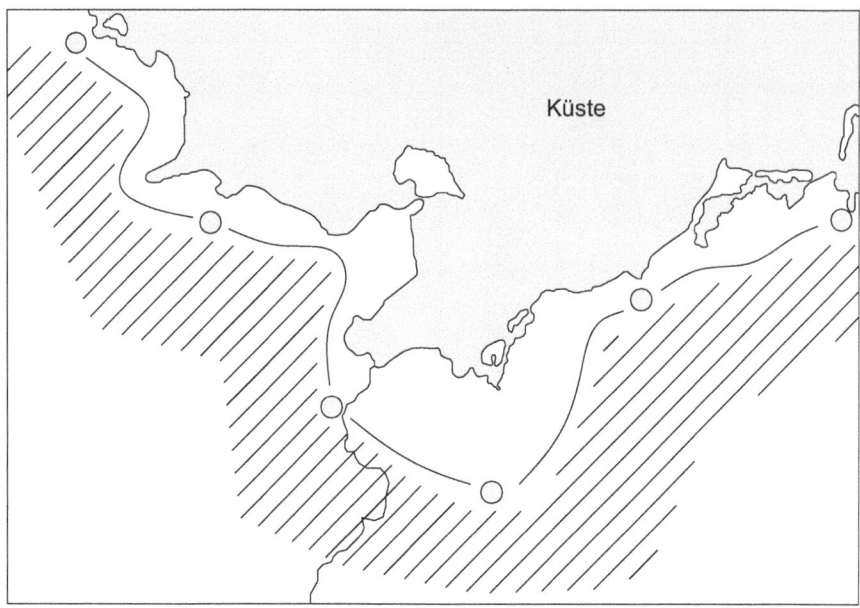

Abb. 4.4 Kursarten an Küsten. (©H. Haass, 2024)

gefahren werden. Aber auch ein Rundtörn zwischen mehreren Häfen kann attraktiv sein, indem man stets in neue Häfen an neuen Orten einlaufen kann (s. Abb. 4.4).

4.1.4 Wassertouristische Korridore

Als wassertouristischer Korridor wird ein landseitiger Streifen entlang des Ufers bezeichnet, der ca. 2–2,5 km Breite besitzt. In diesem Korridor liegen die touristischen Angebote der Kommune/Region, die von Wassertouristen gut und fußläufig besucht werden könne. Diese Breite/Entfernung muss doppelt gerechnet werden, da die Touristen die Strecke sowohl hin wie auch zurück gehen müssen. Da viele Wassertouristen kein Fahrrad oder E-Roller dabeihaben, wurde der Korridor auf dieses Maß festgelegt. Er kann natürlich aufgrund der Örtlichkeit auch kleiner oder größer sein. Und er kann innerhalb einer Kommune auch variieren.

Der wassertouristische Korridor variiert je nach Örtlichkeit. In landschaftlichen und dörflichen Gebieten wird er bei max. 3 km Breite enden, da hier die touristischen Ziele weiter auseinander liegen und die Touristen diese Strecken zu Fuß zurücklegen müssen,

In Städten kann er wesentlich größer werden, da hier die Nutzung des ÖPNV hinzukommt und den Aktionsradius der Wassertouristen stark erweitern kann.

In besonderen Fällen, wie in bergigen Regionen oder mit schlechten Fußwegen ausgestattete Regionen, ist der wassertouristische Korridor besonders vorsichtig zu

4.1 Räumliche Voraussetzungen

planen, da hier keine unzumutbaren Wegestrecken entstehen dürfen. Alle in diesem Korridor gelegenen touristischen Angeboten sind netzwerkartig zu verbinden. Dieses erfordert die enge Zusammenarbeit aller Partner für dieses gemeinsame Ziel, denn profitieren können alle Beteiligten von einem solchen Netzwerk. Um die Orientierung für die Wassertouristen auf dem Land und am Ufer zu erleichtern, ist ein regional einheitliches Informations- und Leitsystem zu entwickeln, dass den Gast dann landseitig zu den Zielen bringt (s. Abb. 4.5).

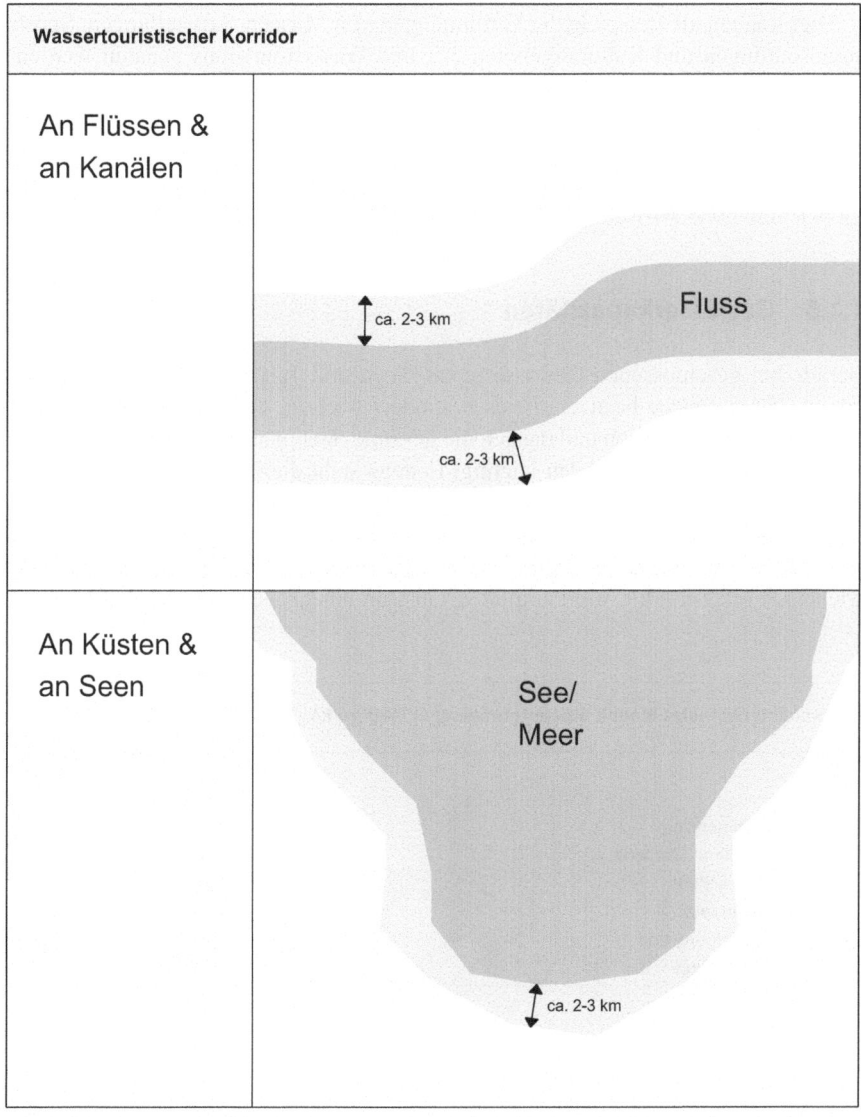

Abb. 4.5 Wassertouristische Korridore. (©H. Haass, 2024)

4.1.5 Wassertouristische Netzwerke

Wassertourismus funktioniert nur in Form von regionalen Netzwerken richtig gut. Es kann als eine Grundvoraussetzung betrachtet werden, Wassertourismus immer regional und vernetzt zu entwickeln.

Es sind hierbei zwei Dimensionen der Vernetzung zu betrachten (s. Abb. 4.6).

Zum einen die horizontale Vernetzung, die die Verbindung und Integration vieler und verschiedener touristischen Anbieter in der Region mit dem Wassertourismus meint.

Hier können als Beispiele die Verbindungen von Museen, Ausstellungen, Sportveranstaltungen und Kulturangeboten etc. und Wassertourismus genannt werden. Aber auch Verbindungen aus Einzelhandel und Wassertourismus. Die zweite und vertikale Dimension ist die Vernetzung der wassertouristischen Angebote untereinander. Diese Vernetzung ist sehr wichtig, weil sie zum einen dem Touristen eine möglichst hohe Angebots- und Servicequalität und zum andere den einzelnen Betrieben eine hohe Wirtschaftlichkeit sichert (s. Abb. 4.7).

4.1.6 Gewässerkapazitäten

Gerade bei geschlossenen Gewässertypen, Seen und Talsperren, die eine nur begrenzte Wasserfläche besitzen, ist es besonders wichtig, die maximal verträgliche Bootskapazität zu kennen und danach die gesamte Seenplanung vorzunehmen. Dies ist aus verschiedenen Gründen wichtig. Erstens steht die ökologische Verträglichkeit des Gewässers durch Boots- und Freizeitnutzung im Vordergrund. Zweitens geht es auch um die Sicherheit der Nutzung verschiedener Boote und Sportgeräte auf dem Wasser. Und drittens richtet sich nach dieser Zahl auch die am Ufer zu entwickelnde Infrastruktur, wie Parkplätze, Gastronomiegrößen, WC-Anlagen etc.

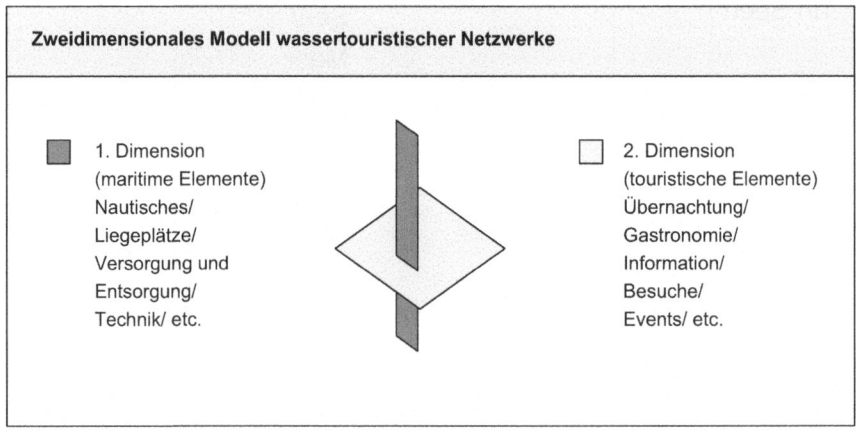

Abb. 4.6 Wassertouristisches Netzwerkmodell. (©H. Haass, 2024)

4.1 Räumliche Voraussetzungen

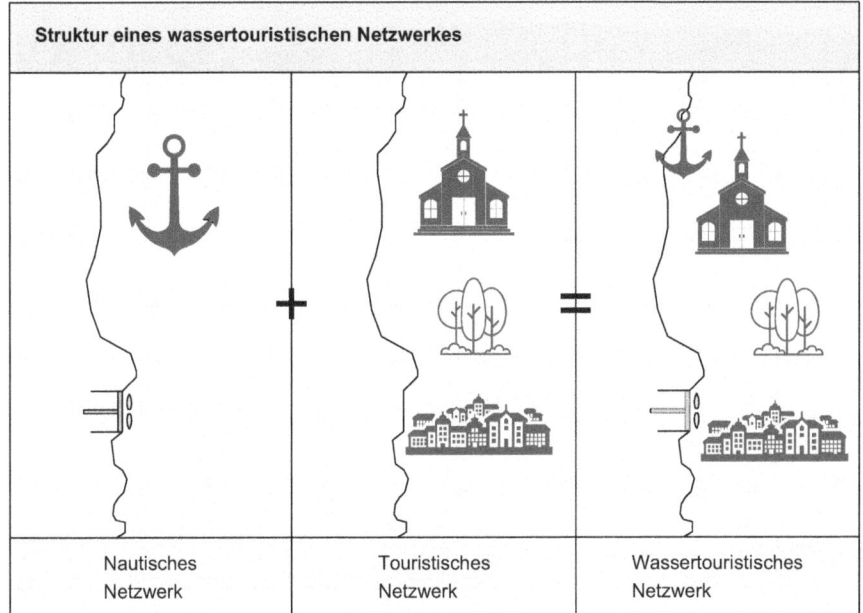

Abb. 4.7 Struktur eines wassertouristischen Netzwerkes. (©H. Haass, 2024)

Es erscheint vor dieser Tatsache als geradezu unverantwortlich, dass in den letzten Jahren viele (auch neue) Seen entwickelt wurden, ohne zuvor diese maximal verträgliche Bootszahl zu ermitteln. Es existieren aus den frühen 1980er-Jahren Richtwerte, wie etwa 1 Boot pro Hektar Wasserfläche. Allerdings ist bei diesen Werten zu berücksichtigen, dass jedes Gewässer speziell ist und eine Übertragbarkeit dieser Richtwerte auf alle Gewässer nicht funktioniert. Hinzu kommt, dass es in Deutschland Seen gibt, die hilflos übernutzt sind und hier ein immenses Gefährdungspotenzial besteht. Anderenorts gibt es Seen, die nicht ideal ausgelastet sind und wo wirtschaftliche Potenziale aus dem Wassersport/Wassertourismus unerkannt und ungenutzt bleiben (s. Abb. 4.8).

Eine gewässerindividuelle Berechnung der idealen Bootskapazität ist daher unerlässlich und sollte zunächst für jeden freizeitlich genutzten See erstellt werden. Dabei sind als Ziele nicht nur die sichere Sportausübung und die gewässerökologische Verträglichkeit zu nennen, sondern auch eine sachlich abgesicherte Grundlage für eine Seeordnung und letztlich eine verlässliche Planungsgrundlage für sämtliche Infrastrukturen rund um den See.

Das Verfahren der nautischen Kapazitätsberechnung hat sich seit vielen Jahren als geeignetes Instrument zur Berechnung einer idealen Bootskapazität erwiesen. Hierbei wird gewässerindividuell vorgegangen, um eine der jeweiligen Situation angepasste Zahl zu ermitteln. Es ist ein mathematisch nachvollziehbares Verfahren, was auch später argumentativ unanfechtbar ist. Von der Gesamtgewässerfläche werden zunächst Ausschlussgebiete abgezogen. Dieses können Schutzzonen sein,

Abb. 4.8 Überfüllter See. (Adobe stock, 24679931, ©Fotodil)

Sperrzonen oder anderweitig genutzte Wasserflächen für Schifffahrt, Fischerei, Gewässerschutz o. ä. Auf der verbliebenen Wasserfläche werden nun Modellsimulationen mit verschiedenen Zusammensetzungen unterschiedlicher und für das Gewässer geeigneter Bootstypen vorgenommen. Diese Zusammensetzungen können z. B. vorwiegend Kanufahrer vorsehen oder vorwiegend Jollensegler oder anderes. Sinnvoll ist ein reales Abbild der möglichen Bootszusammensetzung.

Aus den für einzelne Bootstypen ermittelten Fahrt- und Manöverraumbedarfen ergeben sich nun in der Berechnung Kapazitäten für die einzelnen Bootstypen. Verschiebt man nun einzelne Bootstypen mengenmäßig, ändert das auch die Kapazitätszahlen. So kann man innerhalb der Berechnung zahlreiche Varianten entwickeln und durchrechnen.

Die realistische Variante sollte den Vorzug bekommen und hiernach richten sich nun auch die erforderlichen landseitigen Infrastrukturen, wie Anlegeplätze, Slipstellen, Landflächen, Parkplätze etc. Die gewählte Bootszusammensetzung stellt auch zugleich die Grundlage für eine Seeordnung dar, indem nur diese Bootstypen zugelassen werden dürfen und in ihrer Summe kontingentiert sind.

4.2 Bauliche Voraussetzungen und Anlagen

4.2.1 Arten von baulichen Infrastrukturen

Wassersport und Wassertourismus benötigen eine Anzahl von baulichen Anlagen, die ihre Ausübung überhaupt erst ermöglichen. Es beginnt mit den Zufahrten ans Gewässer und mit Wasserungsstellen/Slipanlagen. In der Folge werden dann Liege-

4.2 Bauliche Voraussetzungen und Anlagen

Mögliche Serviceangebote im Wassertourismus	
Technische Einrichtungen	**Serviceeinrichtungen**
- Wasserversorgung - Abfallentsorgung - Abwasserentsorgung - Fäkalienentsorgung - Elektroanschluss - Slip/Kran - Sondermüllentsorgung - Tankmöglichkeiten - Altöl-/Bilgewasserentsorgung	- Parkplätze - Werkstatt/ Reparaturmöglichkeit - Motor-, Segelservice - Bootswaschanlage - Landliegeplätze - Telefon - Erste Hilfe Station - Hafenmeister
Zusätzliche Einrichtungen	**Organisatorische Regelung**
- Lokal - Einkaufsmöglichkeit - Duschmöglichkeit - Waschcenter, WC - Kinderspielplatz - ÖPNV	- Hafenordnung - Hinweise zum umweltgerechten Verhalten - Schulungen

Abb. 4.9 Serviceangebote im Wassertourismus. (©H. Haass, 2024)

plätze für unterschiedliche Bootsarten benötigt. Erfolgt die Wasserung nicht über eine Slipanlage, wird ein Bootskran erforderlich. Schleusen sind zur Überwindung von Gefällen in Flüssen und Kanälen wichtig. Daneben gibt es noch eine Reihe spezieller baulicher Anlagen für den Bootssport (s. Abb. 4.9).

4.2.2 Ausstattungen und Angebote von baulichen Anlagen

Es werden hier die wichtigen baulichen Anlagen zur Durchführung des Bootssportes aufgezeigt. Ohne diese Bauwerke, die funktional und sicher gestaltet sein müssen, kann der Wassertourismus kaum ausgeübt werden. Daher ist auf eine fachlich richtige und kompetente Planung und Erstellung zu achten (s. Abb. 4.10).

4.2.2.1 Slipanlagen

Zur Wasserung kleinerer und trailerbarer Boote werden Slipanlagen benötigt. Diese Rampen ins Wasser dürfen max. 6–7 % Gefälle haben und müssen rutschsicher sein. Der Fuß einer Sliprampe sollte bis ca. 1–1,3 m unter Wasser geführt sein und eine Fußschwelle besitzen, die das Abgleiten der Trailerräder verhindert (s. Abb. 4.11, 4.12, und 4.13).

Ebenso sind Seitenschwellen vorzusehen, die das Weglaufen des Trailers beim Rückwärtsfahren verhindern. Eine gut ausgestattete Slipanlage hat eine Beleuch-

Zielgruppe	Abstand in km	Angebot
Hausboot-/ Motorboot- Fahrer	20 60 130-160	Liegen und Grundversorgung Full-Service Full-Service mit Tanken
Kanuten & Ruderer	5-6 10-12 20	Liegen / Ausstiegsmöglichkeit Grundversorgung/ Übernachtung Full-Service

Abb. 4.10 Serviceabstände im Wassertourismus. (©H. Haass, 2024)

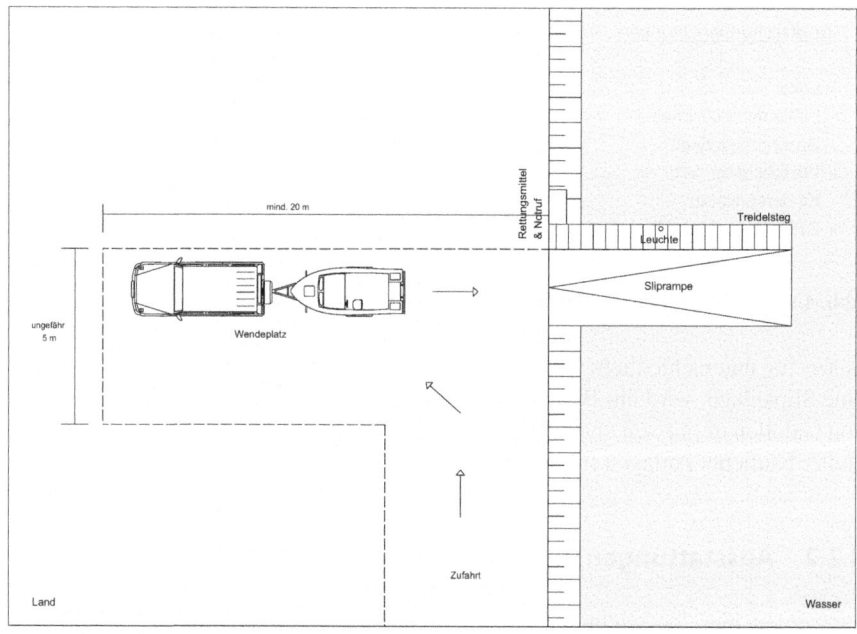

Abb. 4.11 Strukturplan Slipanlage. (©H. Haass, 2024)

tung, um das Slippen auch bei Dunkelheit zu ermöglichen. Und sie sollte einen Seitensteg besitzen, um das geslippte Boote dort verholen und ausrüsten zu können. Die Planung einer gut funktionierenden Slipanlage ist eine technisch sehr anspruchsvolle Aufgabe und wird leider meistens falsch gemacht.

Eine Untersuchung hat gezeigt, dass die meisten Slipanlagen in Deutschland leider kaum richtig geplant und gebaut sind und eher zu riskanten Aktionen verleiten als sicheres und komfortables Slippen zu ermöglichen. Weiterhin können diese Anlagen auch als Rettungseinrichtungen für die Wasserrettung genutzt werden und erfüllen damit einen Doppelzweck. Es werden somit nach einer Analyse in Deutsch-

4.2 Bauliche Voraussetzungen und Anlagen

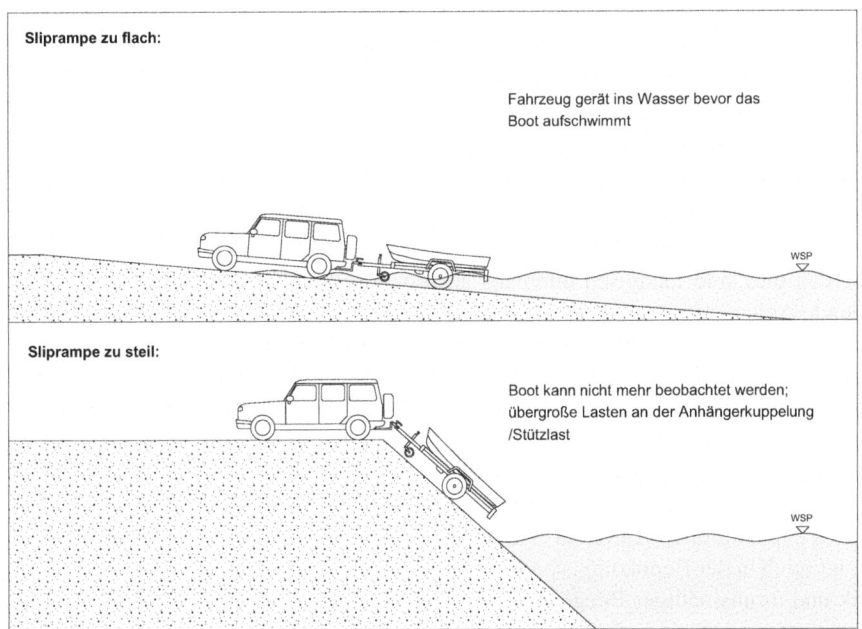

Abb. 4.12 Risiken bei Slipanlagen. (©H. Haass, 2024)

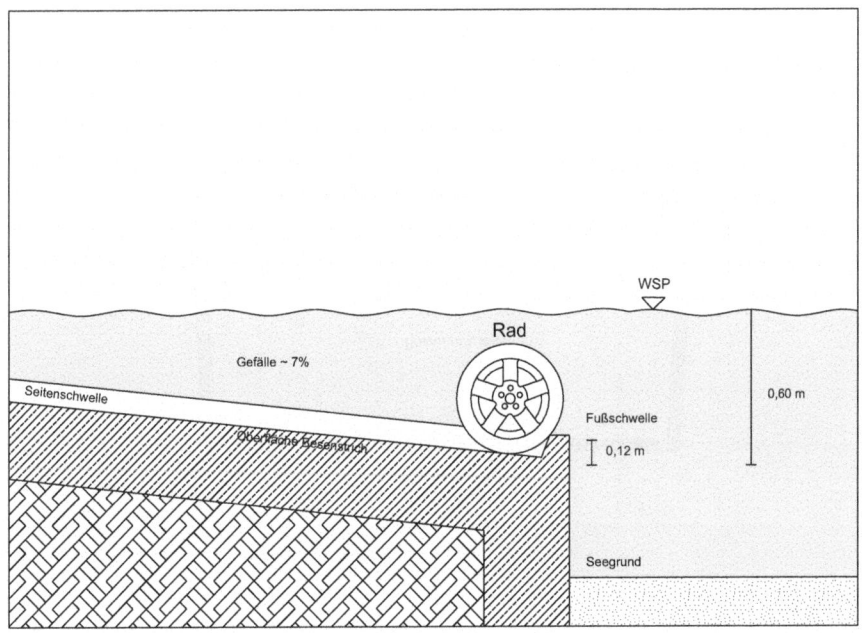

Abb. 4.13 Ausbildung Fußschwelle. (©H. Haass, 2024)

land derzeit ca. 3800 solcher Anlagen benötigt, um eine funktionierende Wasserrettung zu sichern und um dem Bootssport eine Grundlage für eine flächendeckende Ausübung zu gewähren.

4.2.2.2 Anlegestellen und Liegeplätze

Anlegestellen und Liegeplätze für Boote unterschiedlicher Arten sind eine Grundvoraussetzung zum Bootfahren und für den Wassertourismus. Sie sind die Parkplätze der Boote und Schiffe. Anlegestellen können sehr unterschiedlich errichtet werden und sind technisch durchaus anspruchsvolle Bauwerke. Es gibt schwimmende Anlegestege und feste Anlegestege. Durchgesetzt haben sich in den letzten Jahren doch eher Schwimmstege, da sie bei wechselnden Wasserständen sicher und komfortabel sind. Außerdem können sie modulartig zusammengesetzt werden und sind leicht austauschbar und veränderbar (s. Abb. 4.14).

4.2.2.3 Krananlagen

Für größere Boote sind Krananlagen erforderlich, die Aufgaben können ggf. auch durch einen mobilen Autokran erfüllt werden. Stationäre Bootskräne sind nicht nur risikoreich in der Benutzung, sondern auch sehr kostenintensiv aufgrund ihrer Technik und turnusmäßiger Pflege, Wartung und Kontrolle. In großen Marinas sind sie anzutreffen, in kleineren (Vereins-)Häfen werden meistens mobile Autokräne bestellt, um die Boote ein- und auszuwassern (s. Abb. 4.15 und 4.16).

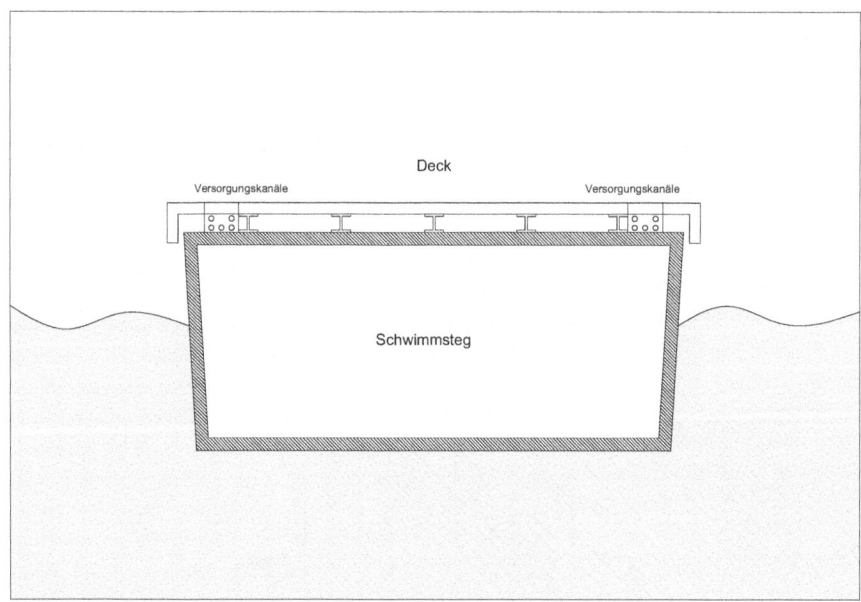

Abb. 4.14 Prinzip Schwimmsteg. (©H. Haass, 2024)

4.2 Bauliche Voraussetzungen und Anlagen

Abb. 4.15 Bootskran. (Stock Adobe, 86752064, ©Sina Ettmer)

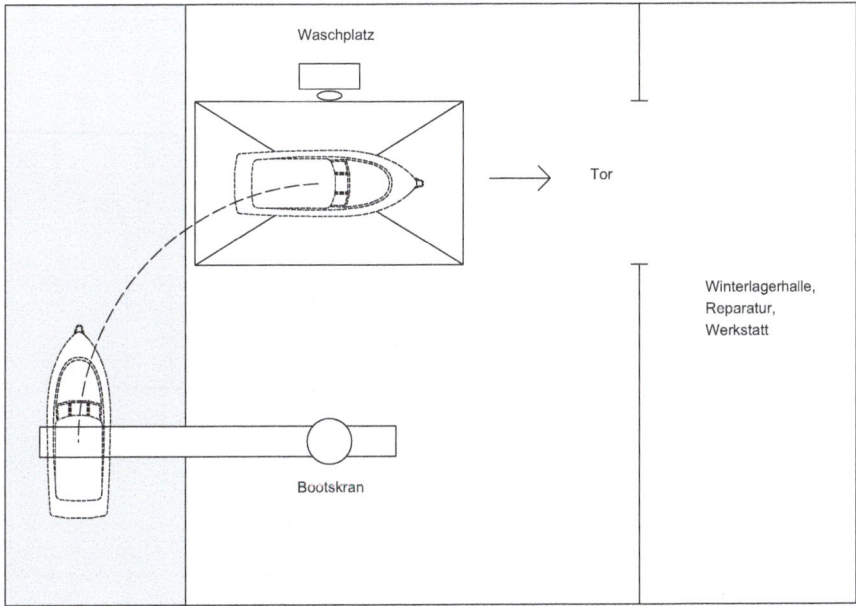

Abb. 4.16 Schema Bootskran. (©H. Haass, 2024)

4.2.3 Ver- und Entsorgungsanlagen

Die technische und persönliche Ver- und Entsorgung ist im Wassertourismus eine der zentralen Aufgaben. Als technische Ver-/Entsorgung zählt zunächst die Versorgung mit Treibstoff und Trinkwasser. Dieses ist nur in großen Marinas möglich und muss unter gesetzlichen Auflagen als Betankung der Boote und Schiffe stattfinden. Aus diesem Grund sind auch die Treibstoffe für Boote stets etwas teurer als bei Landtankstellen für Autos.

Die technische Entsorgung umfasst die Entsorgung von Abwasser und ggf. Altölen. Auch hier gelten wieder exakte gesetzliche Vorgaben, die die Übernahme dieser Stoffe genau regeln. Feste bauliche Anlagen, die diese Ver- und Entsorgungen durchführen sind daher erforderlich.

Die persönliche Ver- und Entsorgung umfasst vorwiegend die Sanitärangebote an den Liegeplätzen und in den Häfen. Hier kommen neben den baulichen Anforderungen auch hygienische Bestimmungen und bauliche Vorgaben des barrierefreien Bauens zum Tragen.

Insgesamt machen die Ver- und Entsorgungsanlagen jedoch den Wassertourismus erst zu einem funktionierenden Tourismussegment und überall dort, wo diese Anlagen gar nicht oder nur unzureichend existieren, ist auch der Wassertourismus kaum attraktiv auszuüben (s. Abb. 4.17).

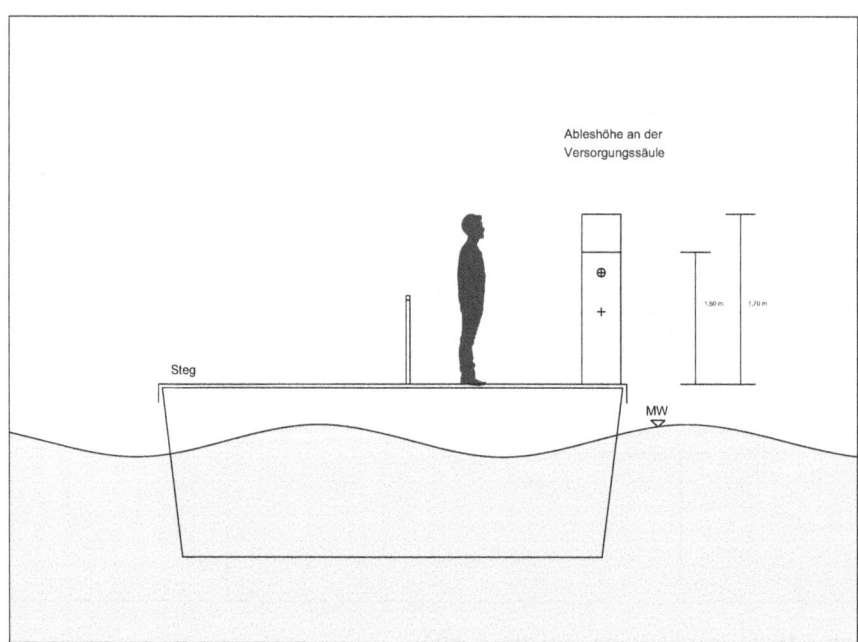

Abb. 4.17 Versorgungsanlage auf Stegen. (©H. Haass, 2024)

4.2.4 Größen und Kapazitäten von baulichen Anlagen

Die Planung der o.g. baulichen Anlagen erfordert vom Planer zum einen exakte und fachlich hohe Kompetenzen, da diese Anlagen sehr speziell geplant werden müssen. Zum anderen sind genaue Kenntnisse über die Bauausführung und auch über sinnvolle Größen, Abmessungen und Kapazitäten erforderlich. Standards und Normen, die diese Grundbedingungen vorschreiben, gibt es weitgehend nicht, sodass der Planer hier auf seine eigenen Kompetenzen angewiesen ist. Daher sollten diese Anlagen auch nur von tatsächlichen Marinaplanern geplant werden. Um die richtigen Größen der Anlagen planen zu können, sind nautische Kenntnisse und eigene Erfahrungen nötig, aber auch technisches Fachwissen über die wasserbaulichen Techniken dieser Anlagen. Genaue Angaben hierzu werden in Kap. 5 gegeben.

4.3 Kommunale und öffentliche Strukturen für den Wassertourismus

4.3.1 Touristische Voraussetzungen

Um Wassertourismus auf kommunaler Ebene effektiv zu betreiben, sind vielfältige öffentliche Bedingungen zu erfüllen. Zum einen müssen in der Kommune oder Region gewisse touristische Strukturen und Angebote existieren. Der Wassertourismus wird kaum als alleiniger touristischer Faktor einer Kommune/Region ein entsprechendes Image verleihen. Vielmehr kann er aber auf vorhandenen touristischen Strukturen sehr gut aufbauen und kann diese zusätzlich stärken und weiterentwickeln. Zum anderen muss eine Kommune/Region bereit sein, den Wassertourismus als Zusatzgeschäft zu akzeptieren und diesen zu fördern. Insofern kommen alle touristischen Angebote (Gastronomie, Hotellerie; Personentransport, Kultur, Sport und Einkauf etc.) dem Wassertourismus zugute bzw. können diesen stärken und befördern. Wichtig ist, dass alle Angebote des Tourismus mit dem Wassertourismus kompatibel sind oder gemacht werden. Dieses geschieht am besten durch netzwerkartige Strukturen, in denen sich die Akteure zusammenfinden und abstimmen.

Auch die Freizeitstruktur einer Kommune oder Region für ihre Einwohner trägt zum Erfolg des Wassertourismus bei. Ein vielfältiges Freizeitangebot verschafft einer Kommune/Region ein hohes Image und qualifiziert diese als attraktiven Wohn-, Lebens- und Arbeitsstandort. Da die wassertouristischen Strukturen einer Kommune/Region in dem meisten Fällen auch für den freizeitlichen Bootssport der Einwohner zur Verfügung stehen, wird hierdurch auch die Lebensqualität des Stadtortes erheblich aufgewertet. Insofern gehen die touristische und die freizeitliche Struktur hier Hand in Hand und sind zusammen aufzubauen.

4.3.2 Förderungen wassertouristischer Einrichtungen

Die Investitionen in wassertouristische Einrichtungen können erheblich sein und sind vielfach ohne Förderungen kaum möglich. Die bestehenden Förderungen hierfür sind sehr unterschiedlich und werden, je nach politischer Lage, mehr oder weniger umfangreich ausgereicht. Wie in Kap. 1 beschrieben, ist die politische Position zum Wassertourismus derzeit eher uninteressiert, sodass die Förderungen auch eher zurückhaltend sind. So ist es momentan doch schwierig, attraktive Förderprogramm mit interessanten Konditionen zu finden. Dieses sah Ende der 1990er-Jahre noch ganz anders aus, als millionenschwere Förderpakete in den Wassertourismus geflossen sind. Dieses ist vorbei und der Wassertourismus erfährt derzeit kaum noch eine Förderung.

4.4 Organisationsstrukturen für den Wassertourismus

4.4.1 Informations- und Leitsysteme

Was Verkehrsschilder auf der Straße sind, sind Informations- und Leitsystem auf dem Wasser. Diese sollten regional entwickelt und aufgestellt werden. Sie tragen so auch zu einem positiven Image einer Region bei, wenn das Regionslogo immer wieder auf diesen Tafeln und Schildern zu finden ist. In der Vergangenheit gab es verschiedene Leitsystem wie die Gelbe Welle oder das Blaue Band etc. Ein gut durchdachtes, lesbares und funktionierendes Informations- und Leitsystem ist auf dem Wasser unentbehrlich. So sollten nicht nur die einzelnen Standorte eines wassertouristischen Netzwerks benannt und gezeigt werden, sondern auch die Anlagen davor und danach. Auch die Fahrtzeiten zu beiden Nachbaranlagen sind anzugeben und die am Ort vorzufindenden touristischen Angebote. Diese alle können mit weltweit abgestimmten Piktogrammen der PIANC dargestellt werden. Insofern haben die Tafeln des Info- und Leitsystems nicht nur die technischen Daten der Route anzugeben, sondern auch touristische Empfehlungen zu nennen. Und letztlich sind diese Tafeln am Wasser und auf dem Land mit einem hohen Wiedererkennungswert durch ein regionales Logo auszustatten. Gute Lesbarkeit, vor allem von der Wasserseite aus und aus großen Entfernungen, ist besonders wichtig. Diese regionalen Systeme definieren eine wassertouristische Region und sind ein USP für diese Kommunen/Region (s. Abb. 4.18).

4.4.2 Einbindung in touristische Informationsstrukturen und Marketing/Networking

Der Wassertourismus ist für eine Kommune/Region kaum das größte touristische Zugpferd, aber er ist aufgrund seiner hohen Attraktivität ein wichtiger Partner in Sachen Werbung und Marketing. Die schönen Fotos und Bilder, die man auf dem Wasser mit Booten und Stimmungen machen kann, werden gerne zur touristischen Ver-

4.4 Organisationsstrukturen für den Wassertourismus

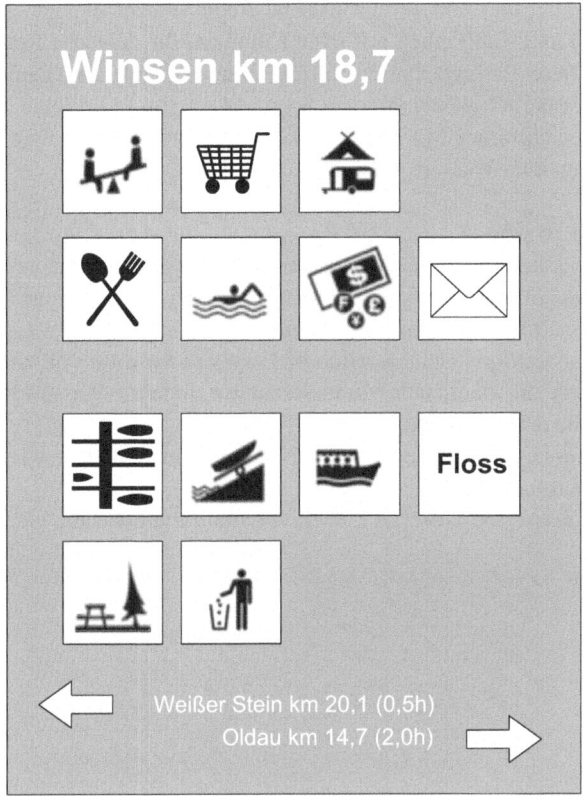

Abb. 4.18 Beispiel wassertouristisches Informations- und Leitsystem. (©H. Haass, 2024)

marktung der Kommunen und Region verwendet. Aber auch das Logo des Info- und Leitsystems trägt zur Imagestärkung der Region bei und kann auch überregional zu einem Markenzeichen werden. Wichtig ist die gute Verbindung von touristischem Marketing mit dem Marketing des Wassertourismus. Dabei darf dieser nicht als separates Tourismusprodukt stehen, sondern muss erkennbar als integraler Bestandteil des gesamten Tourismus der Kommune/Region erkennbar werden. Turnusmäßige Treffen der Tourismus- und Marketingverantwortlichen sind hierfür nötig. Und die politische Spitze der Kommune/Region muss hinter diesem Produkt stehen und dieses ständig in politischen Prozessen mitberücksichtigen und im Auge behalten.

Es hat sich auch als positiv gezeigt, wenn das wassertouristische Netzwerke einen prominenten Partner sucht und einbindet. Dieses sollte eine prominente Persönlichkeit aus der Region sein, die ein positives Image besitzt und dieses auf den Wassertourismus übertragen kann. Dieser Partner ist vielfältig einzusetzen bei Veranstaltungen, Events, auf Bildern und in persona beim Bootfahren.

Und schließlich ist eine Partnerschaft mit einer anderen wassertouristischen Region ebenfalls sehr hilfreich für das Marketing. Für deutsche wassertouristische Regionen bieten sich hier andere europäische Regionen an, die ggf. schon weiterentwickelt sind und somit einen positiven Effekt auf die deutsche Region ausstrahlen können. Diese Partnerschaften dürfen nicht nur auf dem Papier existieren, sondern müssen täglich gelebt werden. So sind gemeinsam Projekte und Angebote wichtig, ein gemeinsames Marketing und Mitarbeiteraustausche, um auch Weiter- und Fortbildungen im Wassertourismus zu ermöglichen.

Übungsfragen zu Kap. 4
1. Welches sind die räumlichen Voraussetzungen für den Wassertourismus?
2. Wie wird eine Standortanalyse für eine wassertouristische Anlage durchgeführt?
3. Welche wassertouristischen Kursarten gibt es?
4. Was sind wassertouristische Korridore? Erläutern Sie dieses an einem Beispiel.
5. Welches sind die baulichen Voraussetzungen für den Wassertourismus? Beschreiben Sie drei Beispiele.
6. Was sind wassertouristische Netzwerke und warum sind diese wichtig für einen guten Wassertourismus?
7. Was ist ein wassertouristisches Leit- und Orientierungssystem?

Standorte, Infrastrukturen und altersgerechte Marinaplanung 5

Um Wassertourismus funktionell, sicher und geordnet anbieten und durchführen zu können, sind sehr spezifische bauliche Anlagen erforderlich. Dabei geht es nicht nur um die Errichtung von Bootsliegeplätzen, sondern im Wesentlichen um drei zentrale Aspekte der gesamten Infrastrukturentwicklung (s. Abb. 5.1).

Zum Ersten geht es um die Anlagenentwicklung am richtigen Platz mit der Suche und Prüfung geeigneter Standorte. Zum Zweiten geht es um Entwicklung, Entwurf und Planung der jeweiligen Marinaanlage am gewählten Standort. Hier eröffnen sich zahlreiche Möglichkeiten und Variationen, wobei auch das architektonische Design dieser sehr spezifischen Bauaufgabe eine wichtige Rolle für Erfolg oder Misserfolg der Anlage spielt. Und zum Dritten werden auch die Aspekte der aktiven und passiven Sicherheit dieser Anlagen immer wichtiger. Ebenso Aspekte der Barrierefreiheit und der Altersgerechtigkeit. Hier sind auch die Aspekte des Schutzes vor Naturereignissen wie Sturm, Fluten und Regen, Trockenheit und Brände etc. zu berücksichtigen, wie aber auch zunehmende Risiken aus Vandalismus, Terrorismus und Krieg.

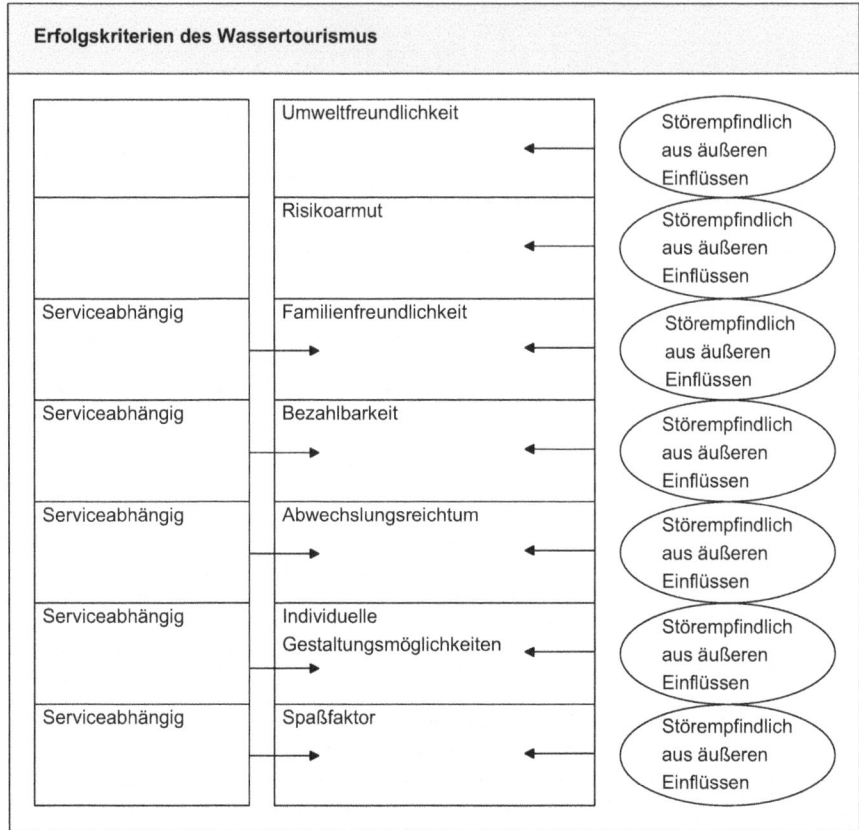

Abb. 5.1 Erfolgskriterien des Wassertourismus. (©H. Haass, 2024)

5.1 Standortplanung

Die Standortplanung von wassertouristischen Anlagen beginnt grundsätzlich mit der nautischen Prüfung der Örtlichkeit. Die Ansteuerbarkeit und Erreichbarkeit wasserseitig ist die erste und wichtigste Grundlage. Ein Standort, der erst durch wasserbauliche Arbeiten (Baggern, Kanalbau etc.) erreichbar gemacht werden muss, ist nur sehr gering geeignet. Ufertopografien mit geschützten Liegesituationen sind perfekt geeignet. Ebenso perfekt sind Hafenbrachen, die oftmals über ideale Verhältnisse verfügen. Die Prüfung eines Standortes darf nicht spontan erfolgen, sondern ist ein mehrstufiger Prüfzyklus, der nur durch einen Marinaexperten gemacht werden soll und der mitunter mehrere Wochen Zeit benötigt. So hat der Prüfer z. B. auch den Standort zu verschiedenen Wetterbedingungen zu prüfen, unterschiedliche Windlagen sind zu prüfen und die Ansteuerbarkeit von der Wasserseite zu allen diesen Wetterlagen. Diese Prüfung ist faktisch nur mit einem Boot durchzuführen. Die Prüfung dieser nautischen Bedingungen spielen im Seebereich eine größere Rolle als im Binnenbereich. Aber auch hier sind die nautischen Bedingungen nicht zu ignorieren.

5.1 Standortplanung

Wassersportanlagen und Marinas besitzen in Deutschland keine planungsrechtliche Verankerung in der Regionalplanung oder in der kommunalen Bauleitplanung. Sie werden planungsrechtlich im Status einer „Sondersportstätte" gesehen. Es ist vom Gesetz her auch kein Planungsträger zur Entwicklung dieser Sondersportstätten verpflichtet. Es sind meistens private Vereinsanlagen oder gewerbliche Anlagen. So sind es meistens gewerbliche oder private Investitionen, die diese Anlagen entwickeln. Insofern existiert auch keine allgemein verpflichtende und/oder strukturierte Vorgehensweise zur Standortentwicklung von Wassersportanlagen. Diese einer nicht allgemeinen Methodik unterliegende Standortprüfung und -entwicklung führte bislang zu kaum vergleichbaren Einzelstandortentwicklungen, die vorwiegend aus wirtschaftlichen Erwägungen getroffen wurden und zu Unterversorgung oder negativen Konkurrenzsituationen geführt haben.

Die meisten Standortplanungen von Marinas der letzten 70 Jahre sind in Deutschland somit vorwiegend Zufallsentscheidungen, die bisher unter vorwiegend vier Gesichtspunkten entschieden wurden.

1. Marinas sind vorwiegen Schiffsparkplätze und beziehen ihre Hauptfunktionen aus den **wasserseitigen Anlagen der Liegeplätze**. Die landseitigen Planungen sind aus dem Kontext zwischen Wasser- und Landseite herausgelöst. Die Anlage besteht somit aus zwei zusammengeführten, also gestalterisch uneinheitlichen Teilen. Ein architektonisches Grundkonzept ist nicht erkennbar. Die Folge ist eine zumeist unbemerkte schlechte Wirtschaftlichkeit der Anlage, da viele Chancen nicht erkannt/genutzt wurden.
2. Der zweite Gesichtspunkt ist die Sichtweise von Marinas als **Ingenieurbauwerke** ohne architektonischen Anspruch. Es ist zwar einerseits erkannt, dass Wassertourismus eine große tourismuswirtschaftliche Bedeutung hat, jedoch mangelt es an guter Umsetzung, in der gute **Tourismusarchitektur** in Verbindung mit Marinaplanung gebracht wurde. Die Folgen sind auch hier wirtschaftlich zu gering ausgelastete Anlagen, in denen mitunter auch unfunktionale Angebote dem Wassertourismus das Vergnügen nehmen. Leider sind umfangreiche Unkenntnisse der Planer sowie keine Einbindung von fachkompetenter Beratung in die Planungsprozesse der Regelfall.
3. Marinaangebote, die als „Beiwerk" einer sonstigen Anlage entstehen, sind häufig problematisch. Dieses können Gaststege an Gastronomien sein, Gastplätze in Werften und Betrieben oder auch sog, **Wasserwanderrastplätze (WWRP)** in Vereinen etc. Diese oftmals nur halbherzig geplanten, gebauten und betriebenen Anlagen beschädigen den Ruf und das Image des Wassertourismus. Häufig machen Unfunktionalitäten ihre Nutzung zu großen Risiken. Eine ständige Pflege dieser Anlagen unterbleibt oft und eine gute architektonische Gestaltung ist auch nicht erkennbar. Auch hier gehen dann große wirtschaftliche Potenziale verloren.
4. Marinastandorte mit vermeintlicher „**Umweltverträglichkeit und Nachhaltigkeit**" gibt es kaum. Es ist offensichtlich, dass eine Marina immer einen Eingriff in Umwelt und Klima darstellt. Aus Sicht einer klimagerechten Nachhaltigkeit kann eine Marina nicht nur emissionsfrei und energieautark betrieben werden, sondern aufgrund ihrer großen Energiepotenziale auch als Energieproduzent an-

gelegt werden. Hier spielt die richtige Standortwahl eine entscheidende Rolle, denn dort wo Wind, Wellen, Gezeiten etc. existieren, ist eine hohe Energieausbeute möglich.

Die Prüfung der Eignung eines Standortes erfolgt meistens im Rahmen einer Machbarkeitsstudie oder „feasibility study". Dieser Schritt zählt noch zu den informellen Planungen und hat noch keinerlei Einfluss auf die spätere Genehmigungsplanung des Projektes. Da es hierfür kein genormtes Vorgehen gibt, ist das Risiko einer Machbarkeitsstudie groß, dass die Analysen und Untersuchungen/Prüfungen und Ergebnisse dieser Studien oftmals „geschönt" sind. Wissentlich oder unwissentlich können diese Ergebnisse dann Entscheidungen beeinflussen, die später zu fatalen Reichweiten und Folgen führen oder u. U. eine anschließende Genehmigungsplanung scheitern lassen. Es ist insofern wichtig, dass bereits im Rahmen einer Machbarkeitsuntersuchung Kontakte zu den zu beteiligenden Genehmigungsbehörden aufgenommen werden, um frühzeitig Abstimmungen durchführen zu können. Dabei sind stets die wasserseitigen und die landseitigen Aspekte des Projekts zu prüfen und in Einklang zu bringen. Aufgrund dieser Teilung, auch im Hinblick auf zu beteiligende Behörden, ist es fatal, eine Marina in diese beiden „Hälften" zu teilen. Funktional und architektonisch ist eine Marina eine Einheit aus Waser- und Landseite. Genehmigungsrechtlich stoßen hier jedoch zwei unterschiedlich zu betrachtende und zu prüfende Teile aneinander. Gerade Neubauprojekte stoßen hier oftmals an ihre Grenzen, wenn ein Teilbereich als nicht genehmigungsfähig erscheint. Und da die möglichen Standorte in Deutschland für Neuanlagen grundsätzlich sehr begrenzt sind, erscheinen Neubauprojekte in größerem Umfang eher als unwahrscheinlich.

Bei der Planung sind mögliche Auswirkungen einer klimatischen Veränderung in 20–30 Jahren zu berücksichtigen, die erheblichen Einfluss auf die Entwicklung der jeweiligen Region haben können. Beispielsweise können lange Zeiträume von Niedrigwasser durch Trockenperioden oder Hochwasserwellen durch enorme und plötzlich auftretende Regenereignisse zu Problemen in der Marina führen. Je nach Standort ist der Schutz der Anlage durch eine Schleuse oder andere Bauwerke zu prüfen, die ein Trockenfallen der Boote, die besonders in Binnenrevieren dafür nicht immer ausgelegt sind, zu verhindern. Die Kosten für die Einrichtung, den Bau und den Betrieb/Instandhaltung etc. sind nicht unerheblich und sollten bei der Planung berücksichtig werden.

5.1.1 Umbau, Erweiterung und Renovierung vorhandener Standorte

Es ist ein Irrtum, wenn man davon ausgeht, dass eine bereits bestehende Marinaanlage einen ewigen Bestandsschutz hat, der auch nun bei Erweiterung, Umbau oder Erneuerung gültig bleibt. Vielmehr wird bei diesen Vorhaben der Bestand einer früher erteilten Genehmigung für den Standort neu geprüft und zwar auf der Grundlage der nun geltenden Gesetze und Vorschriften. Dieses führt nicht selten zum Erlöschen der früheren Genehmigung oder ggf. zu unerfüllbaren Auflagen, die dann das Aus der vorhandenen Anlage bedeuten können. Aufgrund dieser Tatsache ist es immer in diesen Fällen genau zu prüfen, inwieweit eine Veränderung der bestehenden Situation Aussicht auf Erfolg hat. Hinzu kommt, dass grundlegende Umbauten und Erneuerungen zumeist auch aus finanziellen Gründen an bestehenden Marinaanlagen eher ausscheiden und es sich dann eher um „Schönheitsreparaturen" handelt. Altstandorte sind meistens sehr attraktiv und schön gelegen. Sanierungsstaus haben dann zu unumgänglichen Reparaturen geführt, die u. U. erst behördlich genehmigt werden müssen. Da derartige Standorte heute nicht selten in Schutzgebieten liegen und/oder den öffentlichen Zugang zu Gewässer versperren, ist es fraglich, ob eine neue Genehmigung für den Standort erteilt werden kann. Altstandorte von Marinaanlagen sind einerseits sehr gut gelegen und schön, andererseits aber an Genehmigungen gebunden, die häufig das Ende dieses Betriebes bedeuten können.

5.1.2 Kombinationen aus Bestand und Neubau

Diese Variante einer Marinaentwicklung erscheint als sinnvoll und in den meisten Fällen auch als genehmigungsfähig. Die bestehende Anlage wird in ihren wesentlichen baulichen Zügen nicht verändert und erfährt nur Schönheitsreparaturen. Eine Erweiterung innerhalb des Geländes, etwa eine Umstrukturierung oder Umorganisation der Gebäude etc., führen dann zu einem positiven Ergebnis, das auch finanziell machbar ist. Viele Beispiele der letzten Jahre zeigen, dass dieser Weg offensichtlich erfolgreich ist und auch aus Genehmigungssicht machbar erscheint. Aus der architektonischen Sicht sind solche Kombinationen sehr anspruchsvoll, aber auch im Ergebnis meistens sehr sehenswert. Und auch funktional können solche Kombinationen sehr gut sein, indem sie Bewährtes mit Neuem verbinden.

An dieser Stelle soll ein Blick auf Marinaanlagen als Architekturobjekt geworfen werden. Marinaanlagen sowie alle Anlagen des Bootssports wurden bislang als wasserbauliche Ingenieurbauwerke betrachtet. Die Architektur als gestaltende Aufgabe im Bauen hat sich diesen Anlagen bisher noch nicht gewidmet oder hier eine Aufgabe für sich erkannt. Aber es wird zunehmend wichtiger, diese Anlagen als eindeutige Architekturaufgaben zu erkennen. Anlagen für den Bootssport und Wassertourismus werden zunehmend anspruchsvolle Anlagen für Freizeit und Tourismus. Es ist durchaus bekannt, dass die Gestaltung dieser Anlagen sehr spezifische Wirkungen auf ihre Betrachter und Benutzer zeigen, ja sogar die Sicherheit in ihren Nutzungen nachhaltig beeinflussen. Eine eigene Architekturrichtung für das Bauen am und auf dem Wasser gibt es nicht, liegt aber aufgrund dessen nahe. Die durchweg schlechte oder gar nicht vorhandene Architekturqualität dieser Anlagen zeigt, dass ihre Planer kaum über ausreichendes architektonisches Grundwissen und Expertise verfügen, um diese anspruchsvollen Aufgaben zu bewältigen. Es ist an der Zeit, dass diese Anlagen und Bauwerke von der Architektur als neue Aufgaben erkannt werden und vor allem die bisherige Planungspraxis durch fachfremde Planer unterbunden werden muss.

5.1.3 Öffentliche Marinaanlagen für den Wassertourismus

Auch die öffentliche Hand plant, baut und betreibt bauliche Anlagen für den Wassertourismus. So unterhält zum Beispiel die Bahn AG am Bodensee und an der Nordsee maritime Anlage, die auch für den Wassertourismus nutzbar sind. Aber auch zahlreiche Kommunen verfügen über wassertouristische Anlagen und Marinas für den Wassertourismus. Die vielerorts bekannten Stadthäfen sind ein gutes Beispiel hierfür. Hier sind aber auch insbesondere die in den 1990er-Jahren errichteten Wasserwanderrastplätze zu nennen. Diese Minimalanlagen, die nur als Übernachtungsplätze für Wassertouristen gedacht sind, wurden damals von sehr vielen Kommunen an entsprechenden Gewässern mit Einsatz von Fördergeldern errichtet. Hier war ein Liegen bis zu max. 3 Tagen aus touristischen Zwecken erlaubt. Leider wurden viel dieser Anlagen missbraucht und als Dauerliegeplätze verfremdet. Die Fördereuphorie dieser Anlagen ist abgeflacht und die hohen Erwartungen der Kommunen auf einen finanziellen Return blieben aus. In vielen Fällen sind diese Anlagen bereits verfallen oder zweckentfremdet oder an private Nutzer oder Vereine übertragen. Insgesamt erscheint dieser Bereich jedoch eine gute Zukunft zu haben, sofern sich der Wassertourismus in Deutschland neuerlich entwickelt. Kommunen, Gemeinden und Landkreise sind die größten Profiteure des Wassertourismus in Deutschland. Dieses ist kaum bekannt und selbst die kommunalen Spitzenverbände in Deutschland verhalten sich zu diesem Thema leider sehr reserviert. Insofern ist eine Entwicklung dieser Anlagen wünschenswert. Hierfür sind zwei Voraussetzungen zu erfüllen. Zum einen müssen die Kommunen erkennen, welche Chancen und Potenziale sie hier haben. Hier ist Lobbyarbeit erforderlich und Information von oben nach unten, also von den Spitzenverbänden und der Politik an die Kommunen und Landkreise. Es sind Pilotprojekte zu starten, die die großen Effekte nicht nur beschrieben, sondern in praxo darstellen und überzeugen. Es ist in Deutschland leider kaum möglich, die erforderliche Kooperation zwischen Tourismus und Kommunen zu initiieren. Da sind andere europäische Staaten wesentlich weiter und nutzen diese nützliche Kooperation bereits seit vielen Jahren. Und zum anderen sind die Kommunen mit Fördergeldern für den Bau dieser Anlagen und für das wassertouristische Geschäft auszustatten. Zahlreiche Gespräche mit kommunalen Vertretern haben gezeigt, dass Kommunen zögern, Finanzmittel für den Wassertourismus auszugeben. Hier sind Förderprogramme zum Anschub dieses Geschäftes bereit zu stellen (s. Abb. 5.2).

Abb. 5.2 Marinabaustelle. (Adobe stock, 153963389, ©Jürgen Hüls)

5.2 Objektplanungen im Wassertourismus

5.2.1 Marinaarten und -typen

Für den Wassertourismus gibt es eine Reihe unterschiedlicher Anlagentypen, die die unterschiedlichen Bedarfe der Wassertouristen auch unterschiedlich erfüllen. Es ist ein fataler Irrtum zu glauben, dass die perfekte Marina eine Anlage mit Fullservice ist. Das heißt, alles was es in einer wassertouristischen Anlage geben kann, muss vorhanden sein, um möglichst allen Gästen gerecht zu werden. Die Gäste sind nun zum einen irritiert, da sie sich kaum entscheiden können, in welche dieser Superanlagen sie fahren wollen. Und zum andern sind derartige Großanlagen auch sehr unpersönlich und bieten kaum einen persönlichen Service, der zunehmend im Tourismus gewünscht und gefordert wird.

Es ist daher erfolgreicher, sich mit einer wassertouristischen Anlage auf eine bestimmte Gästegruppe zu spezialisieren und diese dann exzellent und sehr gut zu bedienen. Dieses Konzept ist betrieblich wirtschaftlicher und effizienter. Aufgrund dieser Erkenntnis können 9 monostrukturale Marinatypen identifiziert werden, die am Markt bestand haben.

a) Liegeplatzhafen
Dieser Typus bietet seinen Gästen nur Liegeplätze und keine weiteren Angebote. Dieser Typ ist in etwa ein Wasserwanderrastplatz ohne weitere Angebote. Für eine Übernachtung ohne weitere Ansprüche mag dieses Angebot ausreichen. Oftmals

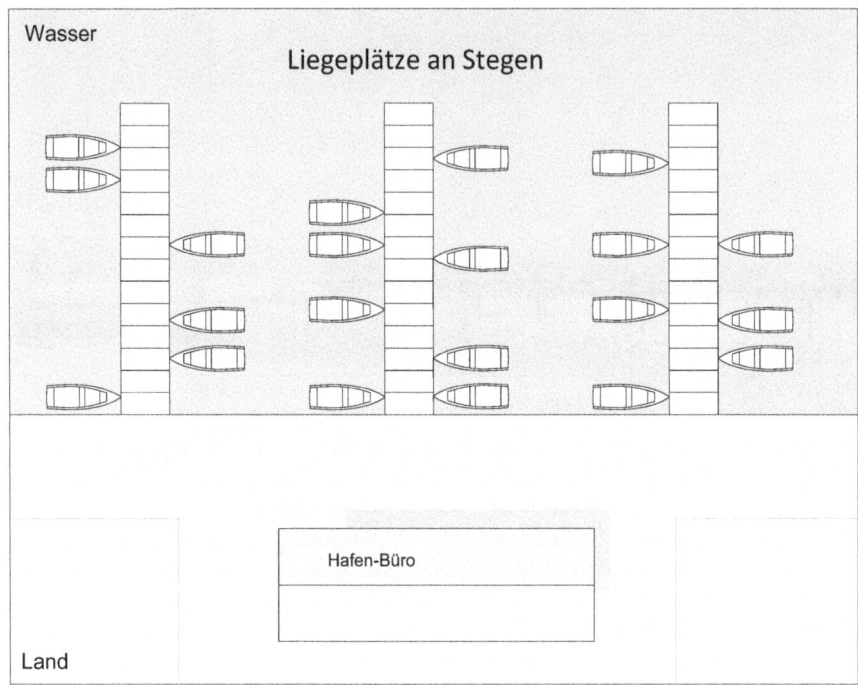

Abb. 5.3 Prinzip eines Liegeplatzhafens. (©H. Haass, 2024)

existiert dieses Angebot auch in Form von Gastliegeplätzen in Vereinen. Der technische Zustand der Liegeplätze und Steganlagen sollte dann jedoch sehr gut und hochwertig sein und vor allem sicher und funktional. Der Flächenbedarf richtet sich nach Anzahl der angebotenen Liegeplätze und umfangreiche Landflächen werden weiterhin kaum benötigt. Der Großteil dieses Geschäftes erfolgt hier ausschließlich auf der Wasserseite (s. Abb. 5.3).

b) Touristenhafen
Wassertouristen haben bestimmte Bedarfe, die sie unterwegs erfüllt haben möchten. Das können Einkäufe, Bankgeschäfte, Arztbesuche oder sonstiges sein. Ein Touristenhafen soll daher neben den Liegeplätzen auch diese Angebote oder Verbindung zu diesen anbieten. Im Gegensatz zu Vereinsanlagen für die örtliche Bevölkerung, die wiederum andere Bedarfe haben, sind Touristenhäfen sehr speziell auf die touristischen Anforderungen ausgerichtet. Zu finden sind derartige Anlagen gerade in den touristisch stark entwickelten Regionen des Wassertourismus, etwa an der Ostseeküste, am Mittelmeer oder in Skandinavien (s. Abb. 5.4).

c) Technikhafen
Der Technikhafen ist eine Spezialisierung auf alle technischen Dienst- und Serviceleistungen im Wassersport/Wassertourismus, Dieser Hafen muss nicht an einem attraktiven Standort liegen und braucht auch keine kurzen Verbindungen

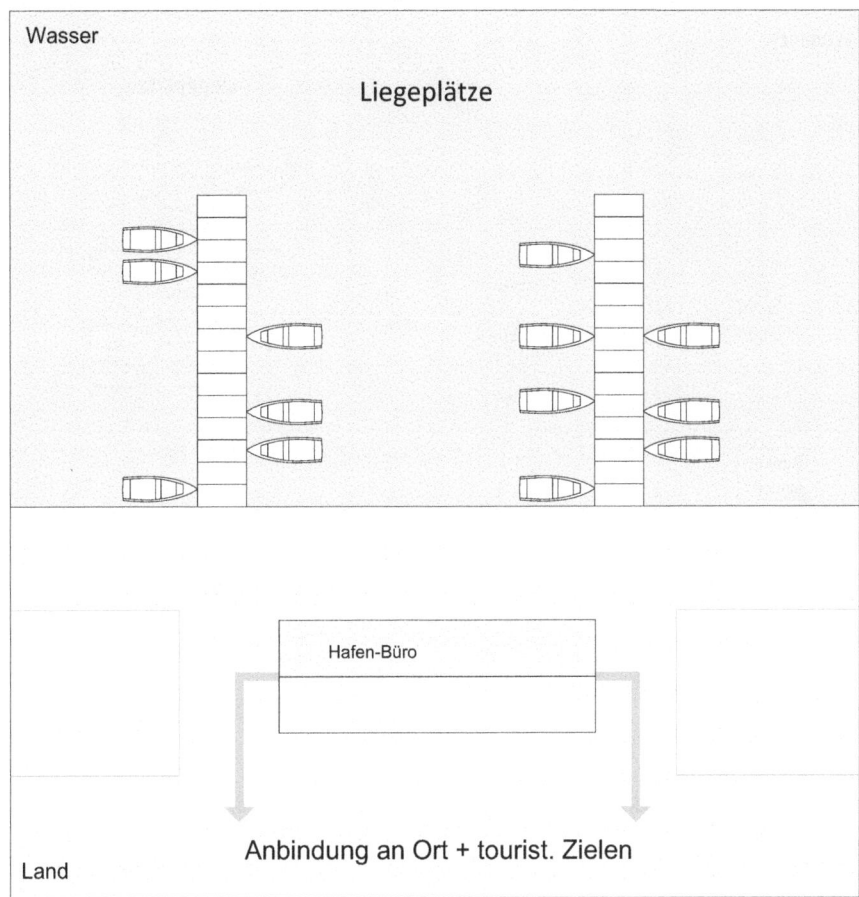

Abb. 5.4 Prinzip eines Touristenhafens. (©H. Haass, 2024)

zu touristischen Angeboten. Hierher kommt der Wassertourist/Bootsfahrer, weil er technische Hilfe und Service sucht. Auch die technische Ver- und Entsorgung der Boote findet hier statt. Krananlagen und Slipanlagen, Werkstatt und Zubehörverkauf, Werftservice und Reparaturen werden hier gesucht und sollten in kompetenter Form angeboten werden. Auch das Betanken von Booten gehört hier zum Angebot. In diesem Hafentyp wird das Geschäft ganzjährig ablaufen (s. Abb. 5.5).

d) Dienstleistungshafen
Der Dienstleistungshafen bietet maritime und touristische Dienstleistungen in verschiedenen Umfängen. Er kann sehr klein, aber exklusiv sein bis zu groß mit einem breiten Angebot an Dienstleistungen. Hier sind die Integrations- und Einbindungsmöglichkeiten der Verbindung mit urbanen Strukturen am größten und am einfachsten zu verwirklichen. Der Dienstleistungshafen benötigt einen attraktiven und

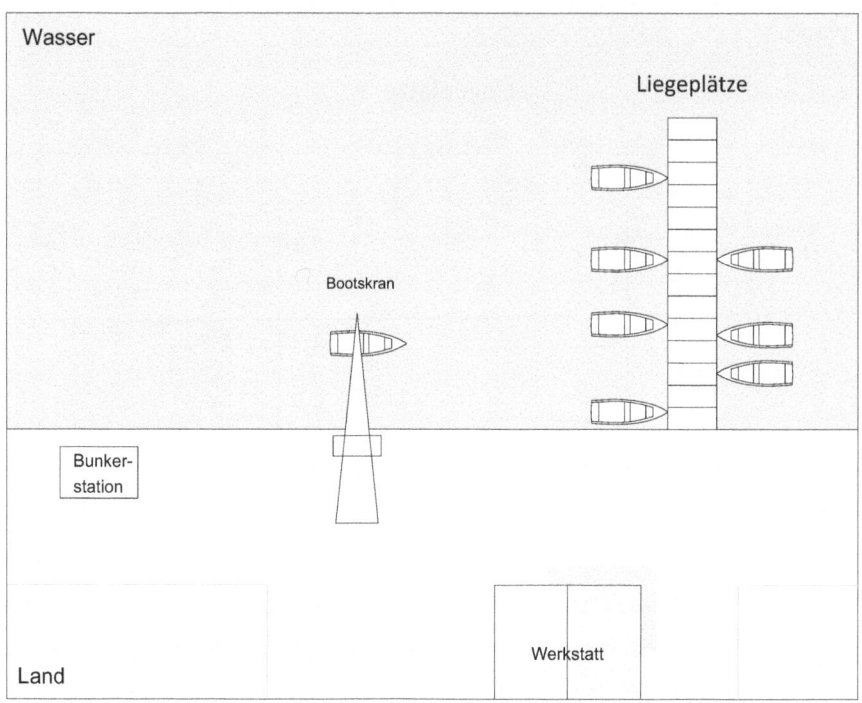

Abb. 5.5 Prinzip eines Technikhafens. (©H. Haass, 2024)

innerstädtischen Standort und direkte Verbindungen zu den übrigen städtischen Räumen und Angeboten. Er kann zu einem wichtigen Imageträger für die Kommune werden und lässt sich auch sehr gut in bestehende Wasserfrontsituationen einbinden.

e) Entertainmenthafen

Ein Hafentyp, der sehr speziell ist, da er typisch urban ist und eine hohe Affinität zu urbanen Entertainmentangeboten besitzt. Hier passen gut Veranstaltungs- und Eventflächen hinzu, etwa eine schwimmende Bühne oder ein Freizeitpark. In diesem Typ finden stark touristisch geprägte Angebote Platz und die Eventangebote sind nicht nur für Wassertouristen interessant, sondern hier finden sich auch viele nichtmaritime Gäste und Besucher ein. Die architektonische Qualität des Hafens spielt für seinen Erfolg eine große Rolle und es kann die Schaffung einer Themen- oder Illusionswelt am/auf dem Wasser eingesetzt werden (s. Abb. 5.6).

f) Not- oder Schutzhafen

Insbesondere an den Küsten werden Möglichkeiten, Schutz und Sicherheit bei schlechten Wetterbedingungen zu finden, sehr wichtig. Weitere Entfernungen zwischen Etappenhäfen können bei schlechtem Wetter zu einem Risiko werden und so werden kleinere, aber sehr sichere Not- und Schutzhäfen erforderlich. Die Ausstat-

5.2 Objektplanungen im Wassertourismus

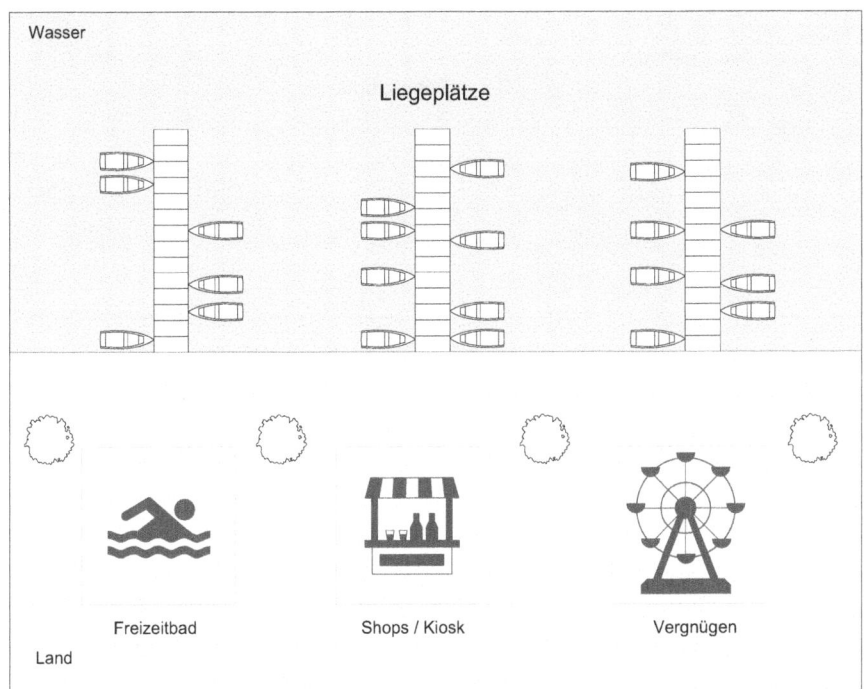

Abb. 5.6 Prinzip eines Entertainmenthafens. (©H. Haass, 2024)

tung hier ist ähnlich dem Liegeplatzhafen, indem es vorwiegend um einen sicheren Liegeplatz zum Abwettern geht. Zu den Angeboten sollte ggf. auch ein kleiner technischer Service zählen, denn gerade bei Schlechtwetterlagen kann einiges an den Booten und Schiffen der Wassertouristen kaputt gehen, was dann im Schutzhafen repariert werden sollte. Dieser wird kaum im Nothafen installiert sein können, weil es sich hier wirtschaftlich kaum trägt. Aber ein Rufservice zu einem ortsansässigen Betrieb mit maritimer Kompetenz wäre ein perfekter Service (s. Abb. 5.7).

g) Temporärer oder schwimmender Hafen
Eine sehr interessante Variante ist diese wassertouristische Anlage. Dieser Typ wird nur für die Saison auf die Wasserfläche gebracht und erfüllt dort die wesentlichen Funktionen. Eine Verbindung zum Land erfolgt über eine einfache Brücke oder einen Shuttle. Diese Anlage kann aus elementierten Pontons sehr einfach kombiniert werden und wird nach Saisonende wieder abgebaut und die Wasserfläche der Natur zurückgegeben. Landflächen werden kaum benötigt, sodass dieser Bautyp auch genehmigungsrechtlich fast ausschließlich auf der Wasserseite erfolgt. Beispiele für diesen eigentlich sehr attraktiven Hafentyp gibt es noch kaum, aber vermutlich besitzt dieser Typ doch eine aussichtsreiche Zukunft. Vor vielen Jahren wurden einmal die olympischen Segelwettkämpfe in den USA von einer solchen schwimmenden Marian aus durchgeführt – mit großem Erfolg (s. Abb. 5.8).

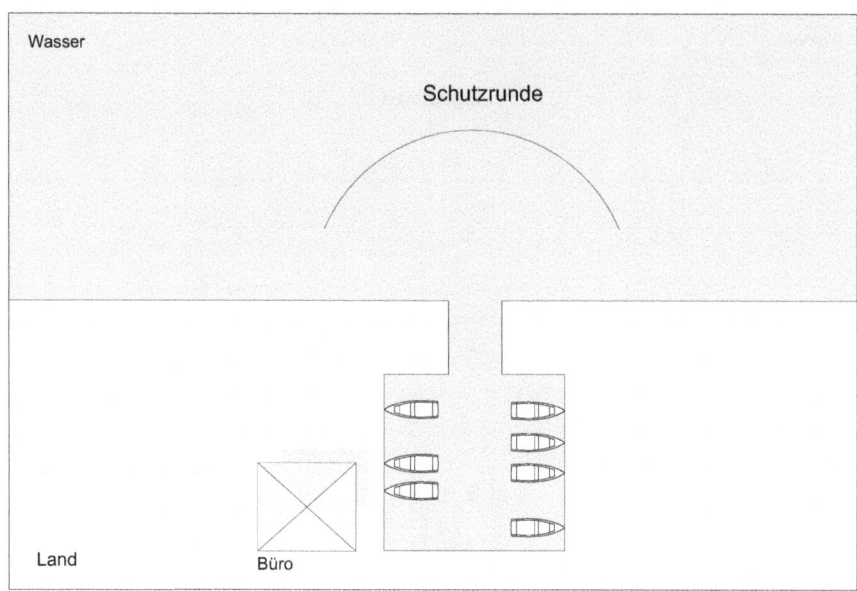

Abb. 5.7 Prinzip eines Schutzhafens. (©H. Haass, 2024)

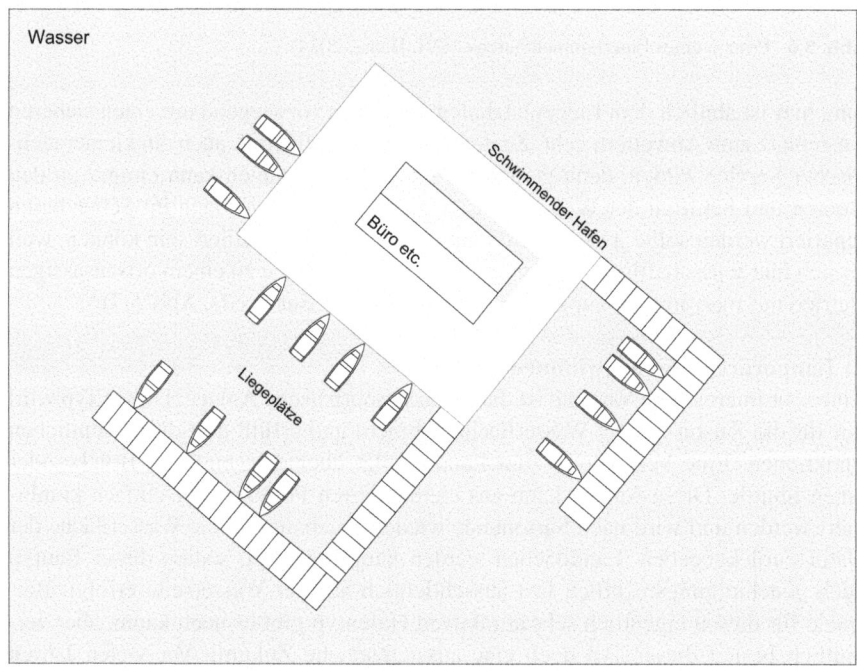

Abb. 5.8 Prinzip eines schwimmenden Hafens. (©H. Haass, 2024)

5.2 Objektplanungen im Wassertourismus

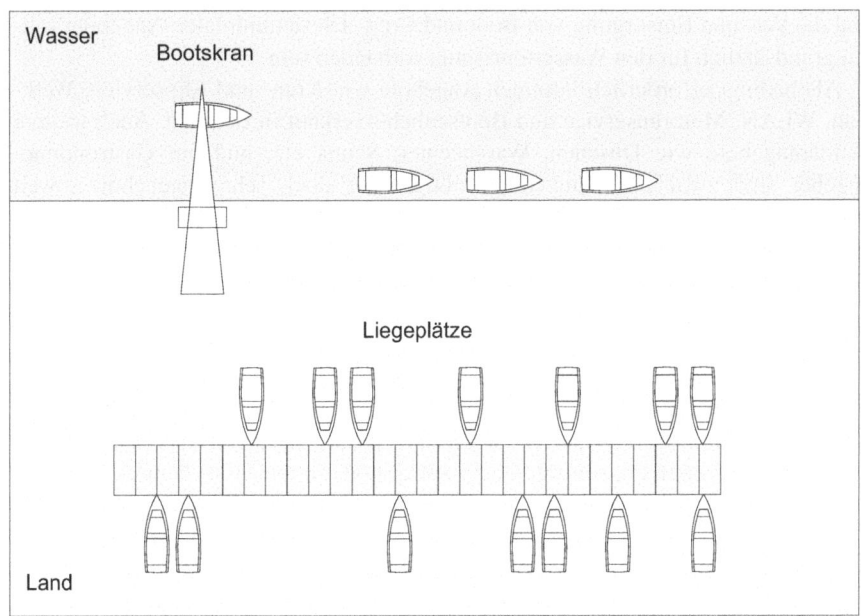

Abb. 5.9 Prinzip eines Trockenhafens. (©H. Haass, 2024)

h) Trockenhafen

Das Gegenteil zur schwimmenden Anlage ist der Trockenhafen, der ausschließlich auf der Landseite stattfindet. Hier liegen die Boote auf dem Land an Laufstegen und sind aufgepallt mit Elektro- und Wasseranschlüssen. Man kann hier sogar auf den Booten wohnen und übernachten. Besteht der Wunsch, auch einmal mit dem Boot auf dem Wasser zu fahren, wird dieses innerhalb kurzer Zeit mit einem Travellift ins Wasser gesetzt und startklar gemacht. Dieser Hafentyp ist für den Wassertourismus eher unbrauchbar, da er keine kurzfristigen Liegeplätze bietet. Er ist jedoch für Situationen geeignet, bei denen eine Genehmigung für die Wasserseite schwierig oder nur sehr eingeschränkt möglich ist und die Nutzung der Landseite dagegen unproblematisch genehmigt werden kann (s. Abb. 5.9).

5.2.2 Angebote und Ausstattungen für den Wassertourismus

Für den Wassertourismus sind bestimmte Angebote in den Häfen vorzuhalten. Sie lassen sich einteilen in

+ unbedingt erforderlich
+ Bedingt erforderlich
+ Wünschenswert und „nice-to-have"

Alle technischen Angebote sind unbedingt erforderlich, um das Handling der Boote abzusichern. Hierzu zählen der sichere Liegeplatz, das Wassern der Boote und die Ver- und Entsorgung von Boot und Crew. Diese minimalen Angebote sollten grundsätzlich für den Wassertourismus vorhanden sein.

Als bedingt erforderlich kommen Angebote wie Kran- und Slipservice, Werkstatt, WLAN, Motorenservice und Bootszubehörverkauf in Betracht. Auch weitere Sanitärangebote wie Duschen, Waschcenter, Sauna etc. und ein Gastronomieangebot sind zwar nicht unbedingt nötig, aber doch sehr angenehm, soweit vorhanden.

Als wünschenswert sind dann Angebote wie Parkservice, Wäscheservice, Shuttledienste etc. sehr angenehm, aber für die Durchführung des Wassertourismus nicht erforderlich.

Die Anlagen insgesamt sollten zweckmäßig ausgestattet sein und in einer angemessenen Architektursprache gestaltet sein. Eine eigene Marianaarchitektur hat sich in Deutschland bislang nicht durchgesetzt, würde aber der Branche ein ehrliches und positives Image verleihen. Oftmals passen Architektursprache und Angebote kaum zusammen, was der Gast (bewusst oder unbewusst) bemerkt und sich danach verhält. Gerade die Zusammenführung unterschiedlicher Geschäftsteile einer Marina machen es unentbehrlich, diese in einer Corporate Architecture zusammenzubinden und so dem Gast zu präsentieren.

Als ein großes Problem im deutschen Wassertourismus muss die Beschilderung mit Leit- und Orientierungssystemen betrachtet werden. Es gibt entweder gar keine Schilder, zu kleine Schilder oder keine internationalen Schilder. Für ein wassertouristisches Transitland mit vielen auswärtigen Besuchern ist eine international verständliche Informations- und Orientierungsbeschilderung der Anlagen zwingend. Hier muss auf das Piktogramm-System der PIANC verwiesen werden, das international abgestimmt und mit hohem Wiedererkennungswert für alle Marinafunktionen und touristischen Angebote eigene Piktogramme anbietet. Diese sind in der maritimen Welt inzwischen bekannt und gebräuchlich.

5.2.3 Planungsgrundlagen, Größen und Kapazitäten

Die Planung von Anlagen für den Wassertourismus ist eine sehr spezifische Planungsaufgabe, die viel Fachkenntnisse und Erfahrungen voraussetzt. Diese Anlagen werden in Deutschland nur sehr selten gebaut, sodass es keine umfassenden Beispiele, Erfahrungen und auch keine Literatur und Normen/Standards für diese Planungen gibt. Wichtig ist daher ein umfassender Erfahrungsschatz des Planers solcher Anlagen. Es ist andererseits immer eine sehr attraktive und repräsentative Planungsaufgabe für einen Planer, diese Anlagen oder sogar eine ganze Marina zu planen. In diesem Dilemma liegt auch das hohe Risiko von Fehlplanungen aufgrund von Unwissenheit und mangelnder Erfahrung. Die Vielzahl der schlecht oder gar nicht funktionierenden Anlagen belegt dieses. Insbesondere immer dort, wo es keine ausreichenden Grundlagen, Beispiele oder Standards gibt, ist der unwissende Planer auf seine eigene Einschätzung angewiesen. Bei der Planung und dem Bau von Slipanlagen, für die es keinerlei Normen gibt, zeigt sich dieses Problem extrem auffällig. Hier dominieren Vermutungen und Annahmen über Gefälle, Breiten und Details, die meistens leider zu Fehlplanungen führen. Neben Slipanlagen ist die Pla-

5.2 Objektplanungen im Wassertourismus

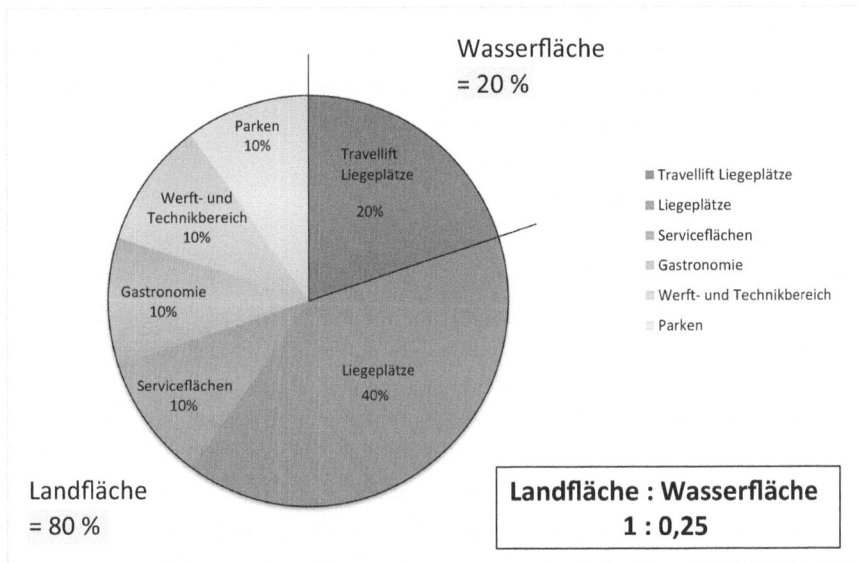

Abb. 5.10 Verteilung Land-/Wasserflächen in Marians. (©H. Haass, 2024)

nung von Liegeplätzen und Stegen als Problem zu nennen. Sofern elementierte Schwimmstege zur Anwendung kommen, ist das Risiko einer Fehlplanung der eigentlichen Steganlage selbst sehr klein, da die Hersteller hier über ausreichende Erfahrungen und Kenntnisse verfügen und diese Bauwerke meistens den Anforderungen genügen. Die Hafenplanung insgesamt, also die Lage der Stege und die Manöverräume zwischen den Stegen werden sehr häufig zu Problemen. Hier können nur fundiertes Fachwissen und nautische Erfahrungen helfen, die richtigen Größen, Abstände und Kapazitäten zu entwickeln (s. Abb. 5.10 und 5.11).

Größen, Kapazitäten und Abmessungen von Bauteilen, Schiffen und nautischen Geräten sind erforderlich, um funktionierende und sichere Anlagen für den Wassertourismus planen zu können. Zu fragen ist tatsächlich, wie viele und welche Planer dieser Anlagen diese Kompetenzen mitbringen? Vielleicht kann diese Arbeit dazu beitragen, diese Defizite etwas aufzufüllen und für einige Planer Grundlagen zu bieten, die in ihre Planungen Eingang finden können.

5.2.4 Bauweisen für den Wassertourismus

Die Bauweisen von wassertouristischen Anlagen beziehen sich vorwiegend auf die technisch-konstruktiven Bauweisen. Zunächst die gebräuchlichen Materialien für diese Anlagen. Verwendet werden Beton, Stahl und Holz. In einzelnen Konstruktionen auch Aluminium und Kunststoffe. Bei allen verwendeten Materialien ist es wichtig, dass diese im und auf dem Wasser langlebig und dauerhaft sind. Gerade Salzwasser an den Küsten macht diesen Einsatz erforderlich. Die Materialien müssen außerdem stabil sein und mit dauerhaften Verbindungen verarbeitbar sein.

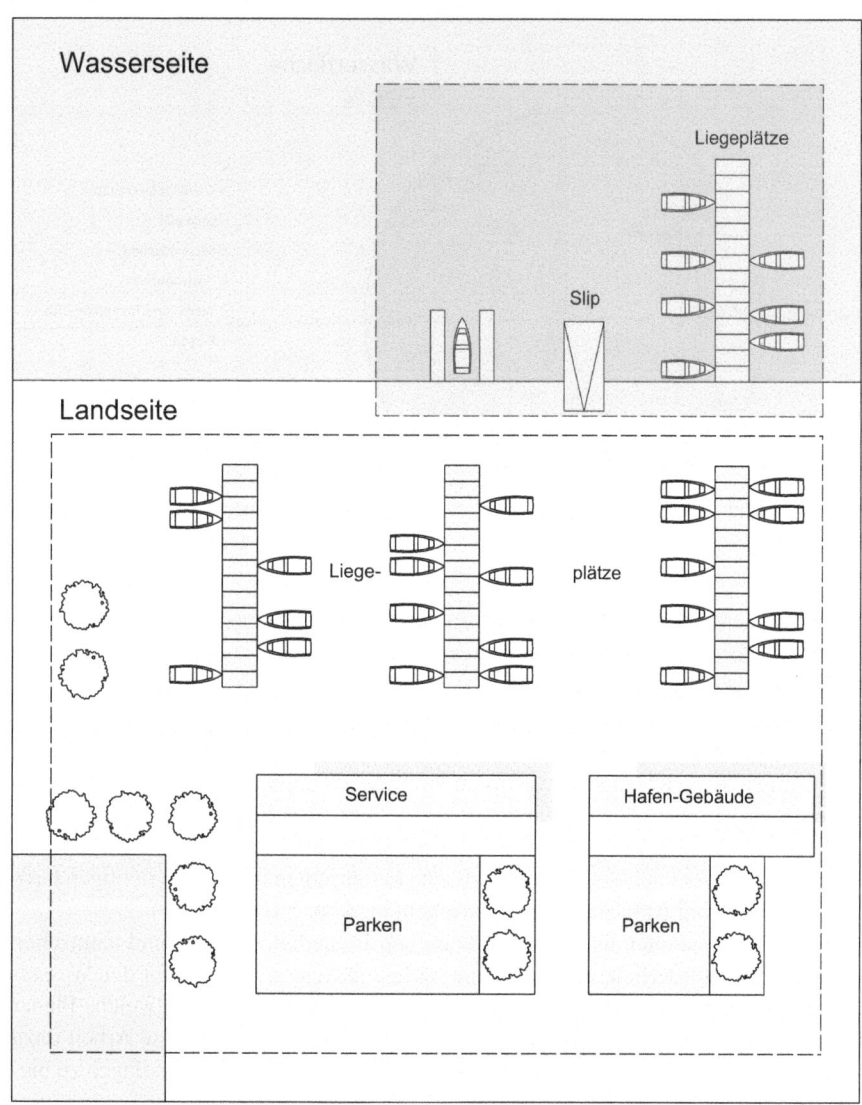

Abb. 5.11 Strukturmodell einer Marinaanlage. (©H. Haass, 2024)

Alle Konstruktionen müssen ausreichend fest sein, um zum einen die vorgegebenen Belastungen der Schiffe und Boote (z. B. Schiffsstoß und Trossenzug) aufnehmen zu können, zum anderen müssen sie Belastungen aus Naturgewalten an/auf dem Wasser aufnehmen können. Diese Anforderungen sind durch entsprechende Tragwerke und Konstruktionen zu erfüllen und müssen im Einzelfall berechnet und dimensioniert werden.

Schließlich müssen diese Konstruktionen auch reparabel sein und recyclebar. Diese Forderung geht einher mit einer klimaneutralen Verwendung und Verarbeitung der Konstruktionen. Alle diese Forderungen sind eigentlich Nichts außergewöhnliches, sondern passen genau in diese allgemeinen Forderungen eines klimaneutralen Bauens.

Für fast alle Wasserbauwerke existieren die entsprechenden Standards und Normen. Die verschiedenen Fachausschüsse der Fachverbände haben in jahrelanger Arbeit Empfehlungen, Richtlinien und Standards erarbeitet. Ein Überblick über die wichtigsten Normen für Anlagen des Bootssports und des Wassertourismus wird in Kap. 9 gegeben.

5.2.5 Architektursprache im Wassertourismus

Anlagen für den Wassertourismus werden meistens als Ingenieurbauwerke des Wasserbaus verstanden und gebaut. Allerdings muss es auch möglich werden, diese Bauwerke des Tourismus unter architektonischen Aspekten zu sehen und zu planen. Der Tourismus tut sich derzeit noch schwer damit, gute Architektur in seinen baulichen Anlagen zu realisieren, aber die gute bauliche Gestaltung ist letztlich auch ein wichtiger Faktor des wirtschaftlichen Erfolges eines Unternehmens. Die interessante Untersuchung der österreichischen Plattform Platou (www.platou.at) zeigt, wie sich gute Architektur im Tourismus direkt auf die Umsatzzahlen eines Unternehmens auswirkt. Gerade bei Aktivitäten, die draußen stattfinden und auf dem Wasser durchgeführt werden, sind gute und erkennbare Architekturgestaltungen besonders wirksam. Eine Architektursprach für diese besonderen Bauwerke ist wünschenswert und würde das touristische Geschäft in Deutschland erheblich verbessern.

5.3 Barrierefreie und altersgerechte Planung von wassertouristischen Anlagen

Die gegenwärtige Situation der wassertouristischen Anlagen ist eher ernüchternd. Sind viele Marinas in den späten 1960er- und 1970er-Jahren errichtet worden, ist seitdem kaum etwas in diesen Anlagen erneuert oder renoviert worden. In einer zweiten Investitionswelle wurden Anlagen Anfang der 1990er-Jahre errichtet, die vielerorts auch verlassen liegen und als Fehlinvestitionen erkennbar sind. Neben der Überalterung der meisten Anlagen zeigt sich aber auch ein sehr großer Sanierungsstau mit unglaublichen Ausmaßen. Seit vielen Jahrzehnten ist in den meisten Anlagen nichts renoviert oder erneuert worden, sodass vielerorts ein Sicherheitsstandard besteht, der eigentlich eine Totalsperrung auslösen müsste.

Es ist weiterhin zu bemerken, dass die meisten wassertouristischen Anlagen für einen Nutzerkreis im Alter von 30–40 Jahren vor 50–60 Jahren errichtet wurden und deren körperliches Leistungsvermögen als Grundlage der Planungen genommen wurde. Nun sind aber die meisten dieser Wassersportler/-touristen wesentlich älter und im Durchschnitt ca. 60–70 Jahre und älter. Jedoch sind die baulichen Anlagen kaum für deren körperliche Leistungsfähigkeit nutzbar. Nun kommen neuerlich aufgrund des voranschreitenden Klimawandels auch zunehmend Sturm – und Flutschäden an den Anlagen hinzu, was die Situation insgesamt weiterhin verschlechtert. Es sind allerding kaum kompetente und/oder innovative Sanierungskonzept für diese Anlagen erkennbar, die diese demografischen und klimatischen Veränderungen berücksichtigen. Nach der Sturmflut vom Oktober 2023 an der deutschen Ostseeküste sind die beschädigten oder zerstörten Anlagen entweder nur notdürftig wieder so hergerichtet wie vorher oder gar nicht repariert und unbenutzbar. Ein untragbarer Zustand, zumal die Zerstörungen der Anlagen auch die Chance boten, nun die angestauten Sanierungen mit umfassenden Innovationen zu verbinden. Es ist bis dato kein Fall bekannt, der diese Chance genutzt hätte, obwohl Fachleute exakt auf diese einmalige und große Chance aufmerksam gemacht haben und Konzepte vorgelegt hatten, die auch finanziell umsetzbar gewesen wären. Insgesamt zeigt dieses Verhalten der Politik und Verwaltungen wiederum das äußerst geringe Interesse an diesem Tourismussegment.

5.3.1 Steganlagen und Liegeplätze

Steganlagen und Liegeplätze richtig zu planen, ist eine sehr spezielle Aufgabe. Die korrekte Planung beginnt mit der Orientierung der Liegeplätze am Standort. Es sollten möglichst alle Liegeplätze eine Im-Wind-Position erhalten. Diese Liegeposition ist sicher anzusteuern und komfortabel und sicher für Schiff und Crew (s. Abb. 5.12 und 5.13).

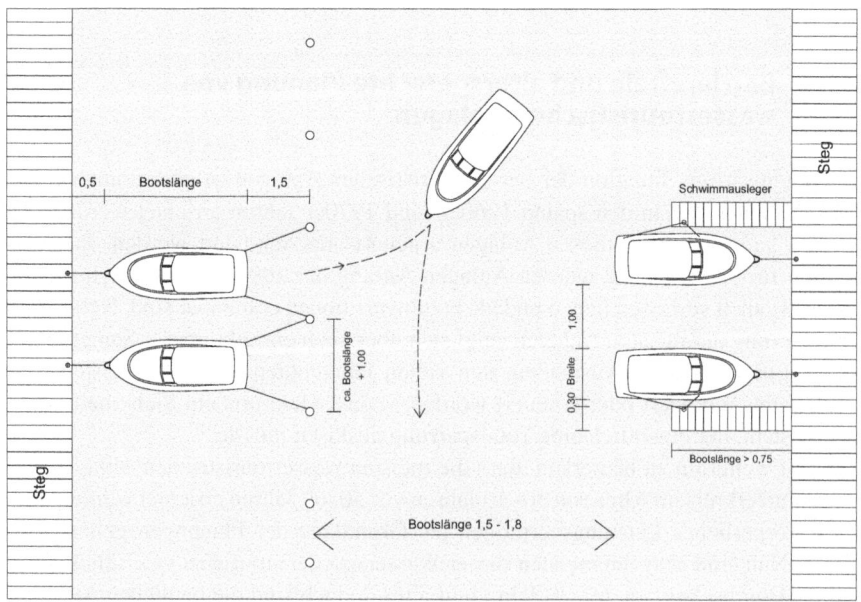

Abb. 5.12 Raumbedarf Bootsliegeplätze. (©H. Haass, 2024)

5.3 Barrierefreie und altersgerechte Planung von wassertouristischen Anlagen

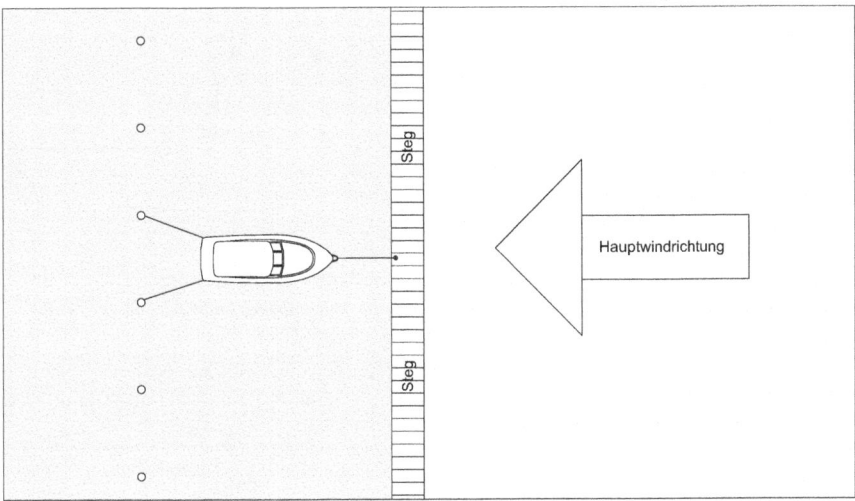

Abb. 5.13 Liegeposition Im-Wind. (©H. Haass, 2024)

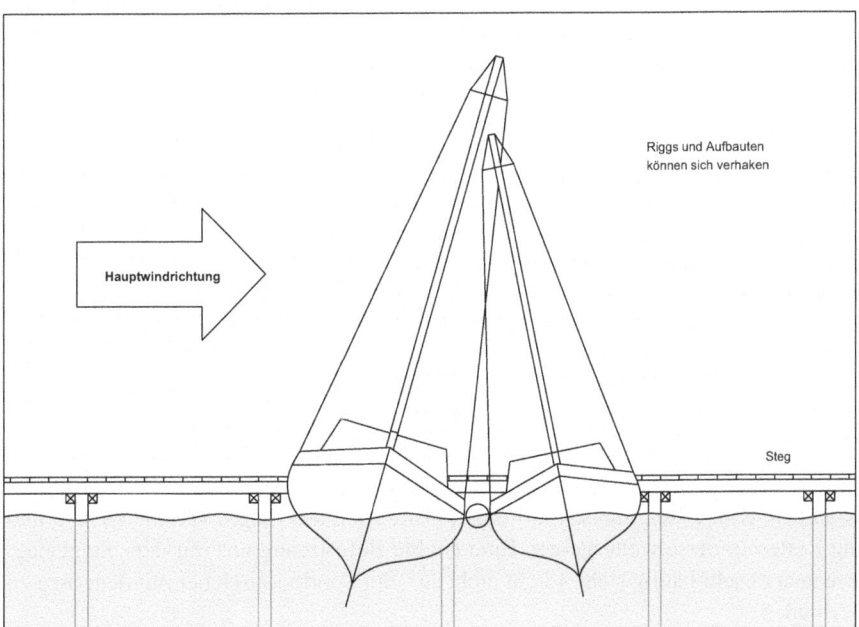

Abb. 5.14 Risiko des Verhakens von Riggs und Aufbauten. (©H. Haass, 2024)

Andere Liegepositionen, etwa Halb-Wind, sind unsicher und unkomfortabel, da das Schiff ständig um seine Längsachse gedreht wird. Risikoreich ist diese Liegeposition für Segelboote, da sich hier unterschiedlich hohe Riggs einander verhaken; was zu schweren Schäden führen kann. Solche Liegeplätze zu planen, wäre ein grober Planungsfehler (s. Abb. 5.14).

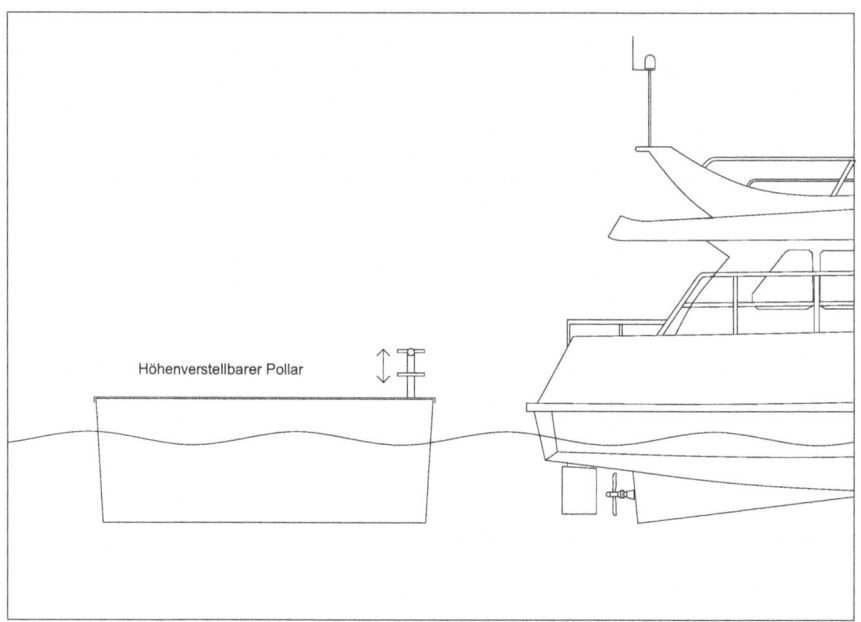

Abb. 5.15 Komfortpoller auf Schwimmsteg. (©H. Haass, 2024)

Die Liegeplatzkonstruktion in Form der Steganlage ist der Sicherungspunkt des Schiffes in der Anlage. Die Crew muss sich auf die Stabilität und Sicherheit dieser Konstruktion verlassen können, denn es hängen große Werte an diesen Anlagen. Jeder Schiffsführer ist für die Auswahl und Entscheidung, an welchen Liegeplatz er geht, selbst verantwortlich. So wird er eine 5-t-Motoryacht nicht an einen leichten Kanusteg anlegen wollen. Dennoch müssen die Konstruktionen für die einzelnen Nutzungen ihren geforderten Belastungen standhalten können (s. Abb. 5.15).

Neben der Konstruktion der Steganlage kommt auch den Befestigungspunkten auf der Steganlage große Bedeutung zu. Die Poller, Klampen oder Ringe etc. halten die Lasten der Schiffe am Steg und stellen die eigentliche feste Verbindung zwischen Steg und Schiff dar. Leuchten, Sicherheitskästen, Wasseranschlüsse oder Blumenkübel sind keine Festmachpunkte. Die eigentlichen Festpunkte, wie Poller, Klampen, Ringe etc., müssen mit der Konstruktion des Steges verbunden sein und die Lasten in diese weitergeben. Eine leichte Befestigung nur mit dem Stegbelag, wie man es sehr häufig sieht, reicht nicht aus, um Sportboote sicher mit dem Steg zu verbinden.

Der Schutz der Boote am Liegeplatz vor Beschädigungen betrifft auch die Fenderung des Bootes. Einen Mindestschutz muss der Liegeplatz von sich aus bieten, d. h. keine scharfen Ecken und Kanten aufweisen. Diese müssen ggf. abgefendert werden. Zusätzlich ist es gute Seemannschaft, wenn auch die Schiffscrew eigene Fender am Boot ausbringt und diese an den gefährdeten und richtigen Stellen platziert.

5.3 Barrierefreie und altersgerechte Planung von wassertouristischen Anlagen

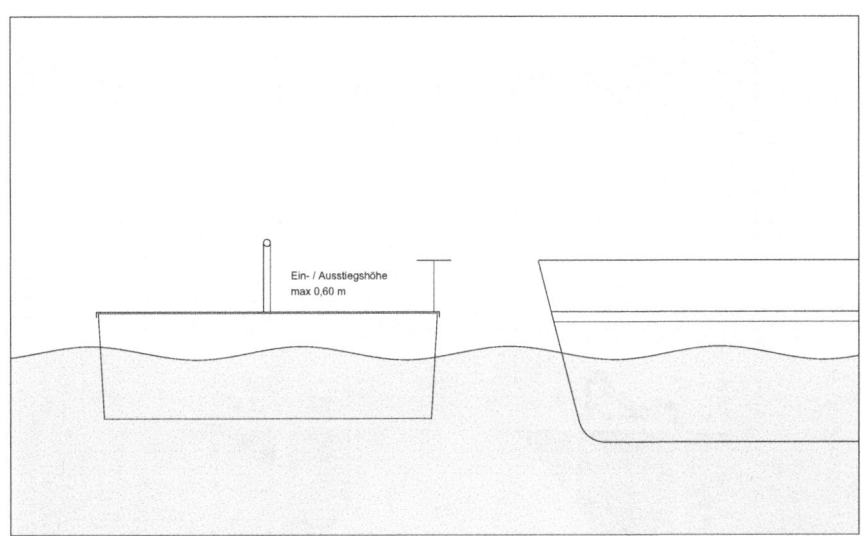

Abb. 5.16 Schwimmsteg mit mittigem Handlauf und guter Ausstiegshöhe. (©H. Haass, 2024)

Schwimmende Steganlagen müssen eine hohe Kippstabilität aufweisen, die im Merkblatt „Schwimmende Landebrücken", 1994 des BMV vorgegeben sind. Eine Mindestbreite von 2,50 m sollte eingehalten werden und ein Mindestauftrieb von 2,5 kN/m² empfohlen. Gerade für ältere Menschen ist dieses besonders wichtig, denn das Gleichgewichtsgefühl nimmt im Alter ab und das Sicherheitsbedürfnis zu. Das Ausbringen von Fingerstegen ist gerade für ältere Menschen risikoreich, da die am Markt befindlichen Systeme sehr instabil sind und von älteren Menschen kaum genutzt werden. So sollte auch mindestens ein einseitiger oder mittiger Handlauf angebracht und eine gute Ausleuchtung der Anlage bei Dunkelheit gewährleistet sein (s. Abb. 5.16).

Der Belag der Stege sollte eine möglichst helle Oberfläche besitzen, um auch bei Dunkelheit gut erkennbar zu sein. Die Stegoberfläche muss rutschsicher sein und sollte mindestens die Rutschfestigkeitsklasse R 12 betragen (s. Abb. 5.17).

Auf Steganlagen müssen ausreichend Rettungsmittel vorhanden sein. Dieses betrifft zunächst Rettungsringe mit mind. 15 m Wurfleine in ausreichender Anzahl. Da es hierfür keine Norm gibt, wird an Anlehnung an die Berufsschifffahrt hier ein max. Abstand von 50 m zwischen zwei Rettungsringen angenommen. Als Grundlage wird hier die DIN EN 14329 aus dem Jahr 2004 empfohlen. Steganlagen müssen zusätzlich mit Rettungsleitern ausgerüstet sein, die ein Aussteigen aus dem Wasser eines Überbordgefallenen ermöglichen müssen. Auch hier gibt es keine Norm für diese Leitern, aber eine Leiter pro 100 m Steglänge hat sich als sinnvoll erwiesen. Auf jeder Steganlage sollte mindestens ein Feuerlöscher platziert sein, um Erstmaßnahmen bei einem Schiffsbrand vornehmen zu können. Und es hat sich als sicher erwiesen, wenn jeder Steg einen Notruf besitzt. Dieser gibt gerade älteren Bootsfahrern mehr Sicherheit für Notfälle (s. Abb. 5.18).

Abb. 5.17 Bootssteg. (Adobe stock, 530781135, ©Ilhan Balta)

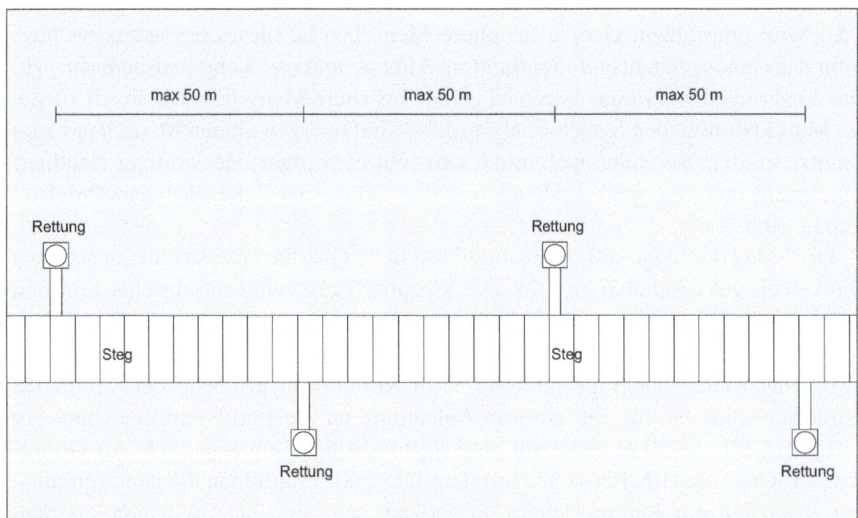

Abb. 5.18 Sicherheitsausrüstung Steganlage. (©H. Haass, 2024)

Weiterhin sind Informations- und Orientierungsschilder auf Stegen, gerade im Wassertourismus, existenziell wichtig. Die Orientierung in einer Gastanlage stellt einen wesentlichen Faktor für das Image und die Benutzbarkeit der Anlage insgesamt dar. Diese Schilder müssen leicht auffindbar und gut lesbar angebracht sein. Und schließlich spielt die Freibordhöhe der Liegeplätze für ältere Menschen eine entscheidende Rolle, ihren Bootssport betreiben zu können. Passen Freibordhöhen von Steg und Schiff nicht zueinander, dann wird es schwierig bis unmöglich von Bord und an Bord zu kommen. Im Wassertourismus, wo sehr viele unterschiedliche Bootstypen mit verschiedenen Freibordhöhen vorkommen, ist es nahezu unmöglich für jede Freibordhöhe eine optimale Steghöhe anzubieten. Hier können nur flexible Systeme, die auf dem Steg angeboten werden, helfen das An-Bord-/Von-Bord-gehen zu erleichtern.

5.3.2 Liegen an Mauern und Wänden

Das Liegen an Mauern und Wänden (Spundwänden) ist eher unbeliebt, weil mit zunehmender Höhe der Wände das An-Bord- und Von-Bord-Gehen schwieriger werden. Bis Mauerhöhen von max. 1 m sind diese noch, je nach Freibordhöhe des Bootes, überwindbar. Höhere Mauern werden für ältere Menschen kaum zu überwinden sein. Baulich werden hier sogen. Schleusenleitern in Mauernischen eingebaut, die vorwiegend als Notausstiege gedacht sind. Ein komfortabler Liegeplatz ist dieses sicher nicht. Nicht nur wegen der Höhe der Mauer, sondern auch wegen seiner ungeschützten Lage gegenüber Wind und Wellenschlag. Eine gute Fenderung des Bootes ist hier unerlässlich, allein schon um das Boot vor Beschädigungen zu schützen (s. Abb. 5.19).

Das Boot wird an einem solchen Liegeplatz vertikale Bewegungen aus Wellenschlag machen und horizontale Bewegungen aus Wind und Wellen. Beide Bewegungen müssen durch eine geeignete Abfenderung aufgefangen werden. Dieser unruhige Liegeplatz ist daher für eine Übernachtung kaum geeignet.

Abb. 5.19 Hafenmauer. (Adobe stock, 89602877, ©johnmerlin)

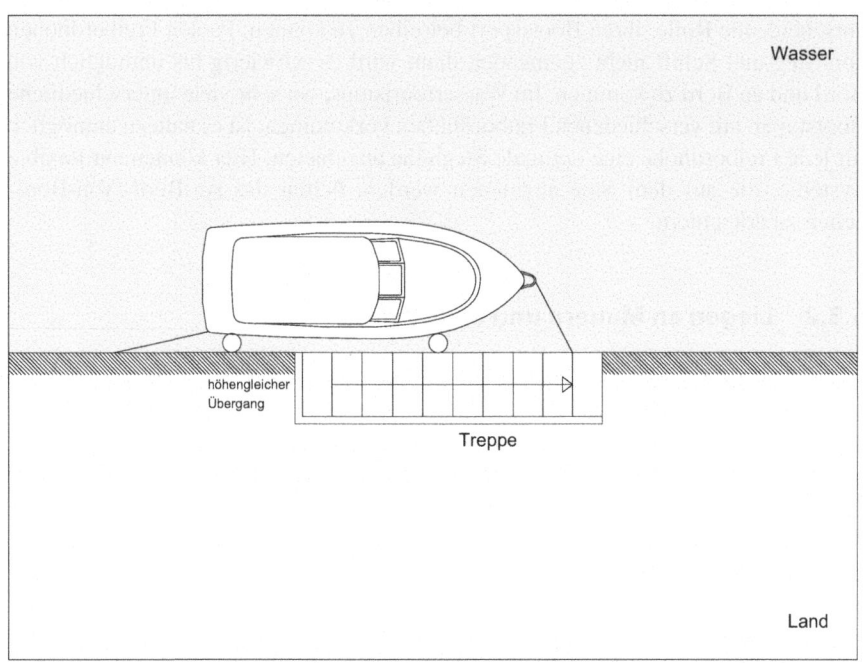

Abb. 5.20 Liegeplatz an einer Mauer/Treppe. (©H. Haass, 2024)

Als möglicher Kompromiss eines Liegens an einer Mauer kann das Liegen an einer geeigneten Treppe (Schleusentreppe), die in die Mauer eingelassen ist, betrachtet werden. Hier bieten sich aufgrund der Stufen günstige und sichere Aus- und Einstiege ins Boot an (s. Abb. 5.20).

Auch das Festmachen an geeigneten Festmachern kann hier angeboten werden. Allerdings ist aufgrund evtl. Vertikalbewegungen des Bootes das Ein- und Aussteigen auf die Treppe sehr riskant. Sofern die Stufen dann auch noch rutschig sind, sollte man diesen Liegeplatz meiden. Diese Liegeplätze können nur als Nothalt oder zum kurzfristigen Ein- und Aussteigen genutzt werden und sind daher auch vorwiegend für diese Liegearten vorgesehen.

Gänzlich vermeiden sollte man das Liegen an eine Sliprampe. Hier ist das Ein- und Aussteigen auf die schräge Fläche höchst riskant und mit einem (schweren) Sturz verbunden, da diese Flächen extrem glatt und rutschig sind. Entsprechende Hinweis- und/oder Verbotsschilder sollten hier aufgestellt sein und derartiges verhindern.

5.3.3 Ver- und Entsorgungsanlagen

Diese Einrichtungen sind für den Wassertourismus unerlässlich, da sie die technische und persönliche Sicherheit und Komfort garantieren. Zunächst sind die persönliche Ver- und Entsorgung der Wassertouristen wichtig. Hierzu zählen am Liegeplatz die Stromversorgung, die Wasserversorgung und heute generell auch eine WLAN-Verbindung. Auf dem Steg sollte eine ausreichende Beleuchtung montiert sein. Ggf. können auch Notrufanlagen auf den Stegen zu den Versorgungsanlagen zählen und evtl. auch ein AED-Gerät. Es gilt für alle diese Anlagen grundsätzlich, sie benutzerfreundlich zu installieren und nur solche Systeme von internationalen Herstellern zu wählen, die auch eine benutzerfreundliche Ausführung besitzen. Häufig sind solche Komplettsystem in nur sehr niedrigen Gehäusen montiert, sodass ein tiefes Bücken erforderlich wird. Dieses ist nicht barrierefrei oder altersgerecht. Gut bedienbare und ablesbare Geräte sollten mind. 1,70 m hoch sein, sodass der Benutzer aufrecht stehend an die Bedienelemente gelangen kann. Das Design dieser Gehäuse ist ebenfalls wichtig und sollte der „corporate architecture" der Anlage entsprechen.

Das ist mit den handelsüblichen Systemen nicht immer zu erreichen, sodass es u. U. auch Sonderanfertigungen werden müssen, um aufgrund der Form der Gehäuse eine einfache und leichte Auffindbarkeit zu sichern. Vieles, was auf digitaler Basis funktioniert, kann heute über WLAN bedient und gesteuert werden, sodass nicht überall aufwendige Kabelmontagen nötig werden. Diese Versorgungssäulen bedienen meistens 2 oder 4 Liegeplätzen gleichzeitig. Es ist selbstverständlich, dass diese Anlagen, insbesondere die Elektroinstallation, nur vom einem Fachbetrieb durchgeführt werden darf und alle elektrischen Systeme mit Fehlerstromschutzschaltern (FI-Schalter) ausgerüstet sein müssen. Diese Versorgungssäulen beinhalten meistens auch die Stegbeleuchtung, wobei hier sehr genau auf evtl. Blendungen zu achten ist (s. Abb. 5.21).

Auch kann eine Dauerbeleuchtung den Schlaf an Bord beeinträchtigen und stören. Hier sind Bewegungsmelder mit Zeitschaltungen eine angenehme und sparsame Einrichtung dieser Systeme. Anlagen für den Wassertourismus sollten nicht zu sparsam mit diesen Versorgungssäulen ausgerüstet sein und ihre einfache Bedienung ist auch ausschlaggeben für das Image der Anlage.

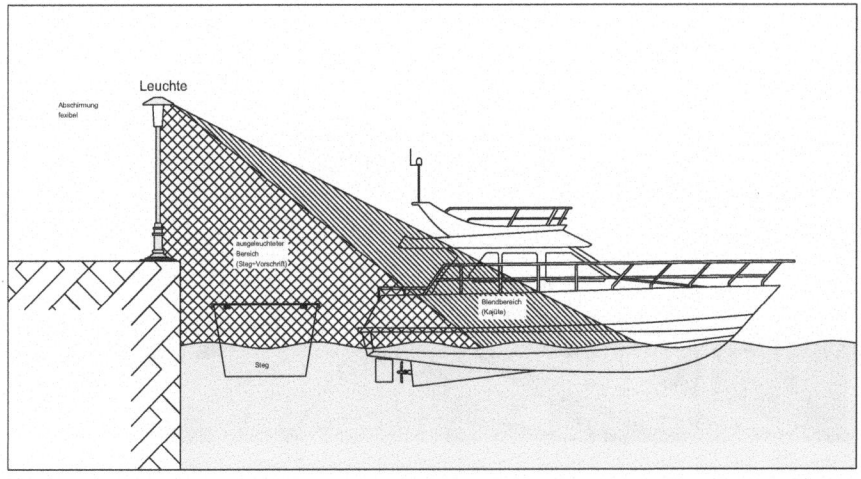

Abb. 5.21 Ausleuchtung Steganlage und Liegeplatz. (©H. Haass, 2024)

5.3.4 Slipanlagen

Slipanlagen sind für viele Boote das beste Mittel zur Wasserung. Gerade im Wassertourismus stellt das einfache und sichere Slippen der Boote eine zentrale Aktivität dar. Touristische Boote werden am Urlaubsort geslippt oder für Tagestouren an unterschiedlichen Orten geslippt. Es existieren in Deutschland zum einen überaltete Anlagen und zu wenige Anlagen. Interessant ist, dass Slipanlagen in Deutschland ohne die Grundlage einer Norm oder eines Standards geplant und gebaut werden. Jeder Planer greift hier nur auf seine eigenen Erfahrungen oder Vermutungen zurück und plant so, wie er es für richtig hält. Das Ergebnis sind leider sehr viele alte und falsch geplante/gebaute Slipanlagen. Dabei kommt diesen Anlagen allergrößte Bedeutung nicht für den Wassersport/Wassertourismus zu, sondern auch für die Rettung am und im Wasser spielen diese Anlagen eine wichtige Rolle (s. Abb. 5.22).

Da es keine Standards und Normen für Slipanlagen gibt, werden hier die bekannten wesentlichen technischen Parameter aufgezeigt, die für die Planung und Konstruktion einer Slipanlage wichtig sind. Zunächst muss eine gute Erreichbarkeit und Anfahrung mit dem Trailergespann gegeben sein. Das bedeutet auch, ausreichend Wenderaum am Kopf der Anlage, um das Gespann zu wenden und sicher und einfach vor die Rampe zu manövrieren. Als Nächstes ist über Übergang zwischen waagrechter Fläche und Rampe auszurunden und diesen Knickwinkel nicht zur Falle für die Deichsel des Anhängers werden zu lassen. Das Rampengefälle sollte zwischen 5 und 9 % liegen, optimal sind 6 % Gefälle. Bedenkt man, dass das maximale Stegvermögen gängiger Fahrzeuge bei 8 % bis max. 12 % liegt, dann werden

Abb. 5.22 Slipanlage. (Adobe stock, 631543011, ©Lars Gieger)

Slipanlagen mit 15–18 % Gefälle unbenutzbar. Sowohl flachere wie auch steilere Rampen sind nicht nur schlecht zu benutzen, sie stellen auch ein Risiko für das Slippen und für die Gespanne dar. Es können hierdurch schwere Unfälle, auch mit Personenschaden, produziert werden. Eine zu flache Rampe verhindert das Aufschwimmen des Bootes auf dem Trailer. Um ausreichende Wassertiefe zu erreichen, muss das Gespann soweit ins Wasser fahren, dass Auspuff, Hinterachse und Fahrzeugheck ins Wasser gelangen, was zu Problemen und Schäden am Fahrzeug führt. Gelangt der Auspuff unter Wasser, stirbt der Motor ab und das Fahrzeug ist nicht mehr bedienbar. Auf gar keinen Fall darf der Trailer in solchen Situationen abgekuppelt und versucht werden von Hand zu bedienen. Dieses führt zu schweren Schäden, auch Personenschäden, da das Trailergewicht niemals an einem Seil gehalten werden kann.

Auch eine zu steile Rampe ist riskant und kann schwere Schäden hervorrufen. Zum einen verschwindet während des Rückwärtsfahrens der Trailer aus dem Sichtfeld des Fahrers. In der Folge muss der Fahrer „blind" abslippen, was zu großen Schäden führen kann. Im Moment dieses Abkippens des Trailers entstehen an der Anhängerkupplung des Zugfahrzeugs erheblich größere Stützlasten als die zugelassenen 75 kg. Bei einem Anhängergewicht von 1,5 t und einer 15 % steilen Rampe können an der Anhängerkupplung somit Lasten von bis zu 1 t auftreten. Dieses übersteigt die zulässige Stützlast des Fahrzeugs um ca. 1300 % und kann somit zu Verspannungen und Verformungen der Plattform des Zugfahrzeugs führen. Dieses kann zu schweren Schäden und Verformungen am Zugfahrzeug führen. Es wird allein schon aus diesen Gefahren deutlich, wie wichtig eine richtig geplante Slipanlage für diese gesamte Aktivität ist. Es sind somit zunächst als wesentliche technische Parameter für die Planung einer Slipanlage zu beachten (vgl. Abb. 4.12 und 4.13).

* Die Steigmaße gängiger Fahrzeuge, die zwischen 8 bis max. 12 % auf der Grundlage der Allgemeinen Betriebserlaubnis (ABE) der Fahrzeuge liegen.
* Die Geometrie der Bootstrailer und hier insbesondere der Auflagerpunkte des Bootes
* Die Geometrie der Sliprampe unter Berücksichtigung der o.g. Parameter

Kaum ein Planer macht sich so weitreichende Gedanken über diese Bauwerke, und die Ergebnisse der vorhandenen und neu gebauten Rampen zeigen, dass man hier sehr sorglos mit diesen Aufgaben umgeht.

Es ist weiterhin wichtig, dass eine Sliprampe eine Fußschwelle und Seitenschwellen besitzt. Dieses haben vorhandene Sliprampen kaum und die Gefahr, dass die Trailerachse über den Fuß der Rampe wegläuft und absackt, ist sehr groß. Ist dieses passiert, hat man allein kaum eine Chance das Gespann wieder aus dem Wasser zu bekommen und benötigt fremde Hilfe.

Die Oberfläche einer Sliprampe darf nicht rutschig sein, da sonst schwere Personenunfälle vorprogrammiert sind. Und sobald das Boot abgeslippt ist, muss es festgelegt werden können. Auch ein Manko, was die meisten Slipanlagen besitzen, es fehlen Festmacheeinrichtungen. Anlegemöglichkeiten und ein Seitensteg mit

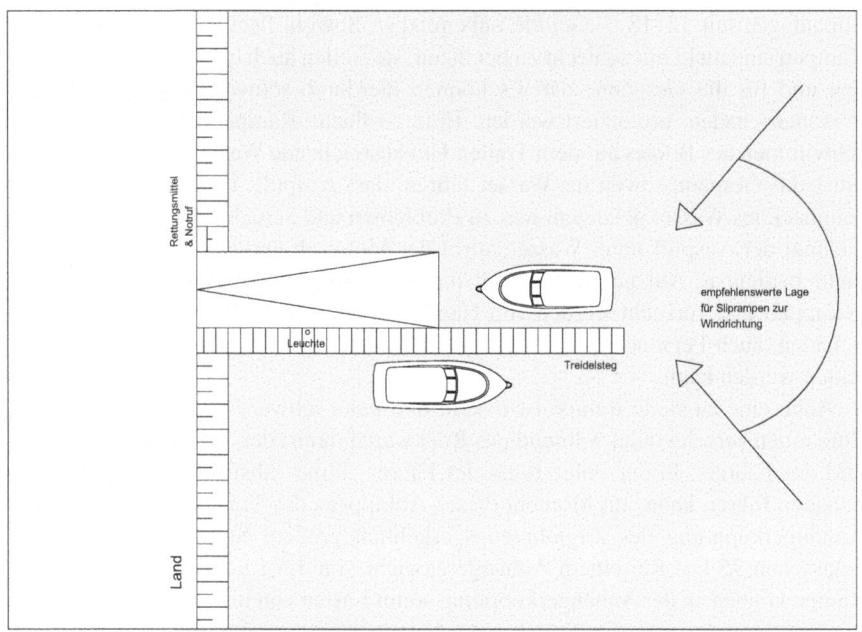

Abb. 5.23 Prinzip einer funktionsfähigen Slipanlage. (©H. Haass, 2024)

Festmacheeinrichtungen sind zum sicheren Beladen und Ein-/Aussteigen ins Boot erforderlich, diese sollten, wie auch die Slipanlage, beleuchtet sein, da ja ggf. auch bei Dunkelheit geslippt werden muss (s. Abb. 5.23).

Interessant an diesem Thema ist der zweite Nutzen, den diese Anlagen haben: die Wasserrettung. Nach einer wissenschaftlichen Analyse fehlen in Deutschland ca. 3500 Slipstellen, die eine flächendeckende Wasserrettung sicherstellen würden. Würde man diese Anlagen zugleich auch für die Sportschifffahrt zur Verfügung stellen, würde das den Bootssport in Deutschland erheblich befördern und die Sicherheit am/auf dem Wasser erhöhen. Allerdings ist ein solches Programm derzeit nicht erkennbar und die Zahl der tödlichen Wasserunfälle steigt nach Statistiken der DLRG jährlich an.

Und schließlich ist noch die Lage einer Slipanlage an Flüssen in Bezug auf die Strömung wichtig. Richtig ist, wenn man mit dem Strom abslippt und gegen Strom aufslippt (s. Abb. 5.24).

Diese Grundregel ist jedoch kaum an einer Slipanlage an den Flüssen erkennbar, was meistens zu Problemen und Schwierigkeit in der Benutzung dieser Anlagen führt. Und jede Slipanlage sollte auch Rettungseinrichtungen besitzen, denn bei diesen Arbeiten können sehr leicht und schnell schwere Unfälle passieren. Zu den Rettungseinrichtungen gehören zunächst ein Rettungsring mit mind. 15 m Wurfleine. Weiterhin sollte grundsätzlich ein Infoschild aufgestellt sein, auf dem die wichtigsten Notrufe der Region zu finden sind. Auch ein Schild, dass es hier keine

5.3 Barrierefreie und altersgerechte Planung von wassertouristischen Anlagen

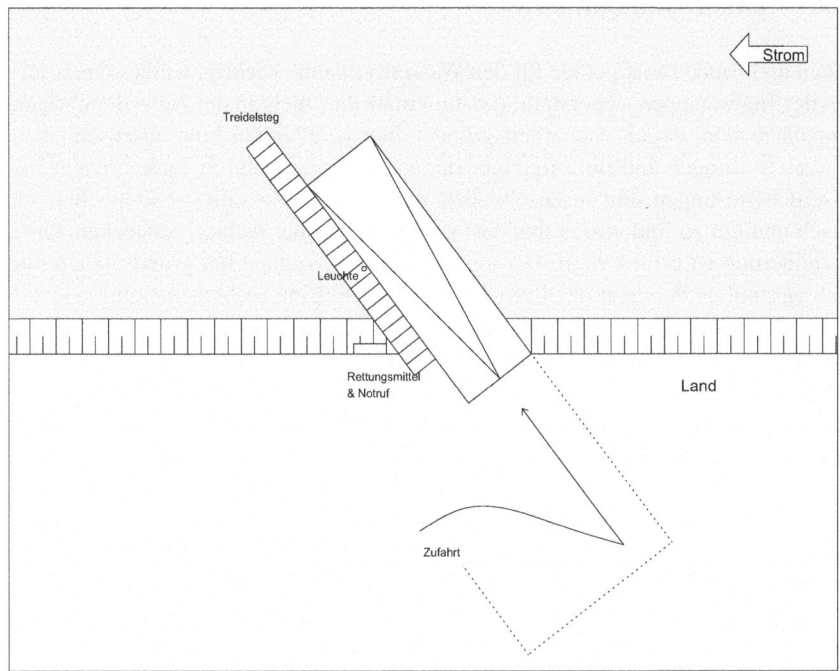

Abb. 5.24 Lage der Slipanlage im Strom. (©H. Haass, 2024)

Liegeplätze gibt, ist wichtig, denn Sliprampen sind Rettungseinrichtungen wie Feuerwehrzufahrten und dürfen nicht blockiert werden. So geplante und gebaute Slipanlagen erfordern nur ein Minimum an körperlichem Einsatz und Kraftaufwand, um ein Boot ins Wasser oder aus dem Wasser zu slippen. D. h. gerade aus Sicht der Altersgerechtheit kommt diesen Anlagen große Bedeutung zu.

Abschließend ist es auch interessant, einen Blick in andere Regionen zu werfen. So sind z. B. in Nordamerika zahlreiche öffentliche Sliprampen an den Gewässern errichtet, die ohne Genehmigung oder Gebühr von jedermann genutzt werden dürfen. Diese Anlagen dienen auch der Wasserrettung. Sie sind so breit, dass mehrere Gespanne gleichzeitig slippen können, was einen sehr hohen Durchsatz an Slipvorgängen ermöglicht. Wünschenswert in Deutschland sind flächendeckende, gut zu bedienende und sichere Anlagen, die auch der Wasserrettung dienen. Allerdings fehlt es hier an einer verbindlichen Zuständigkeit. Für die baulichen Anlagen auf der Landseite an einem Ufer ist in Bezug auf Rettungseinrichtungen die örtliche Feuerwehr zuständig. Für die Sicherheit des Schiffsverkehrs auf dem Wasser ist die Wasser- und Schifffahrtsverwaltung des Bundes zuständig. Hier treffen also Zuständigkeiten der Kommune und des Bundes aufeinander. Eine Verantwortlichkeit für die Schnittstelle aus Land und Wasser fehlt und so verbleiben diese Anlagen bei Uferbauprojekten meistens.

5.3.5 Tanken und Bunkern

Tanken und Bunkern ist gerade für den Wassertourismus wichtig, weil es das Erreichen der Tagesetappen sicherstellt. Ein Tankplatz darf nicht in der Nähe der übrigen Liegeplätze sein, da aus Sicherheitsgründen hier jede Gefährdung auszuschließen ist. Auch Störungen und Belästigungen der anderen Lieger durch Tankvorgänge bis zu Geruchsstörungen sind auszuschließen. Andererseits muss dieser Servicebereich einfach und gut zu finden sein und darf sich nicht in einer Anlage verstecken. Gute Beschilderung ist erforderlich. Der eigentliche Tankvorgang hat grundsätzlich nur durch geschultes Personal des Betriebs zu erfolgen. Eine Selbstbetankung wie auf der Straße scheidet auf dem Wasser aus Sicherheitsgründen aus. Die erhöhten Sicherheitsanforderungen an eine Schiffsbetankung beginnen mit dem sicheren Liegen und Festmachen des Bootes am Tankplatz. Das Schiff muss möglichst platzsicher und fest an den Tankplatz gelegt werden. Eine gute Abfenderung ist wichtig und harte Stöße des Schiffes sind zu vermeiden. Der Tankvorgang selbst läuft ähnlich wie bei einem Fahrzeug ab, die verwendeten Zapfpistolen sind identisch. Der Tankschlauch mit Zapfpistole wird an einem Schwenkarm über das Deck des Schiffes bewegt und in den Tankstutzen des Schiffes eingeführt. Dann wird der Tankvorgang begonnen. Der Schwenkarm und der Tankschlauch dürfen niemals in den Trossenzug des Schiffes geraten oder gar Lasten des Schiffes aufnehmen. Hierzu muss im Tankschlauch stets ausreichend Spiel sein um evtl. Schiffsbewegungen ausgleichen zu können. Beim Beenden des Tankvorgangs ist die Zapfpistole vorsichtig aus dem Tankstutzen zu entnehmen und darauf zu achten, dass kein Kraftstoff ins Wasser gelangt. Der Schiffsführer hat den gesamten Tankvorgang zu überwachen und dafür zu sorgen, dass kein Treibstoff auf das Deck oder ins Wasser gelangt (s. Abb. 5.25).

Für den Wassertourismus sind saubere und gut geführte Bunkerstationen wichtig, Tankschläuche sind nach dem Tankvorgang aufzurollen und in Schlauchhaltern aufzuhängen. Verunreinigte Flächen der Station mit Ölen und Treibstoff weisen auf eine unsaubere und unkorrekte Führung der Bunkerstation hin. Eine Bunkerstation sollte grundsätzlich überdacht sein, um Witterungsschutz zu geben und auch bei schlechtem Wetter Schiffe betanken zu können. Unter der Überdachung ist eine ausreichende Beleuchtung vorzusehen, Hinweisschilder und Notrufhinweise gehören ebenso zu der Ausstattung wie Rettungsmittel und vor allem ausreichend und richtige Feuerlöscher. Hier sind die Brandklassen für Betankungen einzuhalten.

Der Tankbereich sollte auch durch eine gute und klare Gestaltung gut zu finden und leicht zu bedienen sein. Komfort macht hier das gute Image einer Marina aus. Da Bunkern wie auch Kranen nur durch das Marinapersonal durchgeführt werden dürfen, zeigt sich hier auch die hohe Servicequalität einer Marina. Ist das Personal hierfür gut geschult und besitzt hohe touristische Servicequalitäten, dann funktioniert diese Dienstleistung auch sehr gut.

5.3 Barrierefreie und altersgerechte Planung von wassertouristischen Anlagen 127

Abb. 5.25 Bunkerstation. (Adobe stock, 625535111, © Comofoto)

5.3.6 Bootswaschplatz

Ein separater Platz zur Wäsche von Booten wird für das touristische Geschäft kaum erforderlich werden. Dieser ist vorwiegend für örtliche Bootsfahrer, die ihr Boot vor der Einwinterung reinigen wollen. Insofern kann hier auf diesen Aspekt nur kurz eingegangen werden. Es gibt ggf. Situationen in denen ein touristisches Boot auch während des Törns aus dem Wasser genommen werden und von unten gereinigt werden muss, da zum Beispiel durch Grundberührung ein Schaden am Unterwasserschiff entstanden ist und dieser nun vor der Weiterfahrt repariert werden muss. Dieser, durchaus seltene, Fall erfordert dann eine Wäsche des Unterwasserschiffs. Eine solche Schiffswäsche verursacht Lärm und Schmutz und Abwasser. Daher sollte dieser Platz abseits der touristisch genutzten Bereiche liegen und abgetrennt sein. Reinigungsmittel und -zusätze sind nicht überall gleichermaßen gestattet, da sie grundsätzlich das Wasser und die Umwelt belasten. Hier muss man sich vorher erkundigen, was erlaubt ist und was nicht. Beim Waschplatz macht auch wieder der aufgeräumte Eindruck einen sehr guten Eindruck und zeigt, dass man sich über die Qualität der Anlage bewusst ist. Am besten und umweltfreundlich sind feste Waschplätze, auf denen das Waschwasser gesammelt und gereinigt wird. In einem Abscheider werden Reinigungsmittel und ggf. Antifoulinganteile aufgefangen und abgesetzt. Allerdings haben nur wenige Marinas einen solchen perfekten Waschplatz, was jedoch wünschenswert ist.

5.3.7 Krananlagen

Mit Krananlagen ist ähnlich wie mit dem Waschplatz. Für den Wassertouristen können sie ggf. dann notwendig werden, wenn während des Törns etwas am Unterwasserschiff zu prüfen/reparieren ist. Dann muss das Boot aus dem Wasser gekrant werden. Größere Marinas haben hierfür einen stationären Bootskran oder einen Travellift. In kleineren Wassertourismusanlagen wird hierzu ein Autokran gerufen, der jedoch einen geeigneten Aufstellplatz benötigt. Der Bootskran steht sinnvoll in der Nähe des Waschplatzes, um hier direkt das Boot reinigen zu können. Die Bedienung eines Krans erfordert einen Sachkundenachweis und eine Einweisung. Der Kran selber muss alle 2 Jahre eine technische Prüfung erhalten. Hiermit wird diese Serviceleistung zu einer sehr speziellen Arbeit, die nur durch das geschulte Personal durchgeführt werden darf. Da beim Kranen sehr schwere Unfälle passieren können, muss dieser Bereich sicher und schnell durch Rettungsfahrzeuge erreichbar sein. Weiterführende Informationen zu diesem Thema sollten entsprechend fachlich eingeholt werden (s. Abb. 5.26).

5.3.8 Landlagerplätze

Liegeplätze auf dem Land dienen vorwiegend der Winterlagerung von Booten. Also ist dieses Thema für den Wassertourismus kaum relevant und wird hier nur aufgezählt (s. Abb. 5.27).

Abb. 5.26 Krananlage für Boote. (Adobe stock, 553517703, ©Komwanix)

5.3 Barrierefreie und altersgerechte Planung von wassertouristischen Anlagen

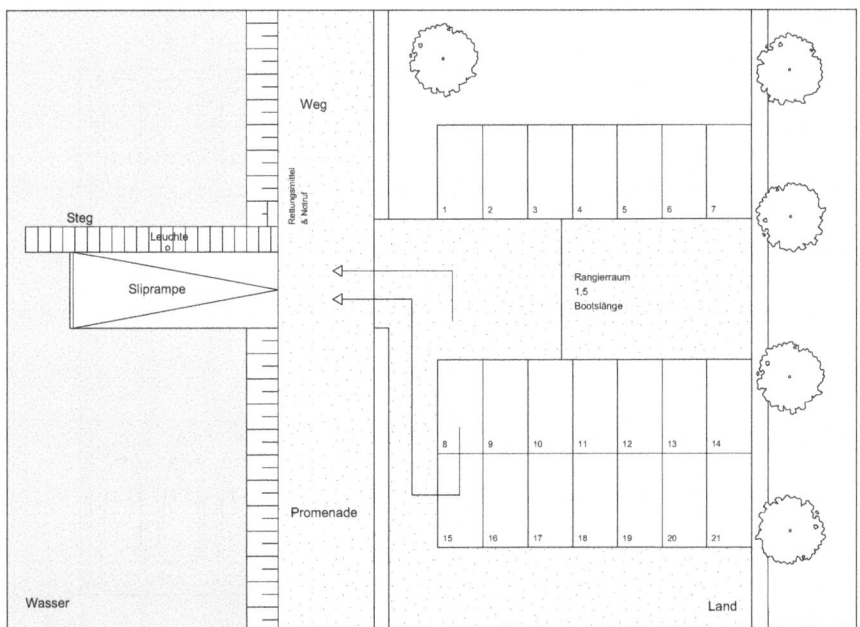

Abb. 5.27 Prinzip von Landliegeplätzen. (©H. Haass, 2024)

5.3.9 Hallenlagerplätze

Hallenlagerplätze sind das Gegenteil zu den Landliegeplätzen. Sie dienen auch der Überwinterung von örtlichen Booten in geschützten Hallen (s. Abb. 5.28).

5.3.10 Hafenbecken und -einfahrt

Gerade auf größeren Gewässern und an den Küsten stellt oftmals das richtige Einlaufen in einen Hafen, insbesondere mit größeren Booten und bei starken Winden, ein großes Problem und ein erhöhtes Risiko dar. Dieses betrifft sowohl die Seemannschaft der Crews wie aber auch die bauliche Anlage des Hafenbeckens. Beides muss perfekt ausgebildet sein und ein sicheres Einlaufen von Booten ermöglichen. Die Manöver zum richtigen Ansteuern an einen Liegeplatz im Hafen werden, ebenso wie das generelle Anlaufen des Hafens, in vielen Bootsfahrschulen nicht ausreichend geübt, obwohl gerade das langsame Fahren und das Erhalten der Manövrierfähigkeit des Bootes oder der Yacht besondere Herausforderungen darstellen (s. Abb. 5.29).

Bei schweren Wetterbedingungen kommen gleich mehrere Risikofaktoren zusammen, denn das Manöver kann durch Schwell, Wellen oder Wind erschwert werden. Direkt nach der Hafeneinfahrt muss die Fahrt aus dem Schiff genommen werden, da es ansonsten zu schnell für die Hafenfahrt wäre. Segel- und Motorboote benötigen

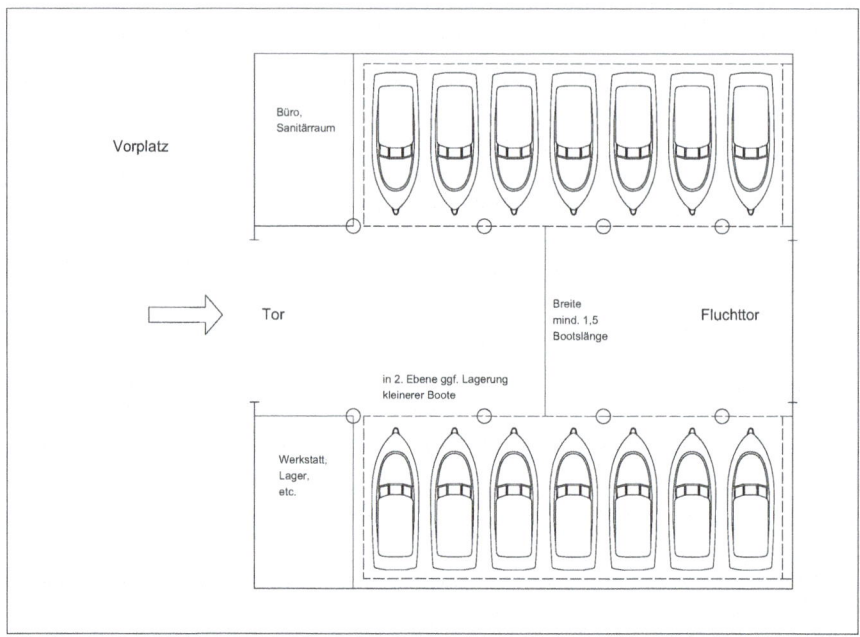

Abb. 5.28 Prinzip der Hallenlagerung. (©H. Haass, 2024)

Abb. 5.29 Hafeneinfahrt. (Adobe stock, 15868458, © Siegmar)

5.3 Barrierefreie und altersgerechte Planung von wassertouristischen Anlagen 131

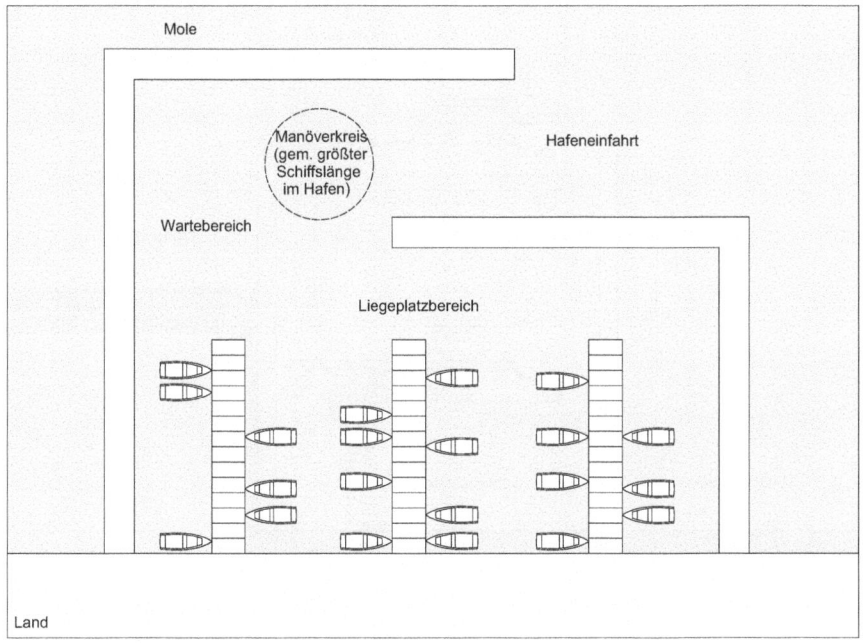

Abb. 5.30 Manöverkreis in der Hafeneinfahrt. (©H. Haass, 2024)

hierfür gleichermaßen Zeit und Strecke/Raum. Daher ist grundsätzlich direkt hinter der Hafeneinfahrt ein Manöverkreis anzulegen, der dem größten im Hafen vorkommenden Boot ausreichend Platz/Raum bietet, seine Fahrt zu reduzieren und gegebenenfalls zu Orientierungszwecken Kreise zu fahren. Nur mit reduzierter Fahrt kann es zum Liegeplatz gehen, dessen Verfügbarkeit in der Regel durch grüne Schilder angezeigt wird. Eine Möglichkeit ist es, Größe, Position und Kennzeichnung des Liegeplatzes zuvor über Funk oder Telefon zu klären. Inzwischen verfügen einige Häfen und Marinas auch über ein komfortables Online-Buchungssystem für Liegeplätze. In engeren Anlagen, die von größeren Booten aufgesucht werden, ist es sehr angenehm, wenn der Hafenmeister oder Servicepersonal mit einem Schlauchboot beim Anlegen Hilfen leisten (s. Abb. 5.30).

5.3.11 Schleusen

Im Binnenbereich werden Flüsse und Kanäle häufig durch Staustufen reguliert, um topografische Höhenunterschiede auszugleichen. Die Weiterfahrt für die Sportschifffahrt erfolgt entweder über eigene Schleusen, sogenannte Sportbootschleusen, oder über die großen Kammern der Berufsschifffahrt. Solche wichtigen Wasserbauwerke, die den reibungslosen Ablauf einer Fahrt gewährleisten, gehören nicht unbedingt zum Bestandteil einer Marina, sind aber für die Durchgängigkeit einer Wasserstraße und für den Wassertourismus unentbehrlich. Es gibt überdies einige

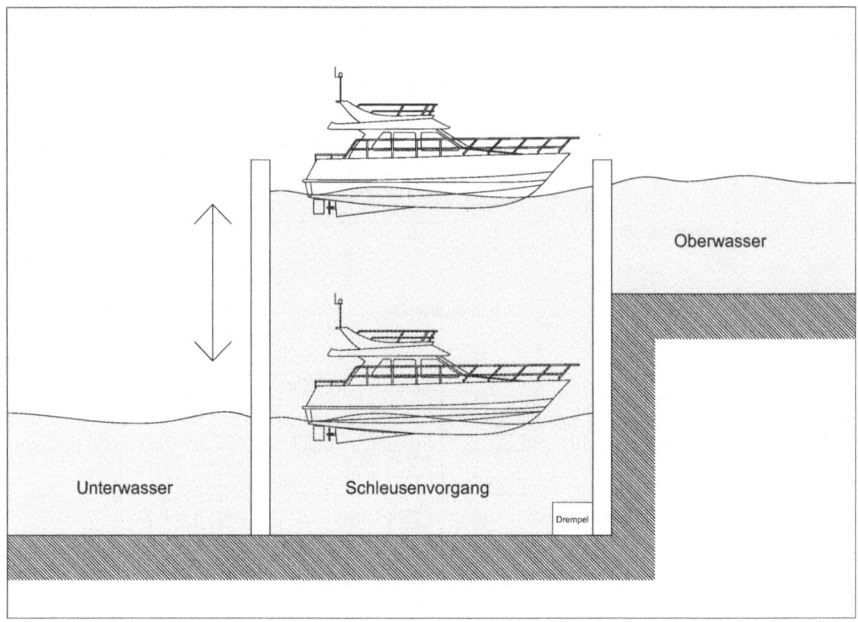

Abb. 5.31 Prinzip einer Schleuse. (©H. Haass, 2024)

Marinas, die nur über eine Schleusenanlage angefahren werden können, wie zum Beispiel die Tatenberger Schleuse bei Hamburg, Varel oder Elsfleth.

In einigen Revieren können die Sportbootschleusen hinsichtlich ihrer Abmessungen und Größen nicht mit dem Trend zu immer größeren Sportbooten mithalten, sodass ein Ausweichen auf die Großschleusen unvermeidlich ist. So sind beispielsweise die meisten Sportbootschleusen auf dem Main nur 2,50 m breit. Für größere Sportboote, Yachten und Hausboote, allesamt Bootstypen, die für touristische Zwecke benutzt werden, sind diese Schleusenkammern zu schmal und mitunter auch zu kurz. Entsprechende Hinweisschilder sollten frühzeitig auf diese Gegebenheiten aufmerksam machen, um Probleme sowie Schäden an den Anlagen und an Booten zu vermeiden (s. Abb. 5.31).

5.4 Marina-Check als Instrument für mehr Sicherheit im Wassertourismus

Es ist unerlässlich, beständig eine hohe bauliche Qualität der Anlagen für den Wassertourismus sicherzustellen. In Deutschland sind die meisten dieser Anlagen in den 1960/70er-Jahren errichtet oder Anfang der 1990er-Jahre. Eine fortlaufende Renovierung, Erneuerung und Ergänzung oder Aktualisierung hat nirgends stattgefunden, sodass man nach der baulichen Qualität der meisten Anlagen fragen muss. Diese Qualitätsfrage führt zum einen zu einem Komfortverlust in der Nutzung der Anlagen, zum anderen aber auch zu einem erhöhten Haftungsrisiko der Betreiber bei Unfällen und Havarien, die aufgrund unfunktionaler, veralteter oder riskanter Anlagen passieren. Schließlich kommt der Image- und Marketingaspekt hinzu, der letztlich das Geschäftsergebnis der Anlage beeinflusst.

Und Versicherer dieser Anlagen sehen sich einem erhöhten Risiko für ihre Leistungspflicht gegenüber, was in der Branche derzeit noch kaum bekannt und bewusst ist.

Es ist daher nur sinnvoll und hilfreich die baulichen Anlagen des Wassertourismus in regelmäßigen Abständen einem technischen Check zu unterziehen, der diese Anlage auf die bestehenden Standards, Normen und Vorschriften prüft. Dieses kommt einer technischen Prüfung, so wie man sie von Fahrzeugen, Maschinen oder auch Gebäuden kennt, gleich. Eine Anlage, die derart geprüft und renoviert ist, schafft für den Gast die größtmögliche Sicherheit und hohen Komfort. Dem Betreiber sichert die Prüfung die Einhaltung der aktuellen Standards, Normen und Vorschriften zu und mindert sein Haftungsrisiko gegenüber Gästen und Mitarbeitern. Insgesamt sind in einer solchen Prüfung nur Vorteile für alle Beteiligten zu erkennen.

Der Marina-Check der Deutschen Marina Consult (www.d-marina-consult.de) ist ein nach dem Ampelsystem standardisiertes Verfahren, welches sehr einfach und schnell durchzuführen ist. In einer Checkliste werden alle relevanten Marinateile einer Sichtprüfung unterzogen und das Ergebnis einfach durch Ankreuzen eines grünen, gelben oder roten Punktes gekennzeichnet. Die Summe der häufigsten Farbpunkte ergibt den Zustand der Anlage und entspricht einem mängelfrei, mit leichten Mängeln oder mit schweren Mängeln. Hieraus ergibt sich Handlungsbedarf für Reparaturen, Sanierungen und Renovierungen, die dann auch in speziellen Empfehlungen des Marina-Checks aufgeführt werden können. Das Verfahren ist im Anhang, Kap. 9, näher dargestellt.

Übungsfragen zu Kap. 5
1. Beschreiben Sie die vier Gesichtspunkte, unter denen früher Marinaanlagen in Deutschland entwickelt wurden.
2. Was ist eine „feasibility study" für eine Marinaanlage und wie wird diese erstellt?
3. Welche Hafenarten kennen Sie? Beschreiben Sie das Besondere dieser Hafenarten.
4. Welches sind die wichtigsten Ausstattungselemente einer Marina?
5. Warum ist eine gute Architekturgestaltung einer Marina wichtig und wie wirkt sie im touristischen Geschäft?
6. Warum ist eine barrierefreie und altersgerechte Planung von Ausstattungen wichtig?
7. Was ist hinter einer Hafeneinfahrt zu planen und wie wird diese Fläche dimensioniert?
8. Was ist der Marina-Check und welche Vorteile bringt er einem Marinabetreiber?

Wirtschaftliche und betriebliche Grundlagen des Wassertourismus

6

Wassertourismus ist ein Segment des Tourismus, das zwar vergleichsweise klein ist, aber dennoch eine sehr hohe Attraktivität besitzt und wirtschaftlich beachtliche Umsatzgrößen generiert. Gerade diese wirtschaftlichen Parameter und Effekte sind sehr interessant und müssen für jeden wassertouristischen Betrieb genauer erarbeitet werden. Insofern ist es wichtig, sich mit der Wirtschaftlichkeit des Wassertourismus näher auseinanderzusetzen. Diese Strukturen sind jedoch den meisten Anbietern und Betreibern von wassertouristischen Betrieben eher unbekannt. Dieses liegt zum einen daran, dass die Manager im Wassertourismus meistens Quereinsteiger in diese Branche sind und zum anderen, dass die Zahlen und Faktoren der wirtschaftlichen Seite des Wassertourismus kaum bekannt sind. Daher nimmt dieses Kapitel in vorliegendem Fachbuch auch einen entsprechend breiten Raum ein.

6.1 Produkte und Leistungsträger im Wassertourismus

6.1.1 Wassertouristische Ebenen

Die Entwicklung wassertouristischer Produktebenen geschieht in zwei Richtungen. Zum einen im regionalen Netzwerk mit anderen wassertouristischen Betrieben. Hier geht es um die Abstimmung untereinander, um negative Konkurrenzen zu vermeiden. Dabei sind die Angebotsprodukte der einzelnen Betriebe abzustimmen. Nicht jeder wassertouristische Dienstleister muss ein sogenanntes Vollangebot vorhalten. Dieses verwirrt und verunsichert den Gast nur und so ist es wesentlich zielführender, wenn der Betrieb sich auf eine Spezialisierung vertieft, die ihm das touristische USP gibt. Die zweite Richtung ist die Entwicklung der Angebote beim Leistungsträger selbst, also im Betrieb. Sicher ist das mögliche Angebotsportfolio nicht so umfangreich wie in anderen Betrieben des Tourismus. Dennoch sollte man sich sehr speziell auf sein Angebotsprofil konzentrieren, um unverwechselbar zu sein. Wie in anderen Unternehmen auch, hat sich bei einer Gründung eines wassertouristischen Betriebes auch hier die Schaffung eines beratenden Beirates bewährt.

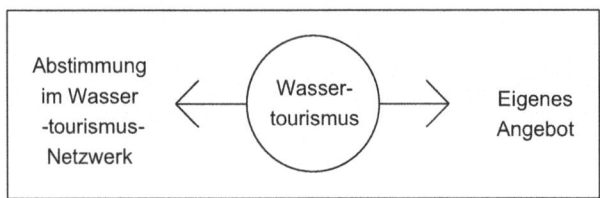

Abb. 6.1 Entwicklung von wassertouristischen Unternehmen. (©H. Haass, 2024)

Der Unternehmer, meistens ein fachlicher Quereinsteiger, wird sich nicht in allen Bereichen eines wassertouristischen Betriebes und seiner Gründung auskennen. Und so kann ein kompetenter Beirat eine wertvolle Hilfe sein. Außerdem kann die Netzwerkabstimmung für die erste Richtung wesentlich unbelasteter erfolgen, wenn dieses durch einen neutralen Beirat begleitet wird, als wenn der Unternehmer seine ureigenen Interessen durchsetzen will (s. Abb. 6.1).

Diese, eigentlich erst vorbereitenden, Schritte, stellen jedoch die Weichen und Richtungen des zukünftigen Betriebs und haben daher große Bedeutung. Diese Schritte dürfen nicht unter Zeitdruck erfolgen und müssen möglichst konkurrenzlos erfolgen.

6.1.2 Wassertouristische Marktanalyse

Um überhaupt erst einmal einen Überblick über die möglichen Marktchancen eines wassertouristischen Betriebs zu erlangen, ist frühzeitig eine Marktanalyse erforderlich. Es muss hierdurch die zentrale Frage beantwortet werden, ob in der Region generell eine Nachfrage und ein Markt für wassertouristische Dienstleistungen existiert oder aufgebaut werden kann. Dieses muss nicht zwangsläufig der Fall sein, nur weil hier ein Gewässer vorhanden ist. Wichtig ist, ob sich das Gewässer für den Wassertourismus eignet und ob ein wassertouristisches Netzwerk etabliert werden kann. Denn ein einzelner Anbieter wird ohne netzwerkartige Partner in einer Region „untergehen". Es würde sich kein Wassertourist in diese Region verirren und dann gerade zu dem einzigen vorhandenen Anbieter gelangen.

Die Marktanalyse wird aber auch die passenden Angebote für den Standort herausfiltern. Gerade neue und innovative Produkte brauchen eine solide Marktbasis, um erfolgreich verkauft werden zu können. Hierbei ist die Detaillierung und Tiefe der Marktanalyse entscheidend, um anschließend die Produktentwicklung einfacher durchführen zu können.

Die Marktanalyse soll Sicherheit geben für das neue Geschäft und ggf. für innovative Produkte. Die Ziele der wassertouristischen Marktanalyse sind, Möglichkeiten und Bedarfe in der Region festzustellen, Preisniveaus zu erfragen, künftige Perspektiven zu ermitteln und die regionale Akzeptanz der Bevölkerung für diese Angebote festzustellen. Diese ist ebenfalls sehr wichtig, weil die regionale Bevölkerung ebenso ein Kundenpotenzial darstellt, wie auswärtige Touristen und Gäste. Sofern die Bevölkerung das Angebot nicht annimmt und mitträgt, wird es das neue

Unternehmen in dieser Region extrem schwer haben zu bestehen. Alle diese Fragen müssen durch eine Marktanalyse beantwortet werden. Dabei kommt es nicht auf die Menge der Erhebungen. z. B. in Form von Interviews an, sondern vielmehr auf die Qualität der Befragungen. Es reichen durchaus einige Stichproben aus gut platzierten und qualitativen Interviews hierfür aus.

Eine wassertouristische Marktanalyse kann am besten durch Interviewbefragungen in der Region gemacht werden. Diese Arbeit sollte von Fachleuten vorbereitet, durchgeführt und ausgewertet werden, um daraus die richtigen Schlüsse für das weitere Handeln ziehen zu können.

6.1.3 Wassertouristische Produktentwicklung

Die Produktentwicklung wassertouristischer Dienstleistungen basiert auf den Ergebnissen der Marktanalyse und den eigenen Vorstellungen des Unternehmers. Wichtig ist, dass die entwickelten Angebote und Produkte später Bestand am Markt haben werden und attraktiv genug sind, um Wassertouristen und Gäste anzuziehen. Hier geht es auch wieder um die Abstimmung mit den Netzwerkpartnern, um identische und konkurrierende Angebote zu vermeiden. Jeder Netzwerkpartner soll wirtschaftlich und auskömmlich arbeiten und seine Vorstellungen verwirklichen können. Die möglichen Angebote im Wassertourismus sind dadurch, dass Wassertourismus ein touristisches Querschnittssegment ist, sehr groß und können jedem Unternehmen und jedem Gast vieles anbieten. Je größer die Angebotsbreite ist, desto erfolgreicher wird das regionale Netzwerk des Wassertourismus sein.

Hier gilt die Grundregel: Bieten Sie dem Gast möglichst viele Wahlmöglichkeiten in seinen Entscheidungen zu einem Angebot!

Aufgrund der Querschnittsstruktur des Wassertourismus ergeben sich auch zahlreiche Schnittstellen zu anderen touristischen Segmenten, die im wassertouristischen Korridor eingebunden werden. Hier sollten faktische Kooperationen eingegangen werden, die dem Gast weitere Wahlmöglichkeiten eröffnen. Und es müssen Fachleute aus den benachbarten Tourismussegmenten eingebunden werden. Im Wassertourismus kommt z. B. der Gastronomie eine sehr große Bedeutung zu. Warum sollte man dann nicht einen Gastronomieexperten mit der Strukturierung dieser Angebote beauftragen?

Die erste Struktur einer Produktpalette wird man auch wirtschaftlich bewerten und berechnen wollen. Dabei kommt die zweite Grundregel zum Tragen: Man sollte nicht zu hohe Endpreise an die Produkte binden und von einer Maximalauslastung von nur 50–60 % ausgehen.

Dieses ist eine sehr konservative Herangehensweise einer Wirtschaftlichkeitsberechnung, doch sie gibt Sicherheiten in den weiteren Schritten. Es hat sich in vielen Wirtschaftlichkeitsberechnungen verschiedenster Unternehmen gezeigt, dass häufig die wirtschaftlichen Erwartungen viel zu hoch angesetzt und dann später nicht erreicht wurden. Dieser fatale Fehler führte, auch gerade im Wassertourismus, zu sehr vielen Betriebsaufgaben, weil die prognostizierte Wirtschaftlichkeit nicht eintraf und Finanzierungen, die hierauf gegründet waren, plötzlich wegbrachen.

Viele Betrieb in den ostdeutschen Ländern, die nach der Wende und Anfang der 1990er-Jahre in dieser euphorischen Form gegründet und gefördert wurden, sind deswegen nach wenigen Jahren in die Insolvenz geraten und haben viele erhoffte Existenzen beendet.

Eine Besonderheit im Wassertourismus ist die Symbiose aus Bootfahren und gastronomischen Dienstleistungen. Der Anteil der Selbstversorger im Wassertourismus ist nur sehr gering und man ist durchaus bereit, regionale Küchen kennenzulernen und dafür auch entsprechende Geldmittel auszugeben. Diese gastronomischen Angebote basieren auf der Regel „Sehen und gesehen werden", denn Wassertouristen verhalten sich nach dieser Regel. Das bedeutet aber auch, dass Gastronomen entsprechende Plätze anbieten und sich an geeigneten Standorten niederlassen. Es müssen hier drei Anforderungen vereinbar sein:

- Anlegen,
- Beobachten und
- Essen.

Das erfordert ufernahe Terrassen oder sogar schwimmende Anlagen mit eigenen Anlegeplätzen. Die gastronomischen Angebote reihen sich in folgender Form auf

* Rastplatz/Anleger für Picknick und/oder grillen
* Einkauf oder Supermarkt
* Kiosk mit Verkauf regionaler Produkte
* Bistro/Café
* Restaurant
* Hotel mit Restaurant

In allen sechs Angeboten spielt wiederum die hohe Servicequalität die entscheidende Rolle und muss sehr gut sein. Gastronomien am Ufer haben auch eine große Bedeutung als Ziele für Tagesausflüge mit dem Boot und stehen damit nicht nur dem Wassertourismus, sondern auch dem regionalen Bootssport zur Verfügung. Insgesamt sind Wassertouristen und Bootsfahrer sehr beliebte Gäste in der Gastronomie, da sie nur in kleinen Gruppen auftreten und kaum den gesamten Betrieb besetzten, wie Bustouristen. Außerdem sind sie durchaus ausgabefreudig und nicht sparsam. Eine eigene Terrasse mit Anlegeplätzen ist wirtschaftlich ein Selbstläufer, der durch eine gute Speisekarte ergänzt werden soll.

Eine eventuelle Erweiterung um einige Bettenplätze kann das Angebot abrunden, ist aber nicht immer erforderlich. Die Beobachtung dieses Marktes hat gezeigt, dass das gastronomische Angebot eines wassertouristischen Netzwerkes ausschlaggebend für sein Image und für seine Qualität ist. Der Eindruck der Gäste prägt sich nachhaltig über die Existenz und Qualität dieses Angebotes in einer Region. Insofern muss bei der wassertouristischen Netzwerkentwicklung besonderes Augenmerk auf diesen Angebotsteil gelegt werden (s. Abb. 6.2).

Hotelstrategie im Wassertourismus-Markt
- Marinahotel - Marinaresort - Campingplatz am Wasser - Marinaferienhaus/-wohnung (auch schwimmend) - Sonstiges

Abb. 6.2 Hotelstrategie im Wassertourismus. (©H. Haass, 2024)

6.1.4 Wassertouristische Marketingkonzepte

Wassertouristische Produkte und Angebote sind sehr spezielle Angebote, die am Markt nur schwierig zu platzieren sind. Es sind daher für diese Produkte gut entwickelte und stabile Marketingkonzepte erforderlich, um sie wirtschaftlich nachhaltig betreiben zu können. Marketingkonzepte müssen hier zunächst auf neue Angebote und Produkte im Wassertourismus aufmerksam machen und das Interesse beim Kunden wecken. Die Wirkung dieser Marketingkonzepte ist nicht einmalig, sondern es müssen beständig Aktivitäten erfolgen, die immerwährend auf die Angebote hinweisen und aufmerksam machen. Es soll durch ein gutes Marketingkonzept das Interesse der Kunden und Gäste geweckt werden und die Botschaft des Marketings lautet „… es gibt uns und wir bieten wassertouristische Dienstleistungen …". Damit geht es nicht nur um die Dienstleistung, sondern ebenso auch um die Bekanntmachung des Betriebs selbst. Das ist es, was den Kunden und Gast interessiert und er fragt: Wer ist das und wer steht dahinter? Und diese Botschaft darf nicht nur einmal ausgesendet werden, sondern muss mehrfach und wiederholend an die Zielgruppen gesendet werden. Das bedeutete auch, nicht nur auf ein Werbemedium zu setzen, sondern möglichst breit gestreut zu arbeiten. Die Möglichkeiten, hierfür verschiedene Plattformen und andere Medien zu nutzen, sind beachtlich und es werden ständig mehr und neue hinzukommen, sodass das elektronische Marketing die erste Stelle einnimmt. Dieses alles ist im Marketingkonzept zu planen und festzulegen. Man ist gut beraten, wenn man sich hierzu kompetenter Beratung und Unterstützung bedient. Wichtig dabei ist es, die im Wassertourismus gebräuchlichen Informationswege der Kunden und Gäste zu kennen. Diese Kenntnisse sollte ein Berater mitbringen, um erfolgreich arbeiten zu können.

6.1.5 Markteinführung und Premarketing wassertouristischer Produkte

Die Markteinführung ist der eigentliche Beginn des unternehmerischen Handelns am Markt. Dabei ist zunächst der richtige Zeitpunkt der Markteinführung wichtig. Wann informieren sich die Kunden und Gäste über interessante Reisemöglichkeiten im Wassertourismus? Dieses erfolgt in den meisten Fällen im Winter, also vor Beginn der Saison oder direkt mit Beginn der Saison. Es ist dabei allerdings zu beachten, dass diese Zeiten von allen Anbietern für ihre Werbungen genutzt werden und somit die Gefahr besteht, in der Fülle der Angebote als Neuanbieter unterzugehen. Daher kommen hier zwei Aspekte zum Tragen. Zum Ersten ist es erfolgreicher, antizyklisch zu arbeiten, d. h. mit der Markteinführung zu Beginn der Saison oder in der Mitte der Ferienzeit zu starten und sich so den vorhandenen Touristen direkt zu präsentieren. Dieses hat jedoch den Nachteil, dass für diese Saison kaum mehr neue Kunden und Gäste akquiriert werden könne, da sie bereits gebucht haben. Aber für die nächste Saison wird sich diese Markteinführung bezahlt machen und zahlreiche neue Gäste generieren. Um diese „Null-Saison" ggf. etwas zu vermindern hilft ein gutes Premarketing vor dem eigentlichen Start des Unternehmens. Dieses wird in der maritimen Branche kaum praktiziert und meistens wird erst an den Markt gegangen, wenn der Betrieb komplett eingerichtet ist. Hierdurch werden leider viele Chancen vergeben, denn ein frühzeitiges Premarketing ist in zweifacher Hinsicht hilfreich. Zum einen zeigt es den potenziellen Kunden und Gästen, dass hier etwas Neue entsteht, was ggf. für sie von Interesse ist. Zum anderen lässt sich die Entstehung und der Aufbau des neuen Unternehmens verfolgen und beobachten, was auch durchaus interessant sein kann.

Man kennt dieses Instrument sehr eindrucksvoll aus der Zeit der Regierungsbauten in Berlin, Anfang der 1990er-Jahre. Hier wurde am Potsdamer Platz die Rote InfoBox aufgestellt und hatte in den folgenden Jahren über einer Million Besucher, die die bis dato größte Baustelle Europas, das neue Regierungsviertel, plastisch verfolgten. Von einer Aussichtsplattform hatte man einen Überblick über die Baustelle und konnte so verfolgen, wie der Baufortschritt ablief und im Merchandising Souvenirs und Informationsmaterialien zum Bau kaufen. Dieses Premarketing war ein voller Erfolg und zeigt, dass es durchaus sinnvoll ist, bereits während der Bauzeit mit diesen Marketingaktivitäten zu beginnen. Gerade im Wassertourismus kann dieses Instrument auch sehr effektiv sein, da die Wintersaison stets ein Warten auf die nächste Saison ist und gern mit informativen und innovativen Aktivitäten gefüllt wird. Die großen Wassersportmessen liegen meistens in diesen Zeiten und die Vorbereitungen und Informationen über Aktivitäten für die kommende Saison finden meistens in dieser Zeit statt. Wenn dann ein sehr gut gemachtes Premarketing eines entstehenden Betriebs angeboten wird, kann das eine sehr effektive Maßnahme für einen guten Betriebsstart in der nächsten Saison sein (s. Abb. 6.3).

Ein weiterer Aspekt einer guten Markteinführung sind Erlebnisinszenierungen im Wassertourismus. Wassertourismus ist Aktivtourismus und hier haben Erlebnisse große Bedeutung. Es sind hier die regionalen Besonderheiten und Potenziale auszuschöpfen und in Form von Erlebnisangeboten zu präsentieren. Diese können von ruhiger Erholung, wie etwa Naturbeobachten, bis zu Action pur reichen. Sofern man dieses auf der Grundlage der regional existierenden Angebote ausbaut, werden auch keine Kulissenwelten und unehrliches Ambiente ausgeschlossen. Auch sollte die Markteinführung des neuen Angebotes in Abstimmung mit den regionalen Netzwerkpartnern erfolgen. Diese können im Marketing helfen und ihrerseits auf diesen

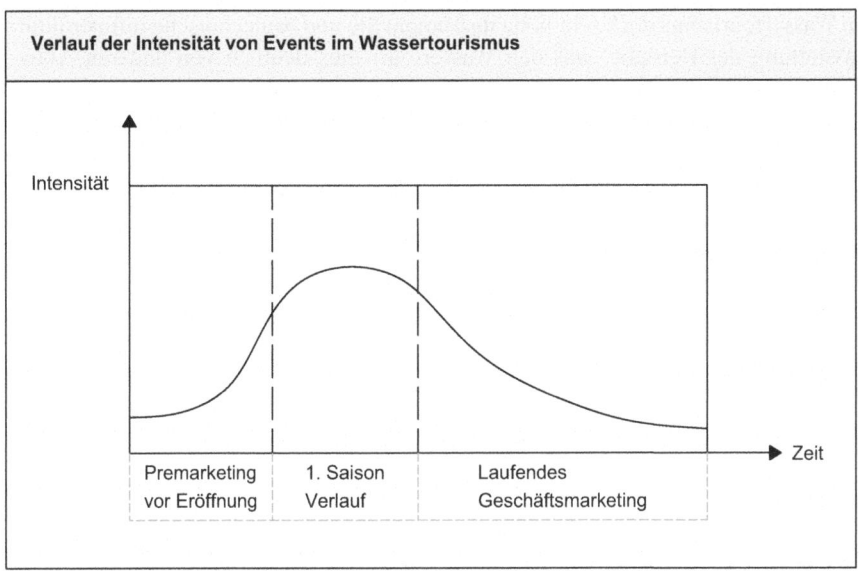

Abb. 6.3 Intensität des Premarketing. (©H. Haass, 2024)

neuen Netzwerkknoten hinweisen, der letztlich allen zu Gute kommen wird. Die Markteinführung muss fünf wesentliche Ziele erreichen:

+ Es muss ein klar erkennbarer neuer Knotenpunkt im regionalen Netzwerk gesetzt werden.
+ Die Originalität und Natürlichkeit der Landschaft und des Gewässers müssen präsentiert werden.
+ Es muss ein kundenfreundliches wassertouristisches Informations- und Leitsystem installiert werden.
+ Es muss ein Spannungsaufbau gebildet werden und Höhepunkte für die Gäste müssen geschaffen werden.
+ Die Werbung muss das Erlebnis präsentieren.

6.2 Leistungsträger und Qualifikationen im Wassertourismus

6.2.1 Leistungsträger im Wassertourismus

Leistungsträger im Wassertourismus sind grundsätzlich die Gastgeber der Touristen. Jeder Anbieter eines derartigen Produktes ist damit ein wassertouristischer Leistungsträger und arbeitet in seinem Bereich im Wassertourismus. Wassertourismus ist ein Teil des Aktivtourismus und es sind daher hier ähnliche Leistungsträger wie im allgemeinen Aktivtourismus anzutreffen. Ein Unterschied ist vor allem die im Wassertourismus doch sehr hohe instrumentelle und bautechnische Infrastrukturausstattung der Betriebe, was den Wassertourismus deutlich von anderen Aktivurlaubsformen unterscheidet. Bauliche Anlagen wie Anleger, Liegeplätze, Slipanlagen, Schleusen etc. sind für den Bootstourismus existenziell wichtig und erforderlich. Insgesamt sind vier Gruppen von Leistungsträgern im Wassertourismus erkennbar, die ihre Leistungen den Bootstouristen anbieten:

+ Leistungsträger im nautisch-technischen Bereich, Bootsservice
+ Leistungsträger in der wasserorientierten Gastronomie
+ Leistungsträger im wasserorientierten Ferienwohnen und Beherbergen
+ Leistungsträger in touristischen Angeboten am Wasser (Ausflüge, Schulungen, Informationen etc.)

Diese vier Gruppen an Leistungsträgern können in drei unterschiedlichen Betriebsformen auftreten. In Deutschland bieten sich hierfür folgende Betriebsmodelle an:
+ Gewerblicher Leistungsträger in Form einer Marina, eines Charterbetriebs oder eine Bootshändlers etc., ggf. auch privater Leistungsträger, die im Neben-/Saisongeschäft maritime Dienstleistungen anbieten.

+ Vereinsgebundene Leistungsträger in Form eines Wassersportvereins, der auch touristische Dienstleistungen erbringen kann/darf.
+ Öffentlicher Leistungsträger in Form einer kommunalen Dienstleistung (eher selten).

Alle drei Leistungsträger arbeiten im Tourismus. Das bedeutet, dass sie sich darüber bewusst sein müssen, dass hier die Servicequalität die zentrale Rolle für den wirtschaftlichen Erfolg des Unternehmens spielt. Dieses mag beim öffentlichen und vereinsgebundenen Leistungsträger eine untergeordnete Rolle spielen, da diese Leistungsträger kaum auf einen wirtschaftlich hohen Erfolg ausgerichtet sein müssen. Für den gewerblichen Dienstleister ist die Servicequalität jedoch das zentrale Erfolgsmoment, das seinen wirtschaftlichen Erfolg sichert oder behindert. Im Wassertourismus in Deutschland ist, wie im Tourismus allgemein, die gute Servicequalität eher gering ausgebildet und internationale Touristen wundern sich über diese Situation im deutschen Tourismus. Im Wassertourismus zeigt sich dieses Dilemma besonders, da dieses Geschäft vorwiegend von Quereinsteigern betrieben wird, die kaum über eine umfassende touristische Qualifizierung verfügen. Die Branche tut sich mit Servicequalität und entsprechenden Qualifizierungen noch sehr schwer und zeigt kaum Affinitäten hierfür.

Einen Ansatz für bessere Servicequalität im Wassertourismus könnte die Gastronomie am Wasser bieten. Gastronomie und Wassertourismus sind eine untrennbare Symbiose. Da in der Gastronomie ein hohes Bewusstsein über die Bedeutung guter Servicequalität besteht, könnte hier ein Übertragen auf den Wassertourismus eine Chance bieten, die Servicequalitäten auch im Wassertourismus zu verbessern. Dieses schließt jedoch auch zusätzliche Schulungen und Qualifizierungen im

Wassertourismus zu besserer Servicequalität nicht aus. Dieses ist nicht nur für neue Leistungsträger im Wassertourismus wichtig, sondern betrifft auch zahlreiche seit langem bestehende Leistungsträger, die gerade als Quereinsteiger aus anderen Branchen in den Wassertourismus gekommen sind.

6.2.2 Qualifikationen der Leistungsträger im Wassertourismus

Die Leistungsträger im Wassertourismus sind in erster Linie touristische Gastgeber. Diese speziellen Leistungen erfordern Kenntnisse in mehreren Gebieten. Neben Kenntnissen in der Bootstechnik und Nautik werden Revierkenntnisse erforderlich, es werden allgemeine touristische Kenntnisse benötigt und die Art des Kundenumgangs muss passen. Weiteres Spezielles aufgrund der Örtlichkeit oder des Betriebs, wie etwa gastronomische Kenntnisse o. ä., kommen noch hinzu. Als Hemmnis für den internationalen Wassertourismus, der jedoch gerade auf deutschen Fluss- und Kanalrevieren aufgrund der Transitfunktionen anzutreffen ist, kommen mangelnde Fremdsprachkenntnisse hinzu. Englisch ist im internationalen Tourismusgeschäft die wichtigste Sprache, mit der sich in Deutschland jedoch noch schwergetan wird. In den Grenzregionen der deutschen Wassertourismusregionen werden daneben Sprachkenntnisse in Niederländisch, Französisch oder Polnisch erforderlich. Ein spezielles Schulungskonzept für bessere Servicequalitäten im Wassertourismus ist derzeit kaum bekannt. Einzig die Forschungsgruppe Wassersport/Wassertourismus hat im Jahr 2006 innerhalb einer Arbeitsmarktstudie des Wassertourismus die Serviceanforderungen an diese Leistungsträger analysiert und erstmals ein Schulungskonzept für dieses Personal aufgestellt. Weitere Aktivitäten hierzu sind nicht bekannt. Aus diesem Konzept können folgende Mindestanforderungen entnommen werden, die zu einer Verbesserung der Servicequalitäten beitragen:

+ Revierkenntnisse des regionalen wassertouristischen Netzwerkes,
+ Führen verschiedener Sportbootttypen (Sportbootscheine),
+ Gästesprache und Servicefreundlichkeit, Beschwerdemanagement,
+ Fremdsprache (Englisch),
+ nautisch-technische Fachkenntnisse, Boots- und Motorentechnik,
+ touristische Kenntnisse der Region,
+ Fertigkeiten im Umgang mit digitalen Medien (PC, GPS, Internet etc.),
+ evtl. Auslandsaufenthalt bei einem Partnerbetrieb/Kooperation.

Gerade für ein wassertouristisches Transitland wie Deutschland spielen diese Fertigkeiten und Qualifikationen eine große Rolle für den geschäftlichen Erfolg. Die Unternehmen in Deutschland werden vom Gast dabei verglichen mit den Unternehmen in anderen europäischen Regionen und dabei schneiden die deutschen Leistungsträger derzeit schlecht ab.

Die o.g. Servicequalitäten sind in den verschiedenen Sparten des Wassertourismus generell anzutreffen. Hinzu kommen spezielle Qualifikationen in den verschiedenen Sparten, die sich in ihren Aufgaben unterscheiden. Diese Sparten mit ihren Aufgaben sind

+ Leistungen des technischen Service rund um das Boot, Werkstattservice,
+ Leistungen des Transports, Verkaufens, Vercharterns von Booten und Zubehör/ Ausrüstungen,
+ Leistungen in der Schulung, Aus-/Weiterbildung und Sicherheit im Wassertourismus,
+ Leistungen in Konstruktion, Bau und Reparatur von Booten,
+ Leistungen in Planung, Bau und Unterhalt von technischen Anlagen und Marinas,
+ Leistungen für Versicherungen, Verwaltung und Finanzierung von Booten und Anlagen im Wassertourismus,
+ Leistungen in der maritimen Eventorganisation und im Marketing.

In diesen sieben Sparten des Wassertourismus sind verschiedene Aufgaben zu erfüllen, die spezielle Fertigkeiten und Qualifikationen erfordern. Dieses sind rein fachliche Qualifikationen, die zu den allgemeinen touristischen Fertigkeiten noch hinzukommen. In den einzelnen Sparten sieht es wie folgt aus.

+ Leistungen des technischen Service rund um das Boot, Werkstattservice.

Aufgaben sind:

- Wartungs- und Reparaturarbeiten an Booten, Motoren und Ausrüstung,
- Ein- und Auswassern, Kranen und Lagern von Booten,
- Tanken/Bunkern, Entölen und Entsorgen und Versorgen von Booten und Motoren,
- Montage und Wartung, Reparatur von Schiffselektronik,
- Betrieb und Unterhalt von Anlagen für den technischen Bootsservice,
- sonstige technische Arbeiten an Booten und Motoren.

Als erforderliche Ausbildungen und Qualifikationen können entsprechend technisch geschulte Fachkräfte wie Mechaniker, Schlosser, Tischler, Elektriker, Elektroniker o. ä. in Betracht kommen. Diese verfügen über ein handwerklich-technisches Grundwissen, das um die nautischen Spezifika ergänzt werden kann. In speziellen Schulungen können diese Fachkräfte das nautische Fachwissen dazulernen. Sie haben im Wassertourismus auch unmittelbaren Kundenkontakt, sodass sie auch ein touristisches Grundwissen im Servicebereich besitzen sollten.

+ Leistungen des Transportes, Verkaufens, Vercharterns von Booten und Zubehör/ Ausrüstungen.

Aufgaben sind:

- Bootstransporte an Land und Überführungen auf dem Wasser,
- Beratung, Betreuung und Verkauf von Booten und Zubehör,

6.2 Leistungsträger und Qualifikationen im Wassertourismus

- Verleih und Verchartern von Booten,
- Handel mit Ausrüstung und Zubehör,
- sonstige kaufmännische Leistungen.

Eine kaufmännische Grundausbildung ist für diese Aufgaben hilfreich und Berufe wie Einzelhandelskaufmann, Kaufmann für Büromanagement, Versicherungs- oder Bankkaufmann etc. geben eine gute Grundlage für diese Tätigkeiten. Die Besonderheiten des Wassertourismus kommen auch hier zu der Grundausbildung und werden in speziellen Kursen und Schulungen hinzugefügt. Hier findet sehr intensiver Kundenkontakt statt, sodass die touristischen Servicequalitäten im Vordergrund stehen.

Von allen sieben Sparten wird in diesem Bereich die größte Wachstumsaussicht erkannt und Tätigkeiten in dieser Sparte bestimmen das zukünftige Image dieses Tourismussegmentes.

+ Leistungen in der Schulung, Aus-/Weiterbildung und Sicherheit im Wassertourismus.

Aufgaben sind

- Information, Beratung und Heranführen an den Wassertourismus,
- Schulung im Führerscheinwesen,
- Fort- und Weiterbildung in speziellen Bereichen des Wassertourismus,
- Sicherheitstrainings für Wassersportler/Wassertouristen,
- Außendarstellung und Werbung für den Wassertourismus,
- sonstige Bildungstätigkeiten.

Personen mit einer pädagogischen Grundausbildung können in dieser Sparte sehr gut eingesetzt werden. Personen wie Ausbilder, Lehrer, Trainer etc. sind in der Lage, anderen Menschen etwas beizubringen und zu erklären. Sie können Fachwissen strukturieren und darstellen. Hinzu kommt auch hier wieder die wassertouristische Zusatzausbildung. Es ist verständlich, dass diese Personengruppe sehr direkten Kundenkontakt hat und daher sensibel im Umgang mit Menschen, Kunden und Gästen umgehen muss. In speziellen Kursen muss dieses vermittelt werden.

+ Leistungen in Konstruktion, Bau und Reparatur von Booten.

Aufgaben sind:

- Entwurf, Planung und Konstruktion von Booten und Ausrüstungen,
- Bau von Booten und Ausrüstung,
- Reparatur und Pflege von Booten und Ausrüstung,
- sonstige technische Aufgaben des Bootsbaus und der Wartung,
- sonstige Konstruktions- und Bauaufgaben im Bootsbau.

Für diese Tätigkeiten kommt eigentlich nur der Boots- und Schiffbauer in Betracht, der mit seiner speziellen Ausbildung hierzu in der Lage ist, diese Aufgaben zu bearbeiten. Dieser Personenkreis wird weniger direkten Kundenkontakt haben, sollte aber dennoch im Kundenumgang geschult sein. Insgesamt wird dieser Sparte auch eine gute Zukunft beigemessen, denn innovative Bootskonstruktionen die energiearm/-frei betrieben werden können, sind eine Aufgabe der Zukunft.

+ Leistungen in Planung, Bau und Unterhalt von technischen Anlagen und Marinas.

Aufgaben sind:

- Entwurf, Planung und Konstruktion von maritim-technischen Bauwerken und Anlagen,
- Beratung und Information zu wassertouristischer Infrastruktur
- Konzeption, Planung und Ausbau von wassertouristischen Netzwerken,
- Bauüberwachung und Unterhalt von maritim-technischen Anlagen,
- sonstige Planungs- und Bauaufgaben im Wassertourismus.

Hier werden vorzugsweise Personen mit einer bautechnischen Grundausbildung des Hoch-, Tief- oder Wasserbaus eingesetzt. Planungsaufgaben der innovativen und klimaneutralen Marinaplanung zählen ebenso hierzu wie Sanierung und Renovierung bestehender Anlagen. Gute Kenntnisse in Bautechnik und in den Baunormen sind erforderlich. Da diese Personen weniger direkten Kundenkontakt haben werden, ist eine touristische Zusatzqualifizierung nicht so dringlich.

+ Leistungen für Versicherungen, Verwaltung und Finanzierungen von Booten und Anlagen im Wassertourismus.

Aufgaben sind:

- Organisation, Information und Durchführung von Verwaltungsaufgaben im Wassertourismus,
- Erarbeitung, Verlauf und Betreuung von Versicherungen für den Wassertourismus,
- Erarbeitung und Organisation von Finanzierungskonzepten für den Wassertourismus,
- Verwaltungsaufgaben in maritimen Netzwerken oder in Marinas,
- Marketing und Werbung für den Wassertourismus,
- sonstige maritime Verwaltungs- und Organisationsaufgaben.

Für Aufgaben dieser Sparte sind Grundausbildungen im Kaufmännischen und im Werbebereich hilfreich. Verwaltungskräfte, Versicherungskaufleute und Werbefachleute eignen sich hier besonders gut. Der Kontakt zum Kunden und Gast wird intensiv sein, sodass eine wassertouristische Zusatzschulung erforderlich wird. Werbekenntnisse sind hier besonders hilfreich und auch Kenntnisse der öffentlichen

Verwaltung können gerade bei Verwaltungstätigkeiten von wassertouristischen regionalen Netzwerken ein großer Vorteil sein.

+ Leistungen in der maritimen Eventorganisation und im Marketing.

Aufgaben sind:

- Konzeption, Organisation und Durchführung von maritimen Werbe- und Marketingprojekten,
- Konzeption, Organisation und Durchführung von Events und Programmen im Wassertourismus,
- Vernetzung von regionalen Werbeaktivitäten im Wassertourismus,
- Vernetzung von Marketingmaßnahmen und Nachbarregionen des Wassertourismus,
- Pflege von Partnerschafts- und Kooperationskontakten mit anderen Wassertourismusregionen und Europa,
- Förderung von Ansiedlungen wassertouristischer Unternehmen,
- allgemeine Verwaltungsaufgaben im Wassertourismus,
- sonstige Werbeaufgaben und Verwaltungsaufgaben im Wassertourismus.

Personen mit einer werbefachlichen Grundausbildung oder mit umfassender Marketingerfahrung eignen sich für diese Aufgaben besonders. Auch Personen, die in der Eventorganisation Erfahrungen gesammelt haben, sind hier gut einzusetzen. Diese Personen haben einen sehr intensiven Kontakt zu anderen Partnern des regionalen Wassertourismus, aber auch gelegentlich zu Kunden und Gästen. Eine gute Zusatzschulung im Umgang mit Personal und Gästen sowie in der Kommunikation insgesamt kann hilfreich sein und sollte daher geschult werden.

6.3 Zertifizierungen im Wassertourismus

Im Tourismus allgemein sind verschiedene Zertifizierung und Klassifizierungen seit vielen Jahren etabliert und haben sich bewährt. Solche Systeme gibt es nicht nur in der Gastronomie und in der Hotellerie auch Campingplätze sind in Qualitätsstufen eingeteilt. Bei Marinas hat man diese Systeme übernommen und verleiht Anker oder goldene Sterne etc. Wassertouristische Unternehmen und Angebote wurden Anfang der 1990er-Jahre auch einmal in verschiedenen Systemen klassifiziert, allerdings haben sich diese verschiedenen Systeme nicht durchgesetzt. Das ist verwunderlich, denn der Tourist sucht gerne qualitative Hinweise für seine Auswahl. Insofern sind einheitliche und leicht verständliche Klassifizierungen von wassertouristischen Unternehmen wünschenswert und für Kunden und Gäste hilfreich und angenehm.

6.4 Kunden im Wassertourismus

Die Kunden im Wassertourismus sind sehr breit gefächert und sehr unterschiedlich, obwohl Wassertourismus sehr familienorientiert ist. Es werden grundsätzlich Destinationskunden und Transitkunden unterschieden. Hinzu kommen freizeitliche Bootsfahrer, die im Wesentlichen dieselbe Infrastruktur wie die Touristen nutzen. Bei den Wassertouristen muss zwischen Inlandskunden und Auslandskunden unterschieden werden. Inlandskunden bringen die Heimatsprache mit und kennen die Gewohnheiten im Land. Sie haben ggf. auch Revierkenntnisse und kennen sich mit dem Bootfahren in Deutschland aus. Ausländische Touristen tun sich zunächst mit der deutschen Sprache und den Beschilderungen schwer, die kaum mehrsprachig abgefasst sind. Etappenabstände und Fahrtstrecken sind für sie fremd und ggf. unüblich. Gewohnheiten des Gastlandes, kulturelle und gastronomische Gewohnheiten sind fremd und erfordern von den Gastgebern besondere Servicequalitäten, um diese den Gästen nahezubringen. Insgesamt werden in Deutschland wesentlich mehr Transitkunden auf dem Wasser das Land bereisen, als Destinationskunden. Dieses muss den Entscheiden eines wassertouristischen Netzwerkes bewusst sein und sie müssen ihre Angebote und ihren Service darauf einstellen. Hinzu kommt, dass die eigentliche wassertouristische Saison vorwiegend in den Sommermonaten Juli und August stattfindet. Für diesen sehr kurzen Zeitraum die doch umfangreiche Infrastruktur vorzuhalten, wäre wirtschaftlich überhaupt nicht haltbar. Doch hier kommen die regionalen freizeitlichen Bootfahrer hinzu, die eine Saisondauer von ca. 6 Monaten haben und in dieser Zeit gern attraktive Ziele auf dem Wasser anfahren. Diese Teilnehmergruppe stabilisiert durch ihre Bootstouren die Infrastruktur wirtschaftlich für eine wesentlich längere Zeit. Wassertouristen gibt es in sehr geringem Umfang auch über das ganze Jahr, in dem gerade Transittouristen auch im Frühjahr oder Herbst durch Europa fahren.

Das Phänomen des Wasserwanderns oder der Sternfahrten etc. ist kein Wassertourismus, sondern organisierter Sport, der völlig anders betrachtet werden muss. Hier geht es um Vereinsmitglieder, die mit ihren Booten zu an anderen Vereinen fahren und diese Fahrten als sportliche Veranstaltungen durchführen. Diese Touren dürfen nicht als touristische Fahrten verstanden werden. Allerdings betätigen sich Vereine auch gern im Wassertourismus, indem sie Gastboote aufnehmen und ihnen einen Übernachtungsplatz anbieten. Diese Art der touristischen Dienstleistung als Sportverein ist ein heikles Unterfangen, da sich gemeinnützige Vereine i. d. R. nicht tourismuswirtschaftlich betätigen dürfen. Diese förderrechtliche und steuerrechtliche Besonderheit wird später näher betrachtet. Grundsätzlich sind Vereine keine touristischen Dienstleister, werden aber bei öffentlichen wassertouristischen Entwicklungen angehört, obwohl sie rechtlich hier keine Aufgaben oder Rechte übernehmen dürfen. Betroffene Verbraucherverbände und Tourismusorganisationen werden dagegen selten angehört, obwohl diese wesentlich näher an den Kunden und Wassertouristen dran sind. Kurios ist, dass inzwischen die Sportverbände des Wassersports und die Wirtschaftsverbände der Bootsindustrie über ihre politische Lobbyarbeit die Entwicklungsrichtungen im Wassertourismus bestimmen, obwohl beide hier keine rechtliche und sachliche Position einnehmen.

Schließlich gibt es noch einige kleinere Kundengruppen im Wassertourismus, die ggf. interessant sein können. Crews von Überführungstörns, Testcrews, behördliche und/oder gewerbliche Bereisungen von Gewässern etc. haben tourismuswirtschaftlich kaum eine Bedeutung, sind für die Entwicklung der Netzwerke und ihrer Infrastrukturen jedoch durchaus interessant.

6.5 Regionalwirtschaftliche Effekte im Wassertourismus

Der Wassertourismus spielt eine wichtige Rolle in vielen Regionen Deutschlands und Europas und hat erhebliche wirtschaftliche Auswirkungen. Zunächst ist beachtenswert, dass der Wassertourismus wirtschaftlich ein Querschnittssegment ist, das durch viele andere Entwicklungs- und Wirtschaftsbereiche hindurchgreift. Dieses ist eine Besonderheit des Wassertourismus im Gegensatz zu vielen anderen touristischen und allgemeinen Wirtschaftssegmenten. Dieses Wissen ist noch nicht sehr weit verbreitet und man meint vielerorts, dass Wassertourismus nur ein unbedeutendes Randsegment der Wirtschaftsentwicklung einer Region ist. Ein oftmals folgenschwerer Irrtum, denn so werden beachtliche wirtschaftliche Potenziale nicht genutzt und verkannt. Der Wassertourismus generiert direkte und indirekte Nutzeffekte, die auf breiter Ebene wirken und auch ganzjährig zur Wirtschaftlichkeit einer Region beitragen können. Betrachtet werden in einigen Studien, auch in Deutschland, die direkten wirtschaftlichen Nutzeffekte des Wassertourismus. Diese sind meistens, auch aufgrund der meist sehr kurzen touristischen Saison, nur sehr gering und damit wird die Bedeutung weit unterschätzt. Fatal an dieser Betrachtung ist, dass dann gegebenenfalls Entwicklungsentscheidungen an diesem nur stark verkürzten Bild des Wassertourismus festgemacht werden. Allerdings sind die indirekten Effekte um ein Vielfaches mehr und wichtiger. Diese basieren einmal auf dem hohen Zulieferbedarf des Wassertourismus aus anderen Wirtschaftsunternehmen und zum zweiten auf stark befördernder Wirkung des Wassertourismus auf andere touristische und wirtschaftliche Phänomene. Dem wassertouristischen Angebot einer Region kommt damit eine Katalysatorfunktion zu, die sich in insgesamt einer stabilen Wirtschaftslage der Region widerspiegelt. Die meisten Studien zum deutschen Wassertourismus haben sich mit diesen Wirkungen und Effekten (noch) nicht beschäftigt und so bleibt dieser Bereich eine Grauzone, die jedoch kaum jemand weiter berücksichtigt. Würde man diese Katalysatorwirkung des Wassertourismus erkennen und entsprechend regional aufbauen und fördern, so würden sich in vielen deutschen Region, gerade auch in ländlichen Räumen, mehr Wirtschaftseffekte generieren lassen und die Lebensbedingungen für die Bevölkerung erhöhen lassen. Beispiele aus europäischen wassertouristischen Regionen zeigen dieses eindrucksvoll, z. B. in Skandinavien, in den Niederlanden oder auch in einigen Mittelmeerregionen.

Es ist interessant zu betrachten, wie weit diese Mitnahmeeffekte des Wassertourismus in andere Wirtschaftsbereiche hinein reichen und diese positiv beeinflussen.

Der Wassertourismus schafft eine Vielzahl von regionalen Arbeitsplätzen, entweder direkt in der Bootsbranche, aber auch in der Gastronomie, in Transport, Kultur, Einzelhandel bis hin zur Verwaltung.

Weiterhin wird das wirtschaftliche Wachstum der Region gestärkt, da durch den Wassertourismus Umsätze in vielen Branchen generiert werden. Auch sind alle Anbieter der Region betroffen, die von diesen Kunden und Gästen aufgesucht werden, vom Restaurant über den Einzelhandel und Transport bis zu Eintritten in öffentliche Angebote.

Die Entwicklung der regionalen Infrastruktur wird ebenfalls durch den Wassertourismus gefördert, indem zahlreiche Bauprojekte errichtet werden. Dieses ist nicht nur Infrastruktur im Bootsbereich, sondern auch in allen o.g. Bereichen wie Einzelhandel, Transport, Kultur, Sport oder Verwaltung. Ein Benefit, von dem der Standort insgesamt profitiert und seine Lebensqualität verbessert.

Einzelhandel und Dienstleistungen werden durch den Wassertourismus gefördert und unterstützt. Dieses zwar vorwiegend in den Saisonwochen, aber auch durch den regionalen Bootssport werden Umsätze in allen diesen Branchen generiert.

So wie der Wassertourismus ein Katalysator in wirtschaftlicher Hinsicht ist, so effektiv arbeitet er auch im Tourismusmarketing einer Region. Schöne Bilder mit Booten auf dem Wasser vermarkten sich sehr gut und erhöhen die touristische Wirkung des Marketings als Zielregion einer Reise.

Schließlich kommen auch Nutzeffekte im Hinblick auf Nachhaltigkeit im Tourismus einer Region in Verbindung mit dem Wassertourismus zum Tragen. Sofern der Wassertourismus hier klimaneutral und nachhaltig entwickelt ist, kann hiermit bestens geworben werden und es ist ein Vorteil für die Region.

Insgesamt spielt der Wassertourismus eine entscheidende Rolle in der wirtschaftlichen Entwicklung vieler Regionen, bietet Chancen für lokale Unternehmen und Gemeinschaften und trägt zur Förderung des Tourismussektors bei. Es ist jedoch wichtig, dass diese Aktivitäten nachhaltig gestaltet werden, um negative Auswirkungen auf Klima und Umwelt zu minimieren und langfristige wirtschaftliche Vorteile zu sichern.

6.5.1 Direkte wirtschaftliche Effekte des Wassertourismus

Der Wassertourismus, der verschiedene Aktivitäten auf und um Gewässer wie Seen, Flüsse und Meere umfasst, kann direkte wirtschaftliche Effekte auf verschiedene Weisen haben. Diese messbaren Effekte sind in mehreren deutschen und internationalen Studien analysiert und bewertet worden. Dabei ist es nachvollziehbar, dass in Regionen mit einem hohen wassertouristischen Image und gut ausgebauter Infrastruktur diese Effekte stärker sind als in Regionen, in denen der Wassertourismus (noch) nicht entwickelt wurde. Auch die politische Akzeptanz dieses Tourismussegments in der jeweiligen Region spielt hier eine große Rolle. In Regionen, in denen die Politik hinter diesem Tourismussegment steht und dieses fördert, wie z. B. die Ostseeküste, werden auch die direkten wirtschaftlichen Effekte stärker durchlagen und so auch deutlicher messbar werden, als in Regionen, in denen der

6.5 Regionalwirtschaftliche Effekte im Wassertourismus

Wassertourismus ggf. nur eine unbeliebtes Randsegment ist, wie z. B. im Ruhrgebiet (s. Abb. 6.4).

In den verschiedenen existierenden Untersuchungen wurden verschiedene Wirtschaftseffekte identifiziert und analysiert, so sicherlich die Tourismusabgaben und Kurtaxen, die jeder Gast zu entrichten hat. Aber auch Ausgaben der Gäste für Gastronomie, Verpflegung, Transport, Dienstleistungen etc. Es wurden direkte Arbeitsplätze in Marinas, bei Bootschartern, Werften, Zubehörverkauf etc. aufgenommen und bewertet. Das dieses alles nur sehr geringen Umfang hat, versteht sich von selbst. Und so ist es kaum verwunderlich, dass alle Studien stets nur sehr zögerlich von positiven Effekten sprechen. Interessanter sind aber Arbeitsplätze im Bau von Infrastrukturen für den Wassertourismus. Hier beginnt schon der indirekte Nutzbereich, aber wohlwollend kann man diese Arbeitsplätze auch noch zu den direkten Effekten zählen. Sie sind zwar nur temporär für die Bauzeiten, aber bringen doch eine spürbare Verbesserung am regionalen Arbeitsmarkt. Schließlich wurden verschiedentlich auch einige regionale Arbeitsplätze im Natur- und Umweltschutz aufgrund des Wassertourismus festgestellt. Zum Beispiel Ranger, die ein Gewässer betreuen, oder Führer in naturgeschützten Regionen eines Gewässers (s. Abb. 6.5).

Es ist wichtig zu beachten, dass der Wassertourismus, wenn er nicht nachhaltig betrieben wird, auch negative Auswirkungen auf die Umwelt und lokale Gemeinschaften haben kann. Daher sind eine verantwortungsbewusste Entwicklung und Verwaltung dieser Aktivitäten entscheidend, um langfristige Vorteile zu gewährleisten.

Regionale Gewinnfaktoren aus dem Wassertourismuss (direkte Effekte)

- Touristischer Strukturwandel
  durch neue weitere Angebotsschwerpunkte am Wasser

- Beschäftigungseffekte
  durch Strukturwandel als direkter Effekt.

- Imagewirkung der Region (überregionale Attraktivität)
  durch neue Angebote und Vernetzung mit Nachbarregionen

- Attraktivitätssteigerung als Dienstleistungsstandort
  durch Erhöhung des Freizeitwertes

- Stärkung von Tourismus, Gastronomie und Einzelhandel
  durch Integration in den Wassertourismus

- Lenkung und Steuerung der Gewässer- und Naturschutzfunktionen
  zur Entlastung und Sicherung von Landschaft und Natur

Abb. 6.4 Direkte Wirtschaftseffekte im Wassertourismus. (©H. Haass, 2024)

```
┌─────────────────────────────────────────────────────────────────────┐
│ Beschäftigungseffekte des Wassertourismus (direkte Effekte)         │
├─────────────────────────────────────────────────────────────────────┤
│  - Vollzeitarbeit                                                   │
│                                                                     │
│        o Pro ca.  80 Liegeplätze        = 1 Arbeitsplatz            │
│        o Pro ca. 500 Durchfahrten (Boote) = 1 Arbeitsplatz          │
│                                                                     │
│  - Teilzeitarbeit                                                   │
│                                                                     │
│        o Pro ca.  50 Liegeplätze        = 1 Teilzeitarbeitsplatz    │
│        o Pro ca. 200 Durchfahrten (Boote) = 1 Teilzeitarbeitsplatz  │
│                                                                     │
│  - Saisonarbeit                                                     │
│                                                                     │
│        o Pro Dienstleister im Wassertourismus  = 1 Saisonkraft      │
│                                                                     │
└─────────────────────────────────────────────────────────────────────┘
```

Abb. 6.5 Beschäftigungseffekte des Wassertourismus. (©H. Haass, 2024)

6.5.2 Indirekte wirtschaftliche Effekte des Wassertourismus

Der Wassertourismus kann eine Vielzahl von indirekten wirtschaftlichen Effekten auf verschiedene Sektoren einer Region oder eines Landes haben. Diese Effekte, die oben als Katalysatoreffekte bezeichnet wurden, sind in Studien bisher kaum betrachtet worden, zeigen jedoch in einer großen Breite die genannte Wirkung des Wassertourismus. Die indirekten Effekte beginnen mit dem Bau und dem Unterhalt der baulichen Anlagen für den Wassertourismus. Hier sind, je nach Art und Umfang, ständig Handwerksbetriebe und Baufirmen im Einsatz, um diese Anlagen zu erhalten. Hierdurch werden doch erhebliche Umsätze generiert und dieses in ständiger Form. Hinzu kommen handwerkliche Dienstleistungen an Booten und Schiffen, die ebenfalls in mehreren Handwerksbranchen Niederschlag finden. Der Wassertourismus schafft Arbeitsplätze in verschiedenen Sektoren, darunter Gastronomie, Hotelgewerbe, Transport, Freizeit und Unterhaltung. Die Beschäftigungsmöglichkeiten erstrecken sich von Bootsführern über Hotelangestellte bis hin zu Freizeitführern und Verkaufspersonal. Touristen, die für den Wassertourismus in eine Region kommen, tragen zum lokalen Einzelhandel bei. Sie kaufen Lebensmittel, Souvenirs, Ausrüstung und andere Waren und Dienstleistungen, was wiederum lokale Geschäfte unterstützt. Restaurants und Cafés in wassertouristischen Gebieten profitieren von einer erhöhten Besucherzahl. Dies führt zu höheren Einnahmen und ermöglicht es Restaurants, ihr Angebot zu erweitern und möglicherweise neue Arbeitsplätze zu schaffen. Wassertourismus kann kulturelle und kreative Aktivitäten fördern, wie z. B. Kunstausstellungen, Musikfestivals oder Handwerksmärkte. Diese Veranstaltungen ziehen nicht nur Touristen an, sondern bieten auch Möglichkeiten für lokale Künstler und Kunsthandwerker. Der Wassertourismus kann das

Indirekte Effekte des Wassertourismus
- Umsätze der Gastronomie
- Umsätze des Einzelhandels
- Umsätze des Baugewerbes/Handwerks
- Umsätze aus Transport/Verkehr
- Umsätze touristischer Dienstleister
- Umsätze aus Events und Festivals mit Wasserbezug
- Umsätze des Immobilienmarktes, Gewerbe- und Wohnimmobilien

Abb. 6.6 Indirekte Wirtschaftseffekte im Wassertourismus. (©H. Haass, 2024)

Interesse an Immobilien in der Region steigern. Dies führt zu einer erhöhten Nachfrage nach Wohn- und Gewerbeimmobilien, was wiederum die Immobilienentwicklung und den Immobilienmarkt ankurbelt. Um den Wassertourismus nachhaltig zu gestalten, sind oft Umweltschutzmaßnahmen erforderlich. Dies kann zu Projekten führen, die die ökologische Integrität der Wasserwege erhalten und verbessern, was wiederum langfristige ökonomische Vorteile für die Region mit sich bringt (s. Abb. 6.6).

Es ist wichtig zu beachten, dass die indirekten Effekte des Wassertourismus stark von der Art des Tourismus, der Region und den getroffenen Managemententscheidungen abhängen können. Positive wirtschaftliche Auswirkungen können nur dann realisiert werden, wenn der Wassertourismus nachhaltig und verantwortungsbewusst entwickelt und verwaltet wird. Weiterführende Analysen müssen diese indirekten Effekte identifizieren und analysieren.

6.5.3 Öffentliche wirtschaftliche Effekte des Wassertourismus

Der Wassertourismus hat verschiedene positive wirtschaftliche Effekte auf die Regionen, in denen er betrieben wird. Auch diese sind in den bisherigen Analysen noch nicht ausreichend untersucht worden. Vermutlich sind diese Effekte kaum bekannt und es wird derzeit kaum von nennenswerten öffentlichen Effekten des Wassertourismus ausgegangen. Das ist jedoch ein Irrtum. Denn auch die öffentlichen wirtschaftlichen Effekte existieren und sind gar nicht so minimal, wie meistens angenommen. Einerseits ist eine öffentliche Aufgabe den Wassertourismus regional zu entwickeln und zu fördern, denn nur durch eine öffentliche Initiative kann eine derartige Entwicklung in Gang gesetzt werden. Ist ein gut funktionierendes

Ziele/Vorteile einer kommunalen Wasserfrontentwicklung
- Verbesserung der Stadtsilhouette - Schaffung (touristischer) Identität - Schaffung von Angeboten für Freizeit und Tourismus - Stärkung des Städtetourismus - Entwicklung neuer Quartiere am Wasser/Steigerung der Stadtqualität - Wirtschaftliche Effekte

Abb. 6.7 Ziele einer kommunalen Wasserfrontentwicklung. (©H. Haass, 2024)

wassertouristisches Netzwerk installiert, dann sind die Kommunen der Region die eindeutigen Profiteure des Wassertourismus. Diese Chancen für Kommunen am Wasser kennt man in Deutschland nicht und viele Kommunen, die hiervon gut profitieren, gibt es tatsächlich nicht, obwohl diese Chancen sehr groß sind (s. Abb. 6.7).

In einigen Sektoren sind sie auch ohne weiterführende Untersuchungen bekannt. Zunächst Effekte im öffentlichen Tourismussektor. Der Wassertourismus bringt erhebliche Einnahmen durch Übernachtungen, Mahlzeiten, Transportmittel und andere touristische Dienstleistungen. Touristen, die für Wassersportaktivitäten reisen, geben Geld für Unterkünfte, Verpflegung, Ausrüstung, Bootsverleih und andere lokale Dienstleistungen aus. Aber auch öffentliche Arbeitsplätze sind ein direkter wirtschaftlicher Nutzen. Der Tourismussektor beschäftigt Menschen auch in der öffentlichen Verwaltung. Für den Wassertourismus werden eigene Stellen eingerichtet, wie Ranger, Wassertourismusführer, Handwerker etc. Die Entwicklung und der Bau von öffentlicher Infrastruktur für den Wassertourismus ist ein weiterer Bereich des öffentlichen Nutzens. Der öffentliche Immobilienmarkt wird auch vom Wassertourismus profitieren. Gebäude und Bauwerke für den Wassertourismus werden von der öffentlichen Verwaltung geplant und gebaut. Und die Förderung kultureller Projekte und Veranstaltungen, die auch historisch angelegt sind, sind eine öffentliche Aufgabe. Interessant dabei ist, dass es in jeder Region eine maritime Geschichte gibt, die sehr gut und interessant aufbereitet werden muss. Schließlich ist der Umweltbereich zu nennen, der als öffentliche Aufgabe ebenfalls Niederschlag im Wassertourismus finden muss. Dies kann zu Maßnahmen zum Schutz der Wasserressourcen und der Umwelt führen.

Es ist wichtig zu beachten, dass der Wassertourismus auch negative Auswirkungen haben kann, insbesondere wenn er nicht nachhaltig betrieben wird. Um langfristige positive Effekte zu gewährleisten, ist eine sorgfältige Planung, nachhaltige Entwicklung und Ressourcenmanagement notwendig.

6.6 Wassertouristische Betriebsformen und Geschäftsmodelle

Wassertourismus wirtschaftlich zu betrachten und Unternehmen betriebswirtschaftlich zu gründen und zu führen, ist in Deutschland ein noch sehr junges Phänomen. Historisch betrachtet war der Wassersport immer eine Domäne des Vereinswesens, was sich seit den ersten Vereinsgründungen in der Kaiserzeit etabliert hatte. Vereine generell haben in Deutschland eine sehr lange Tradition und stehen somit auf einem stabilen rechtlichen, politischen und ehrenamtlichen Fundament. Als sich zu Beginn der 1990er-Jahre die Tourismuswirtschaft für den Wassertourismus interessiert hat, begann sich diese Struktur aufzuweichen und zunehmend auch betriebswirtschaftlich betrachtet zu werden.

Diese Entwicklung ermöglichte es auch, dass Vereine sich erstmals unternehmerisch betätigen konnten, obwohl dieses rechtlich im Rahmen der Gemeinnützigkeit ausgeschlossen ist. Aber durch Auslagerungen von Dienstleistungen, können Vereine nun auch unter bestimmten Rahmenbedingungen wassertouristische Dienstleistungen erbringen.

Alle diese Entwicklungen ermöglichen es, Wassertourismus in verschiedenen Betriebsformen anzubieten. Interessant dabei ist, dass sich im Rahmen dieser Änderungen auch Veränderungen im Vereinsrecht ergeben. Zu beobachten sind derzeit vier Betriebsformen im Wassertourismus, die sich in Deutschland etabliert haben und die rechtlich möglich sind (s. Abb. 6.8).

Wassertouristische Betriebsform			
	Personal	Größe	Beispielbetrieb
Vollbetrieb ganzjährig	Fachkräfte Vollzeit	Mehrpersonenbetrieb	Marinabetrieb mit Winterservice
Vollbetrieb saisonal	s.o. Teilzeit	1 bis mehrere Personen	Marinabetrieb mit Wassertourismus-Service
Nebenbetrieb ganzjährig	Teilzeit	1 bis mehrere Personen	Werftbetrieb mit Marinaservice
Nebenbetrieb saisonal	Saisonkräfte, Teilzeit	1 bis mehrere Personen	Bootsverleih, Gaststätte mit Bootsanleger
»Ruf-Betrieb«		1 Personenbetrieb	Wassertouristischer Service auf Anforderung

Abb. 6.8 Wassertouristische Betriebsformen. (©H. Haass, 2024)

1. Der gemeinnützige und ehrenamtlich geführte Verein (e.V.)

   Dieses ist das klassische Modell eines Sportvereins, das zunehmend aufweicht und zu einem Dienstleister für seine Mitglieder wird. Diese Entwicklung wurde ab Mitte der 1980er-Jahre bei vielen allgemeinen Sportvereinen beobachtete, indem die damalige Fitnesswelle in den zahlreichen kommerziellen Studios vielen Vereinen Tausende an Mitgliedern kostete. Die Vereine haben sich damals an den kommerziellen Leistungen der Studios orientiert und ihre Angebote danach ausgerichtet. Diese Erfahrungen kommen heute dem Wassertourismus zugute, indem sich auch hier viele Vereine an den Leistungen gewerblicher Anbieter orientieren.

2. Der gemeinnützige Verein mit ausgelagerter Dienstleistung

   Dieses Modell ist neu und ermöglicht einem Verein im Rahmen eines Geschäftsbesorgungsvertrages wassertouristische Dienstleistungen unternehmerisch anzubieten. Diese sind meistens in Form einer juristischen Gesellschaft (GmbH) aus dem Verein ausgelagert und schaden der Gemeinnützigkeit des Vereins nicht.

3. Das gewerbliche Unternehmen im Wassertourismus

   Diese Betriebsform hat sich in den letzten Jahren im Wassertourismus durchgesetzt und so sind es meistens juristische Gesellschaften (GmbH), die diese Leistungen anbieten. In vielen Fällen sind es auch Nebenbetriebe anderer Betriebe, z. B. von Werften, Bootshandel, Charterunternehmen oder Servicewerkstätten etc., die dann auch wassertouristische Dienstleistungen anbieten. Häufig sind es auch Gesellschaften, die das Dach für viele einzelne Unternehmen bieten, die sich unter dem Dach einer Marina etablieren. In diese Betriebsform gehören auch private Nebenbetriebe im Wassertourismus, die von Einzelpersonen oder in Form einer Gesellschaft des bürgerlichen Rechts (GbR) auftreten.

4. Kommunal und öffentlich geführte Betriebe als Eigenbetriebe von Kommunen

   Wassertouristische Dienstleistungen, meist in Form von Marinas, werden gelegentlich auch von kommunalen Eigenbetrieben wie Stadtwerken o. ä. geführt. Diese Betriebe sind meist defizitär, aber ggf. steuerlich reizvoll. Einige Städte und Regionen betreiben Fähren und Boote als Teil ihres öffentlichen Verkehrssystems, um Menschen über Gewässer zu transportieren, was auch zum Wassertourismus zählt. Und öffentliche Tourismusorganisationen können wassertouristische Dienstleistungen fördern und koordinieren, um den Tourismus in einer Region zu fördern.

Wassertouristische Betriebe haben sehr spezielle Strukturen, die auch in der betriebswirtschaftlichen Betrachtung berücksichtigt werden müssen. Sie unterscheiden sich auch deutlich von anderen touristischen Unternehmen in ihren Spezifika, sind sehr komplex und bestehen aus technischen Teilen, aus touristischen Teilen und aus Handelsteilen. Eben diese Spezifika des Wassertourismus machen es für Quereinsteiger in diese Branche extrem schwer, diese Strukturen zu erleben und ein Unternehmen wirtschaftlich zu führen. Private Reedereien betreiben oft Bootstouren, Kreuzfahrten oder Fährdienste und bieten verschiedene Wassertourismusangebote an. Sie können lokale, nationale oder internationale Dienstleistungen an-

6.6 Wassertouristische Betriebsformen und Geschäftsmodelle

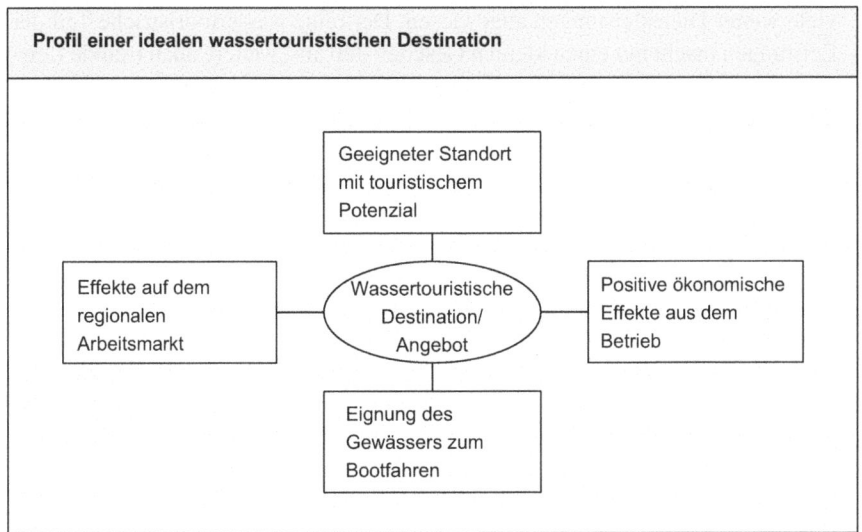

Abb. 6.9 Profil einer wassertouristischen Destination. (©H. Haass, 2024)

bieten. Die Vermietung von Kajaks, Kanus, Jetskis, Segelbooten und anderen Booten für Touristen und Einheimische zählen ebenso zu den wassertouristischen Betrieben (s. Abb. 6.9).

Daneben sind noch weitere Formen von wassertouristischen Betrieben beobachtbar. So können auch kooperative Modelle als ein Zusammenschluss von Unternehmern im Wassertourismus gemeinsame Ressourcen nutzen, ein einheitliches Marketing betreiben und die betriebliche Effizienz steigern. Wassertouristische Betriebe können Partnerschaften mit Hotels, Restaurants und anderen touristischen Einrichtungen eingehen, um Paketangebote anzubieten und Synergien zu schaffen. Auch digitale Plattformen eröffnen neue Möglichkeiten. Plattformen, die es Kunden ermöglichen, wassertouristische Aktivitäten online zu buchen, können als Vermittler zwischen Kunden und Betreibern fungieren. Apps und Websites, können Informationen über wassertouristische Attraktionen, Aktivitäten und Dienstleistungen bereitstellen.

Die Größe des Betriebs ist eine weitere Kenngröße, die auch in der Gründungsplanung hohe Wichtigkeit besitzt. Die Dienstleistungen müssen zumindest kostendeckend angeboten werden, sonst wird es als Liebhaberei betrachtet und ist steuerlich nicht mehr relevant. Dieses gilt für den ganzjährigen Vollbetrieb genauso wie für den saisonalen Nebenerwerbsbetrieb.

1. Ein ganzjähriger Vollbetrieb ist sicherlich wirtschaftlich die stabilste Form, aber am schwierigsten zu führen. Dieses sind zumeist sehr große Unternehmen, die unter ihrem Dach eine Anzahl weiterer Unternehmen führen und so ein Überleben auch außerhalb der Saison sichern können. Durch die Vermietung von Liegeplätzen allein können diese Unternehmen kaum existieren und so sind sie auf

viele weiter Dienstleistungen angewiesen. Der reine wassertouristische Teil der Leistungen macht nur einen kleinen Geschäftsteil aus, weitere auch fremde Leistungen kommen hinzu, wie Einzelhandel, Beratung, technischer Service etc.
2. Ein saisonaler Vollbetrieb arbeitet nur von ca. April bis Oktober, die Bootssaison in Deutschland. Typisches Beispiel ist eine Charterstation an einem Gewässer. Die Leistungen und auch das Personal sind nur in dieser Zeit vor Ort und werden im Winter entweder anders eingesetzt oder freigestellt. Eine eher ungewöhnliche Betriebsform, da jährlich zum Saisonbeginn der Betrieb neu aufgestellt werden muss, was hohe Anlaufkosten verursacht, die kaum wieder eingespielt werden können.
3. Der ganzjährige Nebenbetrieb ist eine beliebte Form im technischen und im gastronomischen Bereich. Das eigentliche Geschäft wird mit diesen beiden Bereichen gemacht, der Wassertourismus kommt hinzu und wird nach Bedarf ausgeführt. Hier besteht das große Risiko, dass die touristische Qualität der Leistungen auf der Strecke bleibt, da sie nur als Nebenbei angeboten wird und oftmals hierfür die touristischen Servicequalitäten fehlen.
4. Der saisonale Nebenbetrieb ist ähnlich dem ganzjährigen Nebenbetrieb strukturiert. Hier ist das Risiko der Unprofessionalität noch größer. Allerdings stellt diese Gruppe derzeit die meisten Betriebe im Deutschland dar, wenn man auch die Dienstleistungen der Vereine mitbetrachtet. Das unternehmerische Risiko ist in dieser Betriebsform gering, jedoch ist das Geschäft auch stark wetter- und saisonabhängig. Der klassische Ruder- und Tretbootverleih ist hier das bekannteste Beispiel.
5. Die kleinste betriebliche Einheit im Wassertourismus ist der Ruf-Betrieb. Dieser Betrieb steht auf Abruf während der Saison zur Verfügung und bietet meist technischen Service an. So kann z. B. eine Autowerkstatt auf Abruf auch Motorenservice auf Booten anbieten. Das unternehmerische Risiko ist hier am geringsten, jedoch auch die Umsatzerwartungen halten sich in minimalen Größen.

Die dargestellten Saison- und Nebenerwerbsbetriebe machen den weitaus größten Teil der wassertouristischen Betriebe in Deutschland mit ca. 80 % aus. Wie bei allen Nebenerwerbsbetrieben machen hier Unprofessionalität und Halbherzigkeit das Geschäft zu einem Risiko. Einige sehr gute Start-ups zeigen, wie man es gut und richtig machen kann, aber eine große Zahl an Hoffnungsträgern ist auch nach einem oder mehreren Jahren in die Insolvenz gerutscht. Alle diese Betriebe sind für ein regionales wassertouristisches Netzwerk wichtig und unentbehrlich. Die Netzwerkqualität hängt in starkem Maß von der Existenz und Kooperation aller dieser Betriebe ab. Fallen einige oder mehrere Betriebe aus dem Netzwerk heraus, besteht Gefahr, dass das gesamte Netzwerk zusammenbricht. Dieser Situation steht der deutsche Wassertourismus seit etwa Mitte der ersten Dekade der 2000er-Jahre gegenüber. Sehr viele auch geförderte Unternehmen sind weggebrochen, weil die geschäftlichen Erwartungen viel zu hoch waren und eine falsche Entwicklungspolitik im Wassertourismus betrieben wurde. Die Folge sind Resignationen und verwaiste Anlagen in eigentlich tragfähigen Regionen des Wassertourismus.

6.7 Geschäftsmodelle und Trägerschaften von wassertouristischen Betrieben

Wassertouristische Betriebe können verschiedene Geschäftsmodelle und Trägerschaften aufweisen, abhängig von ihrer Art, Größe, geografischen Lage und den angebotenen Dienstleistungen.

Es ist wichtig zu beachten, dass viele wassertouristische Betriebe oft eine Kombination verschiedener Geschäftsmodelle und Trägerschaften nutzen, um ihre Dienstleistungen anzubieten und zu betreiben. Der Erfolg hängt oft von einer effektiven Verwaltung der natürlichen Ressourcen, einer klugen Marketingstrategie, einer guten Kundenbetreuung und einer nachhaltigen Geschäftspraxis ab.

6.8 Gründung und Übernahme eines wassertouristischen Betriebes

Die Gründung und Übernahme eines wassertouristischen Betriebs erfordern sorgfältige Planung, Marktforschung und die Einhaltung verschiedener rechtlicher Vorschriften. Es gibt einige Schritte und Überlegungen, die bei diesem Prozess hilfreich sind.

Zunächst sollte man den regionalen Markt für Wassertourismus erforschen. Hierzu untersucht man zuerst den Markt für wassertouristische Aktivitäten in der Region. Man muss bestehende Konkurrenten und potenzielle Partner identifizieren und deren Angebote und Preise aufnehmen. Man muss aber auch die Bedürfnisse und Vorlieben der Zielgruppen analysieren. Welche Arten von wassertouristischen Aktivitäten sind gefragt? Der nächste Schritt ist die Erstellung eines Geschäftsplans/Businessplans. Hierin werden das Geschäftsmodell und die Dienstleistungen definiert. Dieses sind neben z. B. Bootstouren, Wassersportverleih, Angeltouren oder andere wassertouristische Aktivitäten, auch touristische Serviceangebote. Besonders wichtig in diesem Schritt ist das Erstellen einer Finanzprognose, um potenzielle Investoren oder Finanzierungspartner anzusprechen zu können. In diesem Plan müssen alle relevanten Teile berücksichtigt werden. Zu einem Businessplan gehören auch die gesetzlichen Anforderungen und Lizenzen für wassertouristische Unternehmen in der Region. Dieses sind Genehmigungen, Versicherungen und ggf. Auflagen des Umweltschutzes am Gewässer. Klären Sie, ob spezielle Schulungen oder Zertifizierungen für Ihr Personal erforderlich sind. Die Standortwahl sollte bereits im Vorfeld abgeschlossen sein und positiv bewertet worden sein. Die Verfügbarkeit des Standortes versteht sich nun von selbst. Der Finanzierungsplan ermittelt den erforderlichen Finanzbedarf für die Gründung oder Übernahme des wassertouristischen Betriebs. Die Finanzierung kann dann aus Eigenkapital, Bankkrediten oder Investorengeldern stammen. In den Businessplan gehört auch das Marketingkonzept. Die gewählte Marketingstrategie, um das wassertouristische Unternehmen bekannt zu machen, muss stimmig sein und mit dem Vorhaben zusammenpassen. Betonen Sie einzigartige Angebote oder Aspekte Ihres Unternehmens, um sich von

Mitbewerbern abzuheben. Der Businessplan beinhaltet konkret Betriebsabläufe, die für einen optimalen Betrieb erforderlich sind. Auch eventuelle Beschwerdefälle, Ausfälle oder Krankheitsfälle sind einzuplanen. Die touristische Servicequalität muss erstklassig sein, was gerade in der Anlaufphase des Betriebes wichtig ist, Umweltzertifikate und Labels machen den Betrieb glaubwürdig und beispielhaft. Diese sollte man in der Anfangszeit möglichst rasch erwerben. Und man sollte auch ein Risikomanagement vorsehen, was Probleme und Ausfälle abdecken muss. Einiges kann man versichern, aber vieles ist auch nicht vorhersehbar und nicht versicherbar. Das betrifft auch die Rücklagenbildung von Anfang des Betriebs an.

Es ist wichtig, sich professionell beraten zu lassen und alle erforderlichen Genehmigungen einzuholen, um sicherzustellen, dass Ihr wassertouristischer Betrieb erfolgreich und rechtmäßig betrieben wird. Professionelle Betriebsberatungen und Gründungsberatungen sind vielfältig zu erhalten. Dieses können zum einen Netzwerkpartner sein, die durchaus erfolgreich sind und an einer Kooperation interessiert sind. Diese Personen sind wertvolle Tippgeber mit umfassender Erfahrung im Wassertourismus. Professionelle Berater speziell im Wassertourismus sind eher selten in Deutschland, da diese Branche recht neu ist. Die meisten Quereinsteiger in diese Branche sind leider eher beratungsresistent und versuchen sich lieber alleine. Dennoch sind allgemeine Beratungen zur Gründung von Betrieben bei vielen Beratungsstellen möglich. Hier können helfen

+ Tourismusverbände und -organisationen,
+ Industrie- und Handelskammern,
+ Hotel- und Gaststättenverbände,
+ Gewerbeämter der Kommunen und Landkreise,
+ Wirtschaftsförderer der Kommunen und Landkreise,
+ Unternehmens- und Steuerberater,
+ Banken und Sparkassen,
+ Sonstige Start-up-Berater.

Auf der örtlichen Ebene sind die Beratungen meistens konkret und effektiver als in einer überregionalen Art und Weise.

Grundsätzlich zu unterscheiden sind die Neugründung oder die Übernahme eines bestehenden Betriebes. Beide Vorgehen haben Vor- und Nachteile. Die Neugründung ist ein Start bei Null in jeglicher Hinsicht, mit dem Vorteil keiner eventuellen Vorbelastung. Die Übernahme eines bestehenden Betriebs hat den Vorteil, dass existierende Strukturen genutzt werden können. Die eigene Zielsetzung des Betriebs kann diese Entscheidung ggf. beeinflussen.

Jede Betriebsgründung oder Übernahme erfordern eine solide **Finanzierung**. Auch hierfür ist eine fundierte Beratung nötig, die durch Banken, Sparkassen oder Finanzberater erfolgen kann. Zur Finanzierung eines Unternehmens ist zunächst Eigenkapital erforderlich, das in angemessenem Umfang vorhanden sein sollte. Meistens muss zusätzlich Fremdkapital hinzukommen, was in Form von Krediten aufgenommen werden muss. Im besten Fall stellt eine Kombination aus Eigen- und Fremdkapital eine solide Finanzierung dar. Als mögliche dritte Finanzierungssäule

6.8 Gründung und Übernahme eines wassertouristischen Betriebes

können ggf. Förderungen hinzukommen, die entweder in Form vergünstigter Kredite oder als Zuschuss gewährt werden können, Die Zeiten, in denen diese Förderungen im Wassertourismus großzügig ausgeschüttet wurden, sind leider vorbei. Die Branche steht vorwiegend auf eigenen Füssen und muss selbst eine solide Finanzierung entwickeln.

Auf keinen Fall dürfen die **Nebenkosten** der Gründung/Übernahme eines Betriebs vergessen oder unterschätzt werden. Einige Positionen dieser Nebenkosten sind bereits im Vorfeld der eigentlichen Gründung/Übernahme zu zahlen und müssen daher bereits dann schon abrufbar sein. Eigenständige Vor- oder Zwischenfinanzierungen sind ärgerlich und teuer. Die Nebenkosten einer Gründung/Übernahme können ca. 10–15 % der Investitionskosten betragen. Als wesentliche Nebenkosten sind zu nennen Planungskosten von baulichen Anlagen, Genehmigungskosten für Baumaßnahmen, Beraterhonorare, Kosten für Zwischenfinanzierungen und Disagio, Notarkosten und Kosten der Gemeinde etc.

Die Gründung/Übernahme eines wassertouristischen Betriebes erfordert eine Reihe an **Formalitäten**, die im wesentlich gleich sind einer sonstigen Betriebsgründung. Neben freien Gründungsberatern können die örtlichen Industrie- und Handelskammern hier Hilfestellung bieten. Für die formellen Schritte ist in jedem Fall ein Notar erforderlich, der die entsprechenden Verträge und Anträge erarbeiten bzw. stellen kann. Die Bestellung eines Geschäftsführers oder des geschäftsführenden Gesellschafters ist für wassertouristische Unternehmen an keine fachliche Qualifikation gebunden, was auch durch die hohe Zahl an fachlichen Quereinsteigern gezeigt wird. Die Industrie- und Handelskammern bieten für alle diese Schritte Informationen und Checklisten, die eine erste grobe Unterstützung bieten. Zu planen sind die Bereiche Finanzierung, Steuern, Versicherungen, Personal, bauliche Anlagen und Maschinen, Lieferanten und Subunternehmer. Ein intensiver persönlicher Kontakt zu den entscheidenden Personen der Verwaltungen ist hilfreich, da er das Unternehmen und seine Inhaber bekannt macht.

Der Betrieb eines wassertouristischen Unternehmens erfordert zunächst einen **Betriebsplan**, in dem die spezifischen Abläufe des Betriebs aufgestellt sind. Dieser Strukturplan des Betriebs muss vor Geschäftsbeginn vorliegen und sorgfältig aufgestellt sein. In diesem Plan sollte man in Varianten arbeiten, d. h. es gibt eine Minimalvariante, einen Mittelvariante und eine Maximalvariante. Die Minimalvariante berücksichtigt einen nur minimalen Geschäftsbetrieb, der den Betrieb dennoch existenziell am Leben erhalten muss. Hier werden die Ausgaben soweit wie möglich heruntergefahren. Die Mittelvariante wird vermutlich den Normalbetrieb darstellen, in dem ein auskömmlicher Geschäftsbetrieb verläuft. Und die Maximalvariante stellt Spitzenauslastungen, ggf. in den Ferienwochen, dar und muss den Betrieb auch in solchen Phasen funktionieren lassen. Für diese drei Varianten sind wirtschaftliche Kennzahlen erforderlich, die man gut aus vergleichbaren Unternehmen übernehmen kann. Besteht ein regionales und gut funktionierendes Netzwerk, so können hier ggf. Kollegen mit eigenen Erfahrungen und Werten helfen. Bei wirtschaftlichen Kennzahlen geht es immer um die Rentabilität eines Unternehmens. Im Sinn einer betriebswirtschaftlichen Analyse ist das Verhältnis aus Umsätzen und Betriebskosten zu ermitteln. Der Betriebsplan gibt hierzu die Strukturen der Betriebsabläufe vor, die ständig zu überprüfen und ggf. anzupassen sind. Auch Erfahrungen anderer wassertouristischer Unternehmen bieten hier eine gute Informationsmöglichkeit. Die Struktur des Betriebsplans ist sowohl vertikal gegliedert, als Kerngeschäft, wie auch horizontal unter Einbeziehung der Subunternehmer oder Pachtbetriebe. Aus dieser Gliederung wird gut deutlich, wo (räumlich und betrieblich) die Kernkompetenzen des Unternehmens liegen und wo Outsourcing sinnvoll wird.

Auf der Grundlage des Betriebsplans wird dann der **Geschäftsverteilungsplan (GVT)** entwickelt. Dieser weitere Plan umfasst alle Geschäftsabläufe und -vorgänge und versieht diese mit personellen Zuständigkeiten und Verantwortungen. Diese reichen von der Prokura und allgemeinen Vertretungsberechtigung bis zum Leeren der Abfallbehälter. Hierdurch wird auch zugleich der erforderliche Personalbedarf abgesteckt und ermittelt. Dieser Geschäftsverteilungsplan ist das Rückgrat des Unternehmens und regelt alle Geschäftsabläufe. Er ist auch Grundlage bei Beschwerden, Haftungsfragen, Unfällen und arbeitsrechtlichen Problemen. Er dient aber auch im Außenverhältnis des Unternehmens, so z. B. bei Versicherungsfragen. Die laufende Überprüfung und Anpassung ist dann selbstverständlich und reicht bei wassertouristischen Betrieben i. d. R. einmal pro Jahr aus. Dieses Controlling hat nicht nur die Änderung des GVT zur Aufgabe, sondern soll auch zugleich Schwachstellen aufdecken und beheben helfen.

Die vielfältigen und verschiedenen Aufgaben im Wassertourismus erfordern auch eine spezifische **Personalstruktur**. Es wird Mitarbeiter geben, die in unmittelbarem Kundenkontakt stehen und Mitarbeiter ohne Kundenkontakt. Insgesamt geht es beim Wassertourismus um eine touristische Dienstleistung, die sehr personalintensiv ist. Daher sind Art, Größe und Qualifizierung besonders wichtig. Die Art der Personalstruktur richtet sich nach den Angeboten und Dienstleistungen des Unternehmens. Ein reines Verwaltungsunternehmen, das seine Angebote aus Subunternehmern bestreitet, benötigt vorwiegend Bürokräfte. Der Servicebetrieb vor Ort benötigt kundenbezogenes Personal wie Rezeptionisten, Kellner oder Animateure etc. Die Größe der Personalstruktur hängt wiederum von der Größe und Vielfalt des Unternehmens ab. Ein Unternehmen, das nur Liegeplätze vermietet, wird mit ein oder zwei Kräften auskommen, ein Unternehmen, das technischen Service, touristische Dienstleistungen und gastronomische Angebote vorhält, benötigt entsprechend mehrere Arbeitskräfte. Entscheidend ist immer, wie die Geschäftsabläufe im GVT aufgestellt sind. Die Qualifizierung des Personals richtet sich auch nach ihren Aufgaben. Technische Dienstleistungen erfordern klare technische Kompetenzen wie Motorentechniker, Bootsbauer oder Elektroniker etc. Touristische Dienstleistungen erfordern entsprechend geschulte Kräfte. Und für die Geschäftsführung oder das Marinamanagement werden entsprechend kompetente Kräfte benötigt. Es gibt international eine Fülle an englischsprachigen Qualifizierungsmaßnahmen für Marinamanager. Allerdings ist bei allen diesen Angeboten und Schulungen noch niemals ein deutscher Teilnehmer gesehen worden! Die Personaldecke eines wassertouristischen Betriebes ist stark saisonabhängig und kann durchaus im Winterhalbjahr ausgedünnt werden. Daher arbeitet diese Branche auch gern nur mit Saisonkräften und zeitlich begrenzten Verträgen. Die Personalakquirierung ist im Wassertourismus eine besondere Aufgabe, denn die Bereitschaft zu unregelmäßiger

Arbeit, Überstunden in der Saison und Wetterabhängigkeit etc., machen die Arbeit etwas außergewöhnlich. Insofern ist es nicht verwunderlich, dass hier die klassischen Wege der Personalakquirierung nicht funktionieren. Wie will man eine solche Tätigkeit beschreiben? Es ist vielmehr Praxis, auf Empfehlung oder Zuruf eines anderen entsprechend interessiertes und qualifiziertes Personal zu finden. Zeugnisse zählen hier wenig, wichtiger sind Erfahrungen in dieser besonderen Branche und eine hohe Affinität zum Wassersport und zu Booten. Schließlich gehört zu Personalentscheidungen auch immer die arbeitsrechtliche und steuerliche Seite und so sollte auch der Steuerberater in diese Entscheidungen mit eingebunden sein.

Geräte- und Wareneinsatz ist auch im wassertouristischen Betrieb nötig und wichtig. Es werden Verbrauchsmaterialien für den Eigenbedarf gebraucht und Waren zum Verkauf. Dieser Geschäftsbereich wird als Einkauf bezeichnet. Diese Aufgabe sollte einem Mitarbeiter übertragen sein, der auch über weitreichenden Kompetenzen und Befugnisse verfügt. Daher ist dieses eine hohe Vertrauensposition im Betrieb. Der Einkauf erfordert logistische Kompetenzen, Materiallagerung und Verbrauchszeiten, Lieferanten und Lieferzeiten und eine genaue Kostenkontrolle. Daher erfolgt diese Aufgabe immer nach festen Regeln und Vorgaben der Geschäftsleitung. Die Lagerhaltung sollte flexibel sein, dieses vor allem in ersten Geschäftsjahren. Einkäufe sind genau zu inventarisieren, um möglichst keine umfangreichen Restbestände ansammeln zu lassen. Eine jährliche Inventur gehört damit auch zur guten kaufmännischen Geschäftsführung. Einkaufsverbünde können auch im Wassertourismus helfen, Kosten zu sparen und neue Produkte auszuprobieren. Der Verkauf von Waren, etwa Bootszubehör, Kleidung, Elektronik und Ausrüstung etc. erfolgt nach den Grundsätzen des Einzelhandels. Dieses kann ausgelagert werden und als Subunternehmen verpachtet werden. Allerdings bekommt in dieser Branche der Online-Handel eine immer größer werdende Bedeutung und verdrängt den örtlichen Einzelhandel sehr. Ein wassertouristischer Nebenerwerb sollte von diesem Angebot Abstand nehmen, da Wareneinkauf und -haltung sowie die Angebotsbreite hier sehr schwierig werden. Im Betrieb sind die beiden Bereiche Einkauf für den Eigenverbrauch und Einkauf von Verkaufswaren strikt zu trennen, beide sind auf separaten Konnte zu führen. Eine Vermischung oder Zusammenführung in einem Konto wäre ein grober kaufmännischer Fehler.

Ein aktueller Entwicklungstrend im wassertouristischen Geschäft ist das **Outsourcing** von Service- und Dienstleistungen. Der Stammbetrieb wird hierdurch mehr zu einem Verwaltungsbetrieb und kann sich der Suche exzellenter Pächter und Subunternehmer widmen. Durch die Vermietung von Liegeplätzen ist ein Betrieb kaum überlebensfähig. Also müssen Zusatzgeschäfte eröffnet werden. Dieses sind oftmals outgesourcte Dienstleistungen. Dem reinen maritimen Geschäft, hier vorrangig der Vermietung von Liegeplätzen, kommt ca. 25 % der Geschäftstätigkeit zu. Die übrigen 75 % sind hingegen eher touristisch orientiert und bieten dem Gast eine maritime Erlebniswelt. Wassertourismus ist ein Lifestyle-Phänomen und entsprechende Angebot werden vom Gast erwartet. Ein im Wassertourismus beliebtes Modell ist die Spezialisierung von kleineren Unternehmen auf eine bestimmte Dienstleistung, etwa Elektronik, Motorenservice oder Bootspflege etc. Dieses Modell ist unternehmerisch und wirtschaftlich durchaus interessant und macht den Betrieb auch weitgehend saisonunabhängig, da die Dienstleistungen möglichst ganzjährig nachgefragt werden. Dieses ist eine Form des Leanmanagements und ist in anderen Branchen bereits sehr erfolgreich. Letztlich ist es wichtig, Subunternehmer im Betrieb nicht zu oft zu wechseln. Der Eindruck beim Kunden ist eher negativ und lässt Vermutungen von wirtschaftlichen Schwierigkeiten im Stammbetrieb aufkommen. Vertrautheit schafft hier Sicherheiten für den Kunden und bindet den Subunternehmer auch langfristig an den Stammbetrieb.

Die **Buchführung** in einem wassertouristischen Betrieb teilt sich, gleich wie in anderen Branchen auch, in die Finanzbuchhaltung und die Lohnbuchhaltung. Die Bearbeitung der Buchführungen sollte auch in einem kleineren Betrieb nicht vom Geschäftsführer oder einer beauftragten Person selbst durchgeführt werden. Die Einbindung eines Steuerberaters ist empfehlenswert, der zum einen die erforderlichen Fachkenntnisse mitbringt und zum anderen steuerliche Gestaltungsspielräume kennt und ausnutzen kann. Die **Finanzbuchhaltung (FiBu)** dient der Gewinnermittlung und der daraus resultierenden Steuerlast. Sie umfasst im Wesentlichen

- Basis der Gewinnermittlung für die Steuerberechnungen,
- regelmäßige und aktuelle BWA (betriebswirtschaftliche Analyse),
- Darstellung des Betriebs für den Inhaber, Steuerberater, Banken, Finanzamt und Sozialversicherungen.

Die Zwecke einer Finanzbuchhaltung sind

- Dokumentation der Betriebsergebnisse,
- Grundlage für Kreditabschlüsse,
- Grundlage für die Steuerbemessung,
- Grundlage für weitere betriebliche Entscheidungen.

Diese monatlichen Aufzeichnungen des Betriebs zeigen der Geschäftsführung den aktuellen Stand des Unternehmens, seine Wirtschaftlichkeit und Liquidität und geben damit die Möglichkeit, Investitionsentscheidungen, Personalentscheidung und andere Entscheidungen fundiert und überlegt treffen zu können.

Die **Lohnbuchhaltung** ist die monatliche Pflicht des Unternehmens, als Arbeitgeber alle finanziellen, steuerlichen und sozialrechtlichen Verpflichtungen und Vorgänge für die Mitarbeiter vorzunehmen. Der Arbeitgeber haftet für die ordnungsgemäße Zahlung des Gehaltes und für die fristgemäße Abführung der Sozialbeiträge, der Kirchensteuer und der Lohnsteuer. Unregelmäßige Betriebsprüfungen hierüber durch die Sozialversicherungsträger sind üblich und daher wird empfohlen auch diese Lohnbuchhaltung über einen Steuerberater durchführen zu lassen. Dieser ist dann auch bei einer Betriebsprüfung der Ansprechpartner.

Das **Management** eines wassertouristischen Betriebes entspricht auch einer modernen Betriebsführung. Vielerorts existiert das noch tradierte Bild von einem knurrigen Hafenmeister, der als ausgedienter Seemann jetzt einen Marinabetrieb managen soll. Dieses Bild passt ganz und gar nicht in eine moderne Dienstleistungsgesellschaft. Gerade im Tourismus hat sich das Bild und Image der Betriebe gewandelt und es wird vom Gast und Kunden ein kundenfreundlicher Service erwartet, der auch auf innovative Entwicklungen im Service eingehen muss. Das Management eines wassertouristischen Betriebes muss daher

- ein funktionierendes Kerngeschäft sichern,
- die Arbeitsplätze und Gehälter der Mitarbeiter sichern,
- Inhaber, Gesellschafter und Geschäftsführer entlohnen können,
- den Betrieb wirtschaftlich und sparsam führen,
- den Betrieb wettbewerbsfähig halten,
- den Betrieb im Sinn des Steuerrechts und des Sozialversicherungsrechts wirtschaftlich führen,
- Gewinne und Überschüsse als Rücklagen sichern und für spätere Investitionen erwirtschaften.

Um dieses zu erreichen, ist ein Teamgeist im Betrieb erforderlich. Die gesamte Belegschaft muss diese Ziele im Auge haben und stets bemüht sein, diese zu erreichen. Der Führungsstil der Geschäftsführung bestimmt diesen Teamgeist. Nicht autoritär und nicht zu offen sollte die Mitarbeiterführung sein. Es sind klare und eindeutige Vorgaben zu machen und erreichbare Ziele zu setzen. Leistungsmotivation muss richtig dosiert umgesetzt werden. Gutes Management betrifft nicht nur das Innenverhältnis im Betrieb, auch die Kundenbeziehung gehört zu einem guten Management, gerade bei Beschwerden, Kritik und Ärger in der Kundenbeziehung zeigt sich gutes Management. Wie geht die Geschäftsleitung im Verhältnis zwischen Mitarbeitern und Kunden um? Dieses Verhältnis ist eine Kraftprobe für das Management. Und in Stresssituationen des Betriebs zeigt sich ein gutes Management. Wassertouristische Betriebe unterliegen auch den zunehmenden Naturkatastrophen mit ihren baulichen Anlagen. Tritt eine Naturkatastrophe ein und sind Beschädigungen an den Anlagen vorhanden, die den weiteren Betrieb hindern, dann ist ein gutes Krisenmanagement gefragt. Hier zeigt sich die Stärke eines Geschäftsführers. Für ein gutes Krisenmanagement sind technische Kompetenzen nötig, soziale Kompetenzen und Fachwissen über Rettungsabläufe. Zusätzlich ist ein Notfallplan im Betrieb sinnvoll und mit Feuerwehr, Rettung und Polizei abzustimmen. Auch die Mitarbeiter müssen diesen Plan kennen und im Notfallmanagement mitarbeiten.

Die **Kommunikation** eines wassertouristischen Betriebs nach innen und außen sichert eine hohe Qualität und ein positives Image nach außen. Die Kommunikation läuft auf verschiedenen Eben ab, verbal durch Sprache, nonverbal durch Aussehen, Eindruck und Auftritt des Unternehmens und durch Marketingmaßnahmen. Die innerbetriebliche Kommunikation ist Zugleich ein Maß für die Managementqualität. Läuft der Austausch zwischen Mitarbeitern und Führung gut, spricht das für ein gutes Management. Absprachen erfolgen einfach, klar und problemlos. Andererseits zeigen Missverständnisse und Nachfragen, dass auch Art und Inhalt der Anweisungen fragwürdig sind. Wie in jedem Unternehmen gibt es einfache Grundregeln des täglichen Miteinanders:

+ Höflichkeit, Respekt und Ruhe im Umgang miteinander,
+ Kritik nur unter vier Augen ansprechen,
+ Lob öffentlich aussprechen, aber nie als Zweck für etwas einsetzen,
+ Tonlage, Lautstärke und Wortwahl der Situation und dem Ziel anpassen, aber niemals ausfallend werden,
+ ärgerliche Vorfälle im Unternehmen ansprechen und nicht ausschweigen,
+ rechtzeitiges Eingreifen bei Fehlverhalten und Missstimmungen.

Mobbing unter den Mitarbeitern ist generell zu vermeiden und bereits im Vorfeld zu verhindern. Hier muss man sofort eingreifen, denn hat sich eine Mobbingsituation erst einmal gefestigt, ist sie kaum zurückzuwandern.

In jedem Betrieb sollten turnusmäßige Betriebsbesprechungen (Jour fixe) stattfinden. Hier sollen alle Geschäftsvorgänge besprochen werden und auch die Stimmung unter den Mitarbeitern erörtert werden, um Missstimmungen etc. im Vorfeld zu verhindern.

Die Außenkommunikation zum Kunden ist genauso wichtig. Sie zeigt das Unternehmen dem Kunden als lebhaftes und aktives Unternehmen, das seine Kunden wertschätzt und als wichtig erkannt hat. Es geht hierbei um zwei Kundengruppen, die angesprochen werden müssen. Zum einen die direkten Kunden, die bereits Leistungen des Unternehmens in Anspruch nehmen und zum anderen potenzielle Kunden, die zu Neukunden gemacht werden sollen. Beide Gruppen benötigen eine unterschiedliche Ansprache mit unterschiedlichen Inhalten und Informationen. Zur Betreuung der Bestandskunden zählt auch das Beschwerdemanagement, das wiederum ein Indikator für die Geschäftsführung ist. Hier sollte der Bearbeiter dem Kunden stets einen Gedanken voraus sein und z. B. bei Entgegennehmen der Beschwerde bereits Lösungen und Maßnahmen des Unternehmens im Auge haben. Auch hier gilt wiederum, Ruhe bewahren und nicht dem Kunden gegenüber laut oder ausfallend werden. Im Beschwerdemanagement hat sich eine Klassifizierung der Kunden bewährt. Und so kennt man seine Kunden z. B. als Nörgler, als Zufriedener, als Ruhiger oder als Lauter und als Besserwisser. Es ist im Tourismus bekannt, dass ein zufriedener Kunde nur einen Neukunden mobilisieren kann, aber ein unzufriedener Kunde bis zu 7 Neukunden abschrecken kann. Sehr hilfreich sind auch, z. B. während des Jour fixe, Befragungen der Mitarbeiter nach Wünschen und Bedarfen der Kunden. Die Mitarbeiter haben hier ihr Ohr näher am Kunden als die Geschäftsleitung und erfahren früher und detaillierter, was gewünscht wird oder was nicht gut funktioniert. Gute Kommunikation insgesamt erfordert viel Zeit von allen. Häufig wird diese Zeit als unnötig und lästig erachtet, was sich später als Problem im täglichen Betrieb herausstellt. Kommunikation ist immer auch zugleich Werbung für den Betrieb und ist daher so wichtig.

6.9 Neuere Entwicklungen im Management des Wassertourismus

Der Wassertourismus ist innerhalb des Tourismus international eine noch recht junge Entwicklung, die gerade in Deutschland noch weit in den Anfängen steckt. International sind die großen und bekannten Regionen weit voraus und zeigen, was alles möglich ist und wie es gemacht werden kann. Man kann drei Entwicklungsstufen im Wassertourismus erkennen. Der Beginn dieses Phänomens liegt ungefähr in den 1960er-Jahren. In dieser ersten Entwicklungsstufe wurden vorrangig die nautisch-technischen Anforderungen der Bootstouristen erfüllt. So wurden Liegeplätze vermietet und technischer Bootsservice angeboten. Weitere, insbesondere touristische, Dienstleistungen waren unbekannt. Mit Beginn der 1990er-Jahre trat eine zweite Entwicklungsstufe ein, in der sich diese Betrieb diversifizierten und zu vielfältigen Leistungsträgern am Wasser wurden. Es entstanden Marinas, Sportbootschulen, vercharterter, Versicherer, Gastronomie am Wasser, Verkauf, Camping etc. Das größte Risiko hierbei, dass alle danach streben ein Vollangebot aufzubauen und damit in direkte negative Konkurrenz zueinander treten. Die Folge ist eine Austauschbarkeit aller Betriebe, die es dem Kunden schwer macht, zu entscheiden, in welchen Betrieb er gehen möchte. Ein Preisverfall stellt sich danach zwangsweise ein, was in vielen deutschen Regionen im Liegeplatzgeschäft ablesbar ist. Derzeit hat eine dritte Entwicklungsstufe international eingesetzt. Wassertouristische Betriebe diversifizieren sich weiter und berücksichtigen dabei zwei wesentliche Faktoren. Zum einen die Individualität des Standortes und seiner Chancen und Potenziale. So werden z. B. gern historische Qualitäten des Standortes genutzt oder nautische Vorzüge der Lage entwickelt. Zum anderen die Integration des Betriebs in die allgemeine touristische Struktur der Region, was auch durch vielfältige und enge Kooperationen praktiziert wird. In diesem Faktor kommt auch der urbanen Einbindung des Wassertourismus in die städtischen Strukturen große Bedeutung zu. Da die Kommunen in Deutschland die Hauptprofiteure des Wassertourismus sind, ist diese Diversifizierung hier besonders wichtig und kommunalwirtschaftlich bedeutend. International sind inzwischen Betriebe im Wassertourismus tätig, die mit einem Verhältnis von 90:10 ein starkes Übergewicht der touristischen Dienstleistungen verkaufen. Urlaub auf/am Wasser ist zu einem Lifestyleprodukt geworden und das wird vielfältig verkauft und genutzt. Deutschland steht im Wassertourismus gegenwärtig noch sehr weit zurück und es kann in etwa eine Position zwischen der ersten und zweiten Entwicklungsstufe festgestellt werden. Inwieweit es in nächster Zeit weitere Entwicklungen in Deutschland geben wird, hängt weitgehend von der politischen Einordnung dieses Phänomens ab. Von der dritten Entwicklungsstufe, die dann ein umfassendes touristisches Geschäft als Ziel hat, ist Deutschland leider noch weit entfernt.

Ein weiterer Aspekt der Neuerungen im Wassertourismusmanagement ist die Digitalisierung. Diese zieht auch im Wassertourismus ein und bringt zahlreiche Neuerungen und Vereinfachungen mit sich. EDV-gestützte Liegeplatzverwaltungen sind schon seit einigen Jahren bekannt und in der Praxis bewährt. Betriebsverwaltungen zu digitalisieren ist auch keine Innovation mehr, sondern seit vielen Jahren tägliche

Praxis. Nun muss die Digitalisierung insbesondere das Verhältnis und die direkte Arbeit am Kunden weiter voranbringen und verbessern. Das heißt, es müssen viele und innovative Serviceleistungen entwickelt werden, die dem Kunden/Wassertouristen einen Mehrwert bieten. Unternehmen, die in diese Entwicklungsrichtung arbeiten, werden die Nase vorn haben und den zukünftigen Markt bestimmen.

Controlling spielt auch für wassertouristische Betrieb eine wichtige Rolle. Der Begriff kommt aus der Betriebswirtschaftslehre und bedeutet zunächst die Überwachung und Überprüfung von Betriebsabläufen auf ihre wirtschaftlichen Erfolge hin. Controlling sollte in allen Arten und großen wassertouristischen Betrieben ein fester Bestandteil des Managements sein und turnusmäßig durchgeführt werden. Ein erfolgreiches Controlling basiert auf den Geschäftszielen des Geschäftsplanes, wobei diese Ziele sinnvoll und erreichbar sein müssen. Hierfür werden Kenndaten und Parameter aufgestellt, die im Controlling mit den erreichten Kennzahlen verglichen werden. Abweichungen hiervon müssen analysiert werden und entsprechende Änderungen vorgenommen werden. Man kann, auch gerade in kleineren Unternehmen und Nebenbetrieben, ggf. das Controlling nach einem festen Muster selbst durchführen oder einen Berater beauftragen, der dieses dann professionell durchführen wird. Leider fehlen für den Markt des Wassertourismus zahlreiche Kenndaten und Parameter für ein Controlling und kompetente und erfahrene Controller in diesem Markt sind ebenso kaum zu finden. Eine weitere Form des Controllings sind Betriebsvergleiche untereinander. Hier werden Betriebsdaten mehrerer Unternehmen miteinander verglichen und Abweichungen nach oben oder unten festgestellt und analysiert. Gerade bei Branchen, die noch weitgehend unbekannt sind, wir der Wassertourismus, können diese Formen des Controllings sinnvoll und hilfreich sein. Die dritte Art des Controllings ist das Benchmarking. Hier werden, ähnlich dem Betriebsvergleich, Abgleiche mit zwei oder mehreren Branchenpartnern durchgeführt, um zu erkennen, wo man selbst steht und wo Abweichungen bestehen. Für die noch junge Branche des Wassertourismus erscheint diese Form des Controllings als am besten geeignet. In welchen Zeiträumen ein Controlling des eigenen Betriebs stattfinden kann, ist individuelle zu ermitteln. Es kann von täglich über wöchentlich, monatlich bis jährlich sein. Aber gerade in den ersten Jahren des Betriebs sollte es häufiger stattfinden, um eventuelle Schwachstellen zu erkennen und auszubessern.

6.10 Angebotsentwicklung und Kundenansprachen im Wassertourismus

Die Entwicklung von Angeboten und die Ansprache von Kunden im Bereich Wassertourismus erfordern eine umfassende Strategie, die die Besonderheiten dieses Sektors berücksichtigten muss. Es sind fünf Schlüsselaspekte, die bei der Angebotsentwicklung im Wassertourismus wichtig sind, zu beachten.

Eine breite Palette an Touren und Angeboten, die die unterschiedlichen Interessen und Erfahrungsniveaus berücksichtigen, sind wichtig. Dabei kommen direkt Wassersportarten und auch benachbarte Ausübungen in Betracht. Zentral sind

Angebote mit hohem Erlebniswert und Abenteuerteilen. Dieser Erlebniswert kann vor allem durch Einzigartigkeit erreicht werden, wie z. B. Picknick auf dem Wasser, Sonnenuntergangsfahrten. Hinzu kommt eine hohe Umweltrelevanz, die zum einen das Angebot akzeptable macht und zum anderen einen tatsächlichen Umweltwert darstellt. Für diese Arten an Angeboten und Aktivitäten sind die erforderlichen Infrastrukturen nötig und es müssen, neben den Umweltstandards, auch sehr hohe Sicherheitsstandards eingehalten und kommuniziert werden. Dieses alles kann der einzelne Unternehmer nur erreichen und beständig anbieten, wenn er Partnerschaften und Kooperationen mit anderen Unternehmend der Region eingeht, also wiederum in regionalen wassertouristischen Netzwerken aktiv ist.

6.11 Kundenansprache

Wassertourismus bezieht sich auf touristische Aktivitäten, die mit Wasser in Verbindung stehen und somit verschiedene Zielgruppen anspricht. Die Zielgruppen im Wassertourismus liegen sehr weit gestreut und es kommen ständig neue Kundengruppen hinzu, so wie sich neue Angebote ergeben. Die klassischen Zielgruppen in dieser Tourismusform sind bekannt. So sind Strandurlauber sicherlich die älteste Gruppe innerhalb der Wassertouristen. Sie wollen Sonnenbaden, Schwimmen und das Meer beobachten. Hier liegen auch die Anfänge des Strandurlaubs an den europäischen Küsten. Zu dieser Gruppe zählen auch die Natur- und Wellnesstouristen, die die Umgebung des Meeres und des Strandes suchen und hier in der Natur Erholung suchen. Eine zweite klassische Zielgruppe sind alle Bootsfahrer, insbesondere die Segler. Hier wird der Badeurlaub mit dem Bootfahren verbunden und zusätzlich dem Befahren von Gewässern und Küsten. Eine neuere Erscheinung sind Surfer und Kitesurfer, die die sportliche Herausforderung auf dem Wasser suchen und die Technik ihres Sportgerätes ausreizen möchten. Eine aktuell zunehmende Gruppe sind Angeltouristen, die an attraktiven Angelrevieren interessiert sind. In diesem Segment hat sich in den letzten Jahren eine umfangreiche Industrie mit vielfältigen Angeboten aufgebaut. Eine extrem große und wirtschaftlich starke Gruppe sind die Kreuzfahrttouristen, sowohl im Binnenbereich wie auch auf der See. Hier stehen interessante Angebote und Reisen im Vordergrund in luxuriösem Ambiente und zu auch exotischen Zielen. Die Breite an Unterhaltungs- und Erlebnisangeboten ist hier sowohl auf den Schiffen wie auch an Land unendlich. Und Kulturtouristen sind noch zu nennen, die Orte und Gewässer aufsuchen, um dort kulturelle Angebote und/oder historische Stätten aufzusuchen. Es ist wichtig zu beachten, dass diese Zielgruppen nicht ausschließlich sind und sich überschneiden können. Menschen haben oft vielfältige Interessen, und Reiseziele können verschiedene Aktivitäten und Attraktionen für unterschiedliche Zielgruppen bieten.

Um eine passende und funktionierende Angebotsentwicklung und Kundenansprache vornehmen zu können, sind einige Maßnahmen im Unternehmen erforderlich, die gezielt eingesetzt werden müssen. Als erstes sollte man für sein Unternehmen eine möglichst detaillierte Zielgruppenanalyse durchführen. Hierbei sind die Bedürfnisse und Interessen der Zielgruppen genau zu ermitteln und detailliert zu beschreiben. Je genauer dieser Schritt ausgeführt wird, umso effektiver wird er in der Anwendung und Umsetzung wirken. Heute funktioniert nichts mehr ohne eine exzellente digitale Präsenz. Online-Marketing und Social-Media-Plattformen sind Instrumente, die unbedingt eingesetzt werden müssen, um die Zielgruppen zu erreichen. Diese Instrumente werben sowohl Neukunden wie sie auch den Kontakt zu Bestandskunden aufrechterhalten. Die Kommunikation zum Kunden muss klar und eindeutig sein. In der Werbung muss klar kommuniziert werden, was im Unternehmen angeboten und gemacht werden. Man sollte ruhig seine Einzigartigkeit betonen, aber nicht übertreiben. Die direkte Beziehung zum Kunden ist weiterhin wichtig. Hier zeigen sich die Servicequalitäten des Unternehmens, wobei eine hohe Qualität nur immer über einen hohen Personaleinsatz erreicht werden kann. Ein weiteres beliebtes und bewährtes Instrument sind Bewertungsportale, die genutzt werden sollten. Kunden orientieren sich sehr gern an diesen Bewertungen und geben auch gern Bewertungen ab. Dabei ist zu berücksichtigen, dass negative Bewertungen oftmals sehr vorschnell und unüberlegt aufgrund des momentanen Ärgers eingestellt, positive Bewertungen jedoch vorwiegend erst aufgrund von außergewöhnlichen und exzellenten Servicequalitäten abgegeben werden. Dieses sollte man stets im Hinterkopf behalten und auf eine negative Bewertung umgehend vermittelnd reagieren. Auch auf eine positive Bewertung sollte man mit Dank eingehen. Anbieten sollten man auch Events und Promotionsaktionen, die Neukunden interessieren und Bestandskunden zufrieden machen. Dieses muss man saisonal planen und über die Saisonwochen einen Spannungsbogen mit derartigen Aktionen aufbauen. Alle diese Aktivitäten erfordern viel Kreativität, Engagement und Geld. Aber sie bringen auch Anerkennung und Kunden zum Unternehmen und sie garantieren schließlich auch eine höhere Akzeptanz und Bedeutung innerhalb des regionalen wassertouristischen Netzwerkes.

6.12 Betrieb, Genehmigungen, Prüfungen und Management von wassertouristischen Betrieben

Der Betrieb eines wassertouristischen Unternehmens beinhaltet verschiedene Aspekte, darunter Genehmigungen, Prüfungen und Managementaufgaben, die nach den rechtlichen Vorgaben und nach den üblichen betrieblichen Standards einer Unternehmensführung einzuhalten sind. Dieser gesamte Bereich umfasst im Wesentlichen 6 Bereiche, die bei einer Betriebsgründung/-übernahme zu beachten sind.

- Genehmigungen und Lizenzen. Für einen Gewerbebetrieb ist zunächst eine Gewerbegenehmigung erforderlich, die bei der zuständigen örtlichen Behörde zu beantragen ist. Da das Unternehmen am Wasser eine sehr hohe Umweltrelevanz hat, sind verschiedene umweltrechtliche Genehmigungen einzuholen. Sofern es um die Vermietung/Vercharterung von Booten geht, werden Prüfzertifikate für die Boote erforderlich, die in die Vermietung gehen sollen. Schließlich können

auch Baugenehmigungen erforderlich werden, wenn genehmigungspflichtige Baumaßnahmen durchgeführt werden sollen.
- Sicherheitsprüfungen und -standards. Vermietete und Vercharterte Boote müssen der Sportbootvermietungsverordnung entsprechend gebaut und ausgerüstet sein. Dieses dient der Sicherheit des Kunden und ist genau einzuhalten und zu überwachen. In der baulichen Anlage, dem Hafen oder der Marina etc., sind Rettungseinrichtungen vorzuhalten und ständig zu prüfen. Hierfür gibt es zwar keine verbindlichen Standards, aber in Parallelität zu anderen Sicherheitsnormen kann man diese Ausrüstungen vorsehen. Schließlich werden auch an die Mitarbeiter des Unternehmens hohe Sicherheitsanforderungen gestellt, die ständig durch Schulungen und Zertifizierungen aufzufrischen sind.
- Managementaufgaben zur betrieblichen Organisation. Hierzu zählen u. a. selbst erprobte Fahrtrouten, die den Kunden angeboten werden. Weiterhin eine exzellente Kundenbetreuung, auch während des Chartertörns muss das Unternehmen erreichbar sein, um für Zwischenfälle oder Notfälle zur Verfügung zu stehen. Buchungs- und Reservierungssysteme müssen einfach und kundenfreundlich sein. Hier sind eine Vernetzung und möglichst gleiche Systeme innerhalb des wassertouristischen Netzwerkes sinnvoll und kundenfreundlich. An das Buchungssystem sind gleich weitere Serviceleistungen anzuschließen, wie Beschwerdesystem, Bewertungssystem etc.
- Ver- und Entsorgungsmanagement. Hier zeigt es dem Kunden, wieweit man den Betrieb umweltbewusst führt. Autarke Energieverwendung über PV-Strom, Windkraft, Wasserkraft etc. kommen nicht nur beim Kunden gut an, sondern reduzieren auch die Verbrauchskosten im Betrieb. Wesentlich ist auch ein gutes Abfall- und Entsorgungsmanagement, was ebenfalls zu einer hohen Umweltakzeptanz beiträgt.
- Versicherungen. Für einen wassertouristischen Betrieb werden weiterhin einige Versicherungen erforderlich. Zunächst eine Betriebshaftpflichtversicherung, die alle Haftungsansprüchen gegen den Betrieb absichern muss. Weiterhin müssen Gebäude- und Inventarversicherungen bestehen. Und eine Umweltversicherung, die Umwelthavarien, wie z. B. Ölunfälle, Gewässerverschmutzungen, Brandfolgeschäden etc. absichert.
- Absicherungen der Kundenkommunikation. Hier ist zunächst ein rechtlich sicheres Impressum der Kundenkommunikation erforderlich. Weiterhin rechtlich sichere allgemeine Geschäftsbedingungen, die in Verträgen mit Kunden angewendet werden müssen. Insgesamt müssen alle Kommunikationen nach außen und mit dem Kunden rechtlich sicher sein. Man darf keine unlautere Werbung betreiben oder Versprechungen darstellen, die später nicht eingehalten werden können. Es ist wichtig zu beachten, dass die genauen Anforderungen je nach Standort variieren können. Daher ist es ratsam, sich mit den örtlichen Behörden und Regulierungsstellen in Verbindung zu setzen, um aktuelle Informationen und Anforderungen zu erhalten.

6.13 Abgaben, Steuern, Versicherungen und Beiträge von wassertouristischen Betrieben

Die Abgaben, Steuern, Versicherungen und Beiträge für wassertouristische Betriebe können je nach Standort, Art des Betriebs und lokalen Gesetzen variieren.

Es beginnt zunächst als Gewerbebetrieb mit der Erhebung von Umsatzsteuern auf die angebotenen Waren und Dienstleistungen. Das gültige Umsatzsteuergesetz ist anzuwenden. Weiterhin fällt bei wassertouristischen Betrieben auch die Gewerbesteuer an, die in den örtlichen Sätzen zu entrichten ist. Die Einkommen des Unternehmens unterliegen der Einkommensteuer, die von der Rechtsform des Unternehmens abhängt. Dabei unterliegen Personengesellschaften, Einzelunternehmen und Kapitalgesellschaften unterschiedlichen Steuervorschriften. Hier sind die zutreffenden Regelungen beim örtlichen Finanzamt zu erfragen. Es können zusätzlich kommunale Abgaben anfallen, die für die Nutzung öffentlicher Anlagen, Stege, Liegeplätze, Parkflächen etc. anfallen können. An die örtliche Kommune sind auch die Tourismusabgaben der Gäste abzuführen, die vom Unternehmen eingezogen werden müssen. Es sind weiterhin die Sozialversicherungsbeiträge für die Mitarbeiter und Versicherungsbeiträge für erforderliche Versicherungen (Haftpflicht, Gebäude. Inventar, Fahrzeuge und Boote etc.) zu beachten. Es ist wichtig zu beachten, dass die genauen Verpflichtungen und Kosten stark von der geografischen Lage und den spezifischen Gesetzen und Vorschriften abhängen können. Daher ist es ratsam, sich mit einem Steuerberater oder Rechtsanwalt zu beraten, um sicherzustellen, dass alle rechtlichen Anforderungen erfüllt sind.

6.14 Personalmanagement im Wassertourismus

Personalmanagement im Wassertourismus bezieht sich auf die effektive Verwaltung von Mitarbeitern und Arbeitskräften in Unternehmen, die Dienstleistungen im Bereich des Wassertourismus anbieten. Der Wassertourismus umfasst Aktivitäten wie Bootstouren, Wassersport, Kreuzfahrten, Tauchen, Angeln und andere Freizeitaktivitäten auf und am Wasser. Das Management der Mitarbeiter erfordert verschiedene Aktivitäten, die von der Geschäftsleitung durchzuführen sind. Einige werden regelmäßig kontrolliert, andere unterliegen der Selbstkontrolle des Unternehmens.

- Qualifizierung und Schulungen. Sicherheit und Qualität sind im Wassertourismus unerlässlich. Daher müssen alle Mitarbeiter ständig geschult und zertifiziert sein, Einbezug auf aktuelle Sicherheitsrichtlinien und -standards. Auch Rettungsmaßnahmen müssen den Mitarbeitern bekannt und vertraut sein. Die Überwachung der Einhaltung von Sicherheitsstandards gehört ebenso zu diesen Aufgaben. Dieses betrifft nicht nur die Sicherheit der Gäste, sondern auch die Sicherheit der Mitarbeiter und des Betriebes.
- Kundenbetreuung ist ein wesentlicher Bestandteil der Qualifizierung der Mitarbeiter. Hier zeigt sich die hohe Servicequalität des Unternehmens. Sie kann nur

aufrechterhalten werden, wenn ständige Aktualisierungen und Anpassungen an neue Standards berücksichtig werden. Es hat sich als hilfreich erwiesen, wenn man seine Kunden gelegentlich mit Neuerungen, Überraschungen und Innovationen versieht. Es sollten dem Kunden öfters und unangekündigt positive Überraschungen und Erlebnisse offenbart werden, was zu einer hohen und anhaltenden Kundenbindung führt.

- Ein gutes Arbeitszeitmanagement ist weiterhin wichtig. Gerade währen der Saison wird von den Mitarbeitern sehr viel Zeiteinsatz benötigt, der zuvor abgesprochen und einvernehmlich organisiert sein muss. Hier spielen Ferienzeiten und Wetterbedingungen eine große Rolle und daher ist Flexibilität von allen Betroffenen gefordert.
- Teamarbeit und innerbetriebliche Kommunikation sind ein Katalysator für ein positives Betriebsklima, das auch der Kunde zu spüren bekommt. Ein guter Umgangston untereinander und auch mit dem Kunden ist das Minimum. Regelmäßige Teammeetings sind daher wichtig und auch die Mitarbeiterführung der Geschäftsleitung trägt wesentlich zur Stimmung im Unternehmen bei.
- Personalbindung ist eine Schlüsselaufgabe guten Personalmanagements. Das innerbetriebliche Klima trägt zur Personalbindung bei. Langfristige Mitarbeiter sind ein besonders wertvolles Kapital jeden Unternehmens, da sie zum einen die Geschäftsabläufe bestens kennen und beherrschen, zum anderen das Image des Unternehmens über viele Jahre hinweg prägen. Beim Kunden sind bekannte Mitarbeiter ein Vertrauensfaktor des Unternehmens.
- Digitalisierung im Personalwesen ist innovativ. Alle oben genannten Aspekte eines modernen Personalmanagements sollten digital unterstützt werden. So werden Arbeitszeiten digital erfasst, Kundenprozesse digital durchgeführt, Lohnabrechnungen digital erledigt und alle übrigen Personalaufgaben durch den Einsatz von digitalen Instrumenten vereinfacht und erleichtert.

Die effektive Umsetzung dieser Aspekte des Personalmanagements im Wassertourismus kann dazu beitragen, einen sicheren, angenehmen und nachhaltigen Betrieb zu gewährleisten.

6.15 Kooperationen und Networking im Wassertourismus

Kooperationen und Networking spielen im Wassertourismus eine entscheidende Rolle, um die Branche zu stärken, die Angebotsvielfalt zu erweitern und die Wettbewerbsfähigkeit zu steigern. Für das einzelne Unternehmen ist es oftmals eine Überlebensstrategie. Um ein effektives Networking zu betreiben, sind einige Aspekte zu beachten.

- Eine effektive Zusammenarbeit zwischen regionalen Unternehmen bringt immer einen Mehrwert für alle Beteiligten. Da der Wassertourismus generell eine Querschnittsaufgabe ist, kann er sehr gut in zahlreiche andere Tourismusphänomene eingebunden werden und mit diesen kooperieren. So können z. B. alle gastronomischen Betriebe sehr gut mit dem Wassertourismus zusammenarbeiten und davon gut profitieren. Auch der örtliche Einzelhandel kann vom Wassertourismus profitieren und gemeinsame Angebote entwickeln. Das Prinzip dieser Kooperationen verläuft stets nach dem Motto „Geben und Nehmen", so muss jedes Unternehmen etwas abgeben, profitiert jedoch in größerem Maß von der Zusammenarbeit. Der Nutzen ist also weitaus größer als der Einsatz.

- Die Zusammenarbeit muss auf regionaler Ebene erfolgen, was zunächst die Abgrenzung der Region voraussetzt. Wassertouristische Regionen reichen oftmals über Ländergrenzen oder Verwaltungsgrenzen hinweg und richten sich nach landschaftlichen und gewässerbezogenen Kriterien. Sie können klein sein und z. B. nur das Gebiet einer Stadt am Wasser umfassen oder größer sein und über mehrere Landkreise und Städte reichen. Wichtig sind eine hohe Kohärenz, ein einheitliches Marketing und eine einheitliche Förderung der touristischen Aktivitäten.
- Events, Veranstaltungen, Messen etc. müssen in einer wassertouristischen Region gemeinsam organisiert und durchgeführt werden. Ein einheitlicher Auftritt der Region mit allen Partnern und Anbietern zeigt hier den größten Erfolg. So sollte im gemeinsamen Marketing u. a. ein jährlicher Veranstaltungsplan herausgegeben werden, der die Ferienzeiten und Saisonspitzen berücksichtigt und einige attraktive Veranstaltungen vorsieht. Ein gemeinsames Marketing muss auch über Online-Plattformen und Social-Media-Instrumente ablaufen. Hierbei sind die innovativen Medien wie auch KI einzusetzen.
- Gemeinsame Schulungen und Austauschprogramme sind ein sehr wirkungsvolles und interessantes Instrument, das derzeit kaum im Wassertourismus praktiziert wird. In anderen Bereichen der Wirtschaft und der Bildung kennt man dieses und der große Erfolg derartige Programme beweist seine Wirksamkeit. Für wassertouristische Netzwerke wird daher empfohlen, sich eine Partnerregion zu suchen und mit dieser auf verschiedenen Ebenen zu kooperieren. Die Erfolge sind vielfältig und durchweg positiv.
- Gemeinsame Umweltschutzprojekte und -initiativen sind ein weiteres Instrument des Networkings. Hier hinein reichen auch gemeinsam Forschungs- und Entwicklungsprojekte, die im Umweltbereich, im Gewässerschutz oder auch in innovativer Bootstechnik liegen können. Auch innovative Tourismusprojekte z. B. zu Neuerungen und Entwicklungen und der Gästebetreuung etc. könnten hier im Wassertourismus funktionieren.

Kooperationen und Networking sind also entscheidend, um die Wassertourismusbranche zu stärken, die Nachhaltigkeit zu fördern und die Kundenerfahrung zu verbessern.

6.16 Die wirtschaftliche Zukunft eines wassertouristischen Betriebes

Die wirtschaftliche Zukunft eines wassertouristischen Betriebes hängt von verschiedenen Faktoren ab, die sowohl intern als auch extern beeinflusst werden. Es ist interessant, einmal einen Blick in die Zukunft des deutschen Wassertourismus zu werfen und zu betrachten, wie und wo die Zukunft dieser Branche in Deutschland liegt. Dabei sind einige Einflussfaktoren zu berücksichtigen, die die künftige Entwicklung bestimmen.

- Die Marktnachfrage nach wassertouristischen Angeboten ist der grundsätzlich entscheidende Faktor. Eine hohe Nachfrage kann zu einem florierenden Geschäft führen, während eine geringe Nachfrage zu Herausforderungen führen kann. Der Betrieb sollte die Bedürfnisse und Präferenzen der Zielgruppe verstehen und sein Angebot entsprechend anpassen.
- Die Wettbewerbssituation im In- und Ausland beeinflusst ein einzelnes Unternehmen sehr stark. Werden z. B. Angebote aus dem Ausland attraktiver und günstiger, führt das den deutschen Wassertourismus an große Herausforderungen.
- Die Qualität der Infrastruktur und der Standort spielen eine wichtige Rolle. Ein attraktiver Standort mit guter Anbindung, schöner Umgebung und sicherer Infrastruktur kann mehr Touristen anziehen.
- Umweltaspekte, wie Wetterbedingungen und Umweltschutzvorschriften, können die Wirtschaftlichkeit beeinflussen. Ein Betrieb sollte flexibel auf Veränderungen reagieren können, z. B. durch wetterbedingte Anpassungen des Geschäftsplans oder durch umweltfreundliche Praktiken, um regulatorischen Anforderungen gerecht zu werden.
- Die Integration moderner Technologien, wie Online-Buchungssysteme, GPS-gesteuerte Touren oder digitales Marketing, kann die Effizienz steigern und die Kundenbindung verbessern.
- Effektives Kostenmanagement ist entscheidend, um rentabel zu sein. Dies schließt den Betrieb, die Wartung der Boote, das Personal und andere betriebliche Ausgaben ein.
- Die Meinungen der Kunden sind entscheidend. Positive Bewertungen können das Geschäft fördern, während negative Bewertungen sich negativ auswirken können. Ein guter Kundenservice und die Bereitschaft, auf Kundenfeedback zu reagieren, sind wichtig.
- Unvorhergesehene Ereignisse wie Naturkatastrophen, politische Instabilität oder globale Gesundheitskrisen können einen erheblichen Einfluss haben. Ein guter Krisenmanagementplan ist wichtig, um sich auf solche Situationen vorzubereiten und angemessen zu reagieren.

Die wirtschaftliche Zukunft eines wassertouristischen Betriebes hängt also von der Fähigkeit ab, auf Veränderungen und Herausforderungen zu reagieren, die Kundenerfahrung zu verbessern und einen ausgewogenen Ansatz zwischen Angebot und Nachfrage zu finden.

6.17 Umsatzarten im Wassertourismus

Der Begriff „Umsatzarten" bezieht sich auf die verschiedenen Arten von Einnahmen oder Umsätzen, die im Bereich des Wassertourismus generiert werden können. Im Wassertourismus gibt es verschiedene Quellen für Einnahmen, und diese können je nach der Art der Aktivitäten und Dienstleistungen variieren, die im Zusammenhang mit Wasser angeboten werden.

Der Verkauf von Tickets für Bootsfahrten, Kreuzfahrten, Wasserparks oder andere touristische Attraktionen auf dem Wasser generiert zunächst Umsätze, die stark saison- und wetterabhängig sind. Einnahmen aus der Vermietung von Wasserhotels, Hausbooten oder Unterkünften an oder auf dem Wasser sind ein weiteres Element, das Umsätze generieren kann. Die Vermietung von Wassersportausrüstung wie Kajaks, Kanus, Jetskis, Surfbretter und Tauchausrüstung etc. löst ebenfalls Umsätze im Wassertourismus aus. Und Einnahmen aus organisierten Bootskreuzfahrten und Charterdiensten für private Veranstaltungen sind für viele Betrieb wichtige Umsatzarten, die jedoch auch nur saisonal auftreten können. Einnahmen aus gastronomischen Einrichtungen, die sich entlang von Wasserstraßen oder Küstengebieten befinden, sind mit großem Abstand die größten Umsatzbringer im Wassertourismus. In diesem Segment sind daher auch enge Kooperationen aus beiden Bereichen wünschenswert. Einnahmen aus der Organisation von Veranstaltungen, Festivals oder Konzerten, die am Wasser stattfinden, sind nur ein kleines Element, das auch nur sehr begrenzt genutzt werden kann. Einnahmen aus geführten Bootstouren, Wasserrundfahrten und anderen touristischen Exkursionen auf dem Wasser sind sehr stark von den Regionen und ihren entsprechenden Angeboten abhängig. Diese Angebote sind meistens in den Ferienwochen stark ausgelastet und in der übrigen Zeit kaum nachgefragt. Gebühren für die Nutzung von Hafenanlagen oder Anlegestellen für private Boote, Kreuzfahrtschiffe und andere Wasserfahrzeuge machen nur einen geringen Teil des Gesamtumsatzes aus und sind daher nur als Randerscheinung zu betrachten. Der Verkauf von souvenirspezifischen Produkten, die mit dem Wasser- oder Seethema in Verbindung stehen, ist ein gutes Umsatzelement. Hier spielt die Region eine Rolle und das Angebot des Merchandisings. Regionale Produkte und Souvenirs verkaufen sich besser als einheitliche Katalogware. Und schließlich die Einnahmen aus der Organisation von Wassersportveranstaltungen, Regatten oder Wettbewerben, die durchaus eine beachtliche Höhe erreichen können. Hier ist das Nebengeschäft meistens um ein Vielfaches höher als die Einnahmen aus Startgeldern o. ä.

Diese Umsatzarten können je nach geografischer Lage, Art der Wasserfläche (Meer, Fluss, See) und touristischem Angebot variieren. Unternehmen im Wassertourismus müssen oft eine Kombination dieser Einnahmequellen nutzen, um erfolgreich zu sein.

6.18 Betriebliche Ausgaben im Wassertourismus

Betriebliche Ausgaben im Wassertourismus können je nach Art des Unternehmens und der angebotenen Dienstleistungen variieren. Die wesentlichen Ausgaben umfassen strukturell vergleichbare Positionen wie in anderen Gewerbebetrieben auch. Die folgende Aufzählung zeigt diese Ausgabepositionen.

Fahrzeuge und Ausrüstung:

- Kauf oder Leasing von Booten, Yachten, Kajaks, Jetskis oder anderen Wasserfahrzeugen
- Wartung, Reparaturen und Treibstoffkosten für die Wasserfahrzeuge
- Ausrüstung wie Tauchausrüstung, Schwimmwesten, Wasserski etc.

Personalkosten:

- Gehälter für Kapitäne, Crewmitglieder, Reiseleiter, Tauchlehrer usw.
- Schulungskosten für Mitarbeiter im Bereich Sicherheit, Erste Hilfe oder spezifische Wassersportaktivitäten

Versicherungen:

- Haftpflichtversicherung für Wasserfahrzeuge und Betriebsversicherungen
- Unfallversicherung für Mitarbeiter und Gäste
- Gebäude- und Inventarversicherungen
- Umwelt- und Gewässerschadenversicherung

Instandhaltung und Betrieb der Einrichtungen:

- Wartung von Anlegestellen, Liegeplätzen, Bootsrampen, sanitären Einrichtungen usw.
- Kosten für Strom, Wasser, und Abwasserentsorgung

Marketing und Werbung:

- Werbekampagnen, um Touristen anzulocken
- Erstellung und Pflege einer Website, Social-Media-Marketing, Broschüren etc.

Lizenzen und Genehmigungen:

- Kosten für die Erlangung von Betriebslizenzen und -genehmigungen
- Eventuell Zahlungen für Umweltschutzauflagen

Buchhaltung und Verwaltung:

- Buchhaltungsdienstleistungen, Softwarekosten, Bürobedarf etc.

- Steuerberatungs- und Anwaltskosten

Verpflegung und Unterkunft:

- Kosten für die Bereitstellung von Mahlzeiten und Unterkunft für Gäste, wenn dies Teil des Angebots ist

Sicherheitsmaßnahmen:

- Investitionen in Sicherheitsausrüstung und -maßnahmen, um die Sicherheit der Gäste zu gewährleisten

Technologische Investitionen:

- Investitionen in Buchungs- und Reservierungssysteme
- Navigationstechnologie und Kommunikationsausrüstung

Es ist wichtig zu beachten, dass die genauen Ausgaben stark vom spezifischen Geschäftsmodell und den angebotenen Dienstleistungen abhängen. Ein Charterunternehmen für Yachten wird beispielsweise andere Ausgaben haben, als ein Unternehmen, das Kajaktouren anbietet.

6.19 Erzielbare Gewinne im Wassertourismus

Der erzielbare Gewinn im Wassertourismus kann von verschiedenen Faktoren abhängen, einschließlich der Art des Wassersports, der Region, in der die Aktivitäten stattfinden, der Zielgruppe und der Wettbewerbssituation. Die Gewinnmöglichkeiten sind wiederum vergleichbar mit denen anderer Gewerbeunternehmen, zeigen jedoch einige Spezifika des Wassertourismus. Gewinne können erzielt werden aus

Angebotene Dienstleistungen:

- Vermietung von Wassersportausrüstung (Kajaks, Paddleboards, Jetskis, Boote usw.)
- Durchführung von Wassersportkursen und Schulungen
- Organisieren von geführten Bootstouren, Tauchausflügen oder Angeltouren
- Verkauf von Wassersportzubehör und -kleidung

Standort:

- Beliebte touristische Destinationen mit gutem Zugang zu Gewässern können höhere Gewinne ermöglichen.
- Die Vielfalt der verfügbaren Gewässer (Meer, Seen, Flüsse) kann die Attraktivität für verschiedene Wassersportarten beeinflussen.

Zielgruppe:

- Die Ausrichtung auf bestimmte Zielgruppen wie Touristen, Einheimische, Familien, Abenteuerlustige oder Wellnesssuchende kann die Gewinnmöglichkeiten beeinflussen.

Marketing und Werbung:

- Effektives Marketing, Online-Präsenz und Social-Media-Werbung können die Sichtbarkeit steigern und mehr Kunden anziehen.

Qualität der Dienstleistungen:

- Die Qualität der angebotenen Dienstleistungen und die Freundlichkeit des Personals können die Kundenzufriedenheit erhöhen und zu positiver Mundpropaganda führen.

Wetterbedingungen:

- Die Saisonabhängigkeit von Wassersportarten kann die Rentabilität beeinflussen. In warmen Regionen kann der Betrieb das ganze Jahr über stattfinden, während in kälteren Regionen saisonale Schwankungen auftreten können.

Wettbewerb:

- Die Anzahl und Art der Mitbewerber in der Region können die Preise und Gewinnmargen beeinflussen.

Regulatorische Aspekte:

- Einhaltung von Sicherheitsstandards und Umweltauflagen kann die Betriebskosten beeinflussen, aber auch das Vertrauen der Kunden stärken.

Es ist daher wichtig, eine umfassende Marktforschung durchzuführen und eine solide Geschäftsstrategie zu entwickeln, um im Wassertourismus erfolgreich zu sein. Zudem sollte man sich bewusst sein, dass externe Faktoren wie Naturkatastrophen oder politische Instabilität Einfluss auf die Branche haben können.

6.20 Betrachtung der wassertouristischen Branche aus tourismuswirtschaftlicher Sicht

Die Betrachtung des Wassertourismus aus tourismuswirtschaftlicher Sicht erfordert eine Analyse der wirtschaftlichen Aspekte, die mit der Nutzung von Wasserressourcen für touristische Aktivitäten verbunden sind. Wassertourismus umfasst eine Vielzahl von Aktivitäten, die in oder um Wasserressourcen herum stattfinden, darunter Küstentourismus, Flusstourismus, See- und Binnengewässertourismus sowie Aktivitäten wie Wassersport und Kreuzfahrten etc.

Wassertourismus kann eine bedeutende wirtschaftliche Rolle in vielen Regionen spielen, insbesondere in Küstengebieten, an Seen oder Flüssen. Die tourismuswirtschaftlichen Effekte liegen in verschiedenen Bereichen, die im Folgenden dargestellt werden

Arbeitsmarktinvestitionen:

- Investitionen in den Arbeitsmarkt lösen beachtliche positive Effekte aus.
- Der Sektor schafft Arbeitsplätze in verschiedenen Bereichen, wie Hotellerie, Gastronomie, Transport, Freizeiteinrichtungen und Handel.

Infrastrukturinvestitionen:

- Die Entwicklung des Wassertourismus erfordert erhebliche Investitionen in die Infrastruktur, einschließlich Häfen, Anlegestellen, Wassersporteinrichtungen und Unterkünfte.
- Diese Investitionen können positive Auswirkungen auf die lokale Wirtschaft haben, indem sie Arbeitsplätze schaffen und das Wachstum anderer Sektoren fördern.

Umweltauswirkungen:

- Der Wassertourismus kann jedoch auch Umweltauswirkungen haben, einschließlich Verschmutzung, Überfischung und Beeinträchtigung von Ökosystemen. Ein nachhaltiges Management ist daher von großer Bedeutung.

Saisonalität und Wetterabhängigkeit:

- Viele wassertouristische Aktivitäten sind wetterabhängig und unterliegen saisonalen Schwankungen. Dies kann zu saisonalen Beschäftigungsproblemen und Einkommensschwankungen führen.

Marketing und Markenbildung:

- Die Vermarktung von Wasserdestinationen erfordert spezifische Strategien, um die Einzigartigkeit der Wasserelemente zu betonen und potenzielle Touristen anzuziehen.
- Die Schaffung einer starken Wasserdestinationsmarke kann dazu beitragen, die Wettbewerbsfähigkeit zu verbessern.

Risikomanagement:

- Wassertourismusunternehmen müssen sich mit verschiedenen Risiken auseinandersetzen, darunter Wetterbedingungen, Naturkatastrophen, Sicherheitsaspekte und Umweltprobleme. Ein effektives Risikomanagement ist entscheidend.

Kulturelle und soziale Auswirkungen:

- Der Wassertourismus kann auch kulturelle und soziale Auswirkungen auf lokale Gemeinschaften haben, sowohl positiv als auch negativ. Der Erhalt der lokalen Kultur und Traditionen sollte bei der Entwicklung berücksichtigt werden.

Regulierung und Governance:

- Eine angemessene Regulierung und Governance sind wichtig, um Umweltauswirkungen zu minimieren, die Sicherheit der Touristen zu gewährleisten und faire wirtschaftliche Bedingungen sicherzustellen.

6.21 Kommunalwirtschaftliche Aspekte

Kommunen sind die Hauptprofiteure des Wassertourismus. Sie erzielen wirtschaftliche
Indirekte Effekte im Einzelhandel, Transport, Gastronomie etc.

Insgesamt erfordert die erfolgreiche Entwicklung des Wassertourismus eine ausgewogene Herangehensweise, die wirtschaftliche Chancen mit Umwelt- und sozialen Belangen in Einklang bringt. Die Förderung von Nachhaltigkeit und verantwortungsbewusstem Tourismus ist dabei von zentraler Bedeutung.

6.22 Wassertourismus in der Betrachtung der Tourismuswissenschaft und Forschung

Der Begriff „Wassertourismus" bezieht sich auf touristische Aktivitäten, die in Verbindung mit Wasser stehen. Dies kann verschiedene Formen annehmen, einschließlich Reisen auf Flüssen, Seen, Meeren oder anderen Wasserwegen. Die Perspektive der Tourismuswissenschaft auf den Wassertourismus kann verschiedene Aspekte umfassen:

Nachhaltigkeit und Umweltauswirkungen:

- Die Tourismuswissenschaft untersucht die Umweltauswirkungen des Wassertourismus, insbesondere in Bezug auf Wasserverschmutzung, Lebensraumstörungen und die Auswirkungen auf die Wasserqualität.
- Forschung konzentriert sich darauf, wie der Wassertourismus nachhaltiger gestaltet werden kann, um negative Effekte auf Ökosysteme zu minimieren.

Wirtschaftliche Auswirkungen:

- Die Wirtschaftlichkeit des Wassertourismus wird analysiert, um die Auswirkungen auf lokale Gemeinschaften und Volkswirtschaften zu verstehen.
- Tourismuswissenschaftler untersuchen, wie Wassertourismusdestinationen wirtschaftlich profitieren können, und sie identifizieren Möglichkeiten zur Förderung des lokalen Wirtschaftswachstums.

Touristenverhalten und -präferenzen:

- Die Studien über das Verhalten von Touristen im Zusammenhang mit Wasseraktivitäten liefern Einblicke in die Präferenzen der Reisenden.
- Forschung konzentriert sich auf die Motivationen der Touristen für Wassertourismus und deren Einfluss auf die Entscheidungsfindung.

Infrastruktur und Dienstleistungen:

- Die Tourismuswissenschaft analysiert die Infrastruktur und Dienstleistungen, die für den Wassertourismus benötigt werden, einschließlich Hafenanlagen, Wasserstraßen, Wassersportausrüstung und Unterkünfte.
- Die Entwicklung von geeigneten Einrichtungen und Dienstleistungen wird erforscht, um die Attraktivität von Wassertourismusdestinationen zu steigern.

Kulturelle Aspekte:

- Forschung im Bereich Wassertourismus bezieht oft kulturelle Aspekte mit ein, insbesondere wenn Wasser eine bedeutende Rolle in der Geschichte oder Tradition einer Region spielt.
- Die Erhaltung kultureller Werte und die Integration von kulturellen Aktivitäten in den Wassertourismus sind wichtige Überlegungen.

Risikomanagement:

- Die Tourismuswissenschaft untersucht auch Risiken im Zusammenhang mit Wassertourismus, darunter Sicherheitsaspekte, Unfälle auf dem Wasser und Naturkatastrophen.
- Die Entwicklung von Sicherheitsstandards und -praktiken ist ein wichtiger Bereich der Forschung, um die Sicherheit der Touristen zu gewährleisten.

Insgesamt bietet die Tourismuswissenschaft eine umfassende Perspektive auf den Wassertourismus, die sowohl ökologische als auch sozioökonomische Aspekte berücksichtigt. Die Forschung in diesem Bereich trägt dazu bei, nachhaltige Praktiken zu fördern und die positive Entwicklung des Wassertourismus weltweit zu unterstützen.

Übungsfragen zu Kap. 6
1. Welche zwei Ebenen kennzeichnen den Wassertourismus?
2. Wie werden wassertouristische Produkte entwickelt und was ist dabei wichtig?
3. Was sind Bestandteile eines wirksamen wassertouristischen Marketings? Welche Bedeutung hat hierbei ein Premarketing?
4. Welche fünf Ziele muss die Markteinführung eines wassertouristischen Betriebs erreichen?
5. Welches sind die bedeutenden regionalwirtschaftlichen Effekte des Wassertourismus?
6. Wer ist der Hauptprofiteur eines wassertouristischen Netzwerkes?
7. Welches sind die wichtigsten betriebswirtschaftlichen Bereiche eines wassertouristischen Betriebs?
8. Wo liegen die zukünftigen wirtschaftlichen Bereiche eines wassertouristischen Betriebs?

Perspektiven des internationalen Wassertourismus

7

7.1 Welche Entwicklungstrends sind erkennbar?

Die Entwicklungstrends im Wassertourismus verändern sich ständig, beeinflusst durch technologische Fortschritte, Umweltbewusstsein, veränderte Reisepräferenzen und wirtschaftliche Bedingungen. Zum einen werden Nachhaltigkeit und Umweltbewusstsein in der Gesellschaft zunehmen und auch den Wassersport/ Wassertourismus wesentlich beeinflussen. Ein zunehmendes Bewusstsein für Umweltschutz und Nachhaltigkeit lassen Reisende umweltfreundliche Reiseoptionen bevorzugen und Unternehmen investieren in grüne Praktiken, um ihre Umweltauswirkungen zu minimieren. Der Wunsch nach Abenteuer- und Erlebnisreisen wird zunehmen, indem Reisende nach einzigartigen Erlebnissen und Abenteuern suchen. Wassertourismusunternehmen werden vermehrt Aktivitäten wie Tauchen, Schnorcheln, Kajakfahren anbieten und Wassersportarten, die diesen Bedarf zu decken (s. Abb. 7.1).

Die Integration von digitalen Technologien wie virtuelle Realität (VR) und Augmented Reality (AR) werden die Reiseerfahrungen verbessern. Dies könnte beispielsweise durch virtuelle Vorschauen von Tauchplätzen oder interaktive Karten für Wasserrouten geschehen. Es wird in den kommenden Jahren eine Vielzahl von neuen Technologien geben, die bereits im Vorfeld eines Bootstörns alle möglichen Daten und Parameter bereitstellen und damit eine quasi Probebefahrung eines Reviers ermöglichen. Eine zentrale Rolle hierbei wird der KI zukommen, die über weitreichende Informationen und Daten aus den jeweiligen Fahrtrevier verfügt und somit sehr detaillierte Informationen liefern kann. Außerdem kann mithilfe der Technologien jede beliebige Fahrtsituation simuliert werden und so eine detaillierte Vorbereitung des Urlaubs auf dem Wasser durchgespielt werden. Daneben werden sicherlich noch innovative Verknüpfungen dieser Technologien möglichen werden, die weitere vorbereitende und informative Simulationen des Wasserurlaubs erlauben.

Der Luxus- und Thementourismus wird zunehmen, wobei der Wassertourismus gerade eine Zunahme im Luxussegment erleben wird. Luxuskreuzfahrten, private

> **Zukünftige Trends im Wassertourismus**
>
> - Europäische Vernetzung von Angeboten/Anbietern
> - Individualisierung
> - Zunahme Qualitätsansprüche
> - Wandlung der Vereinsstrukturen
> - Demografische Wandlung/Überalterung
> - Themenspezifische Angebote

Abb. 7.1 Zukünftige Trends im Wassertourismus. (©H. Haass, 2024)

Yachten und exklusive Wassererlebnisse werden an Beliebtheit gewinnen. Themenkreuzfahrten, die spezielle Interessen ansprechen, werden ebenfalls zu Trendsettern. Die Zunahme in diesem Segment fügt sich sehr gut in den Wassertourismus ein, da Yachten und Kreuzfahrtschiffe generell als Luxus angesehen werden. Sofern sich diese Angebote finanziell am Markt behaupten können, werden die Buchungen hier zunehmen. Aus der Entwicklung dieses Segmentes wird sich ein besonderer Lifestyle ergeben, der auch gern außerhalb es Urlaubs übernommen wird. Zu beobachten ist dieses bereits in maritimer Kleidung und Wohnungseinrichtung. Beide Stilrichtungen sind seit vielen Jahren schon beliebt und zu Moden geworden. Durch eine Zunahme des Luxussegments im Wassertourismus, auch in Verbindung mit neuartigen Schiffsarchitekturen, können diese Modetrends noch verstärkt werden.

Die Kreuzschifffahrtindustrie setzt verstärkt auf technische Innovationen. Neue Schiffstechnologien, größere Kreuzfahrtschiffe, umweltfreundliche Antriebsarten und verbesserte Bordunterhaltung werden dazu beitragen, die Kreuzfahrtbranche attraktiver zu gestalten. Hier sind vor allem innovative Antriebstechnologien gefragt, denn die Kreuzfahrtbranche ist gerade durch die klassischen Schiffsantriebe mit Schweröl in die Kritik geraten. Auch dass diese Schiffe im Fahren und auf der Reede ihre Maschinen zur Energieerzeugung laufen lassen, stößt auf Kritiken. Sofern es die Schiffstechnik schafft, hier auf klimafreundliche Antriebe umzustellen, wird das der Branche einen neuen Schub verleihen. Aber auch Größen, Kapazitäten und Architektur der Schiffe werden sich ändern und zu neuer Attraktivität der Branche führen. Hiermit einher muss auch das Angebot auf den Schiffen gehen, das weg von der klassischen Unterhaltung zu mehr qualitativem Entertainment und Edutainment gehen wird. Erkennbar ist, dass die Schiffe selbst die Destinationen sind und Landausflüge mit mehreren Hundert Personen in sensiblen Gebieten unterbleiben werden. Diese und weitere Wandlungen sind bereits heute erkennbar und eingeleitet und weitere Innovationen werden in den nächsten Jahren folgen.

Auch im Wassertourismus werden die Individualisierung und der Wunsch nach maßgeschneiderten Reisen zunehmen. Unternehmen im Wassertourismus müssen ihre Angebote an die spezifischen Vorlieben und Bedürfnisse der Kunden anpassen.

Dieser Trend erfordert wesentlich mehr Flexibilität in der Angebotsentwicklung und im Marketing der Unternehmen. Schnelles Reagieren auf Trendänderungen und nur Trends ist gefragt. Und durchaus auch der Mut, mal selbst etwas Neues auszuprobieren oder einen Trend zu initiieren. Viele Unternehmen im Wassertourismus warten zu lange auf neue und stabile Trends. Bis sie dann ihre Angebote umgestellt haben, das Marketing geändert haben, ihre Boote etc., umgebaut haben, kann der Trend schon wieder out sein. Dabei ist es sehr einfach, schnell und kurzfristig etwas zu ändern und der Erfolg gibt diesen Mühen dann auch sofort Recht. Kurzfristige Angebotsänderungen und -neuerungen können jedoch nur funktionieren, wenn sie nicht nur von einem Unternehmen in der Region durchgeführt werden, sondern sie müssen zuvor im regionalen Netzwerk abgestimmt sein und Partner finden, die ebenfalls Neuerungen einführen.

Die Authentizität wird im Reisen und auch im Wassertourismus an Bedeutung gewinnen. Die Reisenden werden ein verstärktes Interesse an authentischen und lokalen Erfahrungen nachfragen. Wassertourismusunternehmen müssen lokale Kulturen, kulinarische Erlebnisse und Gemeinschaftsprojekte integrieren, um einzigartige und authentische Reisen zu bieten. Diese Forderung ist im deutschen Wassertourismus sehr leicht und einfach zu erfüllen, denn gerade die Binnenwasserstraßen bieten in kurzen Abständen eine Fülle an regionalen und individuellen Angeboten. Wassertourismus im Binnenland ist Städtetourismus auf dem Wasser und hier kommen die zahlreichen verschiedenen Angebote an den Wasserstraßen zum Tragen. Dem regionalen Netzwerk und seinem Beirat kommen hierbei als wichtig Aufgaben die Steuerung der individuellen Angebote zu. Es wird wenig Attraktivität haben, wenn in einem Netzwerk alle Anbieter dieselben Angebote vorhalten. Hier muss untereinander abgestimmt werden, wer was macht und wie die Einmaligkeit und Alleinstellung der Region und des Einzelnen erzielt werden kann.

Und Gesundheits- und Wellnessaspekte werden an Bedeutung gewinnen. Im Wassertourismus werden vermehrt Wellnessprogramme und Gesundheitsdienstleistungen angeboten werden, um den Bedürfnissen gesundheitsbewusster Reisender gerecht zu werden. Dieser Trend ist im Tourismus allgemein bereits zu beobachten. Die Branche hat hier auch bereits ein breites Angebot entwickelt, das gern in andere Segmente und Themen eingebunden wird. Gerade das Thema Wasser hat ja auch einen hohen gesundheitlichen und therapeutischen Wert, sodass seine Einbindung in den Wassertourismus naheliegt. Die Zusammenarbeit im wassertouristischen Netzwerk mit Therapeuten, die sich auf Wasseranwendungen spezialisiert haben, kann hierbei eine Möglichkeit der Einbindung sein. Aber auch die Kooperation mit Thermal- oder Solebädern, mit Wassertrinkkuren oder Wassermassagen und -gymnastik können eine Angebotserweiterung sein.

Es ist wichtig zu beachten, dass die Trends je nach Region, wirtschaftlicher Entwicklung und kulturellen Unterschieden variieren können. Der Wassertourismus passt sich ständig an die sich ändernden Präferenzen und Erwartungen der Reisenden an und die hier gezeigten Entwicklungstrends stehen nicht für sich allein, sondern treten auch in kombinierter Form auf. Inwieweit eine Region neue Trends für sich aufnimmt und umsetzt, hängt im Wassertourismus sowohl von den einzelnen Unternehmen wie aber auch vom Netzwerkbeirat ab.

7.2 Determinierende Faktoren in der Entwicklung des Wassertourismus

Auch im Wassertourismus spielen verschiedene determinierende Faktoren eine entscheidende Rolle, die das Angebot, die Nachfrage und die Entwicklung dieses Tourismussegmentes beeinflussen. Grundsätzlich gilt hier, diese Faktoren stets sorgfältig im Auge zu behalten, um ggf. auf regionaler Ebene diesen entgegenzuwirken. Globale determinierende Faktoren wird man kaum beeinflussen und begegnen können, aber die eigenen und regionalen Begrenzungen kann man beeinflussen.

Diese beginnen mit dem Schutz natürlicher Ressourcen und der Umweltqualität. Die Qualität der Wasserressourcen, wie klare Seen, Flüsse oder Küstenabschnitte, ist entscheidend für den Erfolg des Wassertourismus. Sauberes Wasser und eine intakte Umwelt sind attraktive Merkmale für Touristen und Gäste. Sie sind außerdem ein Werbekriterium und wenn diese in einer Zertifizierung dokumentiert sind, wirken diese umso besser. Das bedeutet jedoch auch ständig Arbeit in diesem Bereich und neue Initiativen zu entwickeln. Grundsätzlich ist eine gute Badewasserqualität für wassertouristische Region unerlässlich, da das Baden zum Wassertourismus unbedingt mit dazu gehört. Es gibt hierfür auch eigene Zertifizierungen wie z. B. die Blaue Europaflagge, Badegewässerqualitäten etc. Dieses sollte man immer nutzen, weil es schon erwartet wird. Ist man darüber hinaus noch besser und entwickelt eigene Initiativen, die ggf. auch ein Mitmachen der Gäste umfassen, wird dies sicher mit einer höheren Zertifizierung belohnt, was sich wiederum in Werbung und Marketing positiv bemerkbar macht.

Das Klima und die Wetterbedingungen haben einen direkten Einfluss auf die Attraktivität von Wasserdestinationen. Angenehmes Wetter und milde Temperaturen fördern Aktivitäten wie Wassertourismus und Kreuzfahrten. Hier spielt auch die Wettersicherheit eine entscheidende Rolle. Regionen, die häufig von Naturkatastrophen heimgesucht werden, sind unbeliebt. Für den deutschen Wassertourismus sind große Naturkatastrophen (bislang noch) keine Gefahr. Hier bremst eher das gemäßigte und nur selten heiße Wetter den Wassertourismus. Lange Regen- und/oder Kältephasen sind für den Wassertourismus eher schlecht. Deutschland wird daher auch kaum für einen Wassertourismus als Badeurlaub infrage kommen. Der Wassertourismus wird hier vorwiegend aus größeren und komfortableren Booten bestehen, die weitgehend wetterunabhängig sind und auch über alle Jahreszeiten unterwegs sind. Gerade die Funktion Deutschlands als wassertouristisches Transitland, macht das Land für diese Art von Gästen beliebt. Hier kommt das doch recht stabile Klima und Wetter in Deutschland diesem Geschäft zugute, aber dennoch ist das Wetter damit ein determinierender Faktor in Deutschland.

Die vorhandene Infrastruktur und Zugänglichkeit ist im Wassertourismus eine Basis für ein gutes Geschäft. Gut entwickelte Infrastrukturen, einschließlich Häfen, Marinas, Wassersportzentren und Transportmöglichkeiten, beeinflussen die Zugänglichkeit von Wasserzielen und bestimmen deren Attraktivität für Touristen. Die genannten Infrastrukturen sind die Basis des wassertouristischen Geschäftes. Dort, wo diese fehlen oder kaum ausgebaut sind oder der politische Wille nicht zur Entwicklung dieses Tourismussegmentes vorhanden ist, tritt damit per se eine

7.2 Determinierende Faktoren in der Entwicklung des Wassertourismus

Limitierung des Geschäftes ein. Wichtig ist auch die Zugänglichkeit der Gewässer. Es reicht nicht nur, die Gewässer visuell erlebbar zu machen, sie müssen auch physisch erlebbar und nutzbar sein. Dieses erfordert Zugänge ans/ins Wasser, Infrastrukturen an den Ufern und durchgängige Uferwege etc. Eine Region mit einem attraktiven Gewässer kann mangels dieser Infrastrukturen wassertouristisch verkümmern, obwohl die Chancen und Potenziale hier immens groß sind. Oder es sind gelegentlich auch politische Selbstbeschränkung zu finden, die Zugänge, Nutzungen und Infrastrukturen am Wasser aus Klimaschutz- und Umweltschutzgründen ablehnen.

Der wohl am stärksten determinierende Faktor ist die touristische Dienstleistung und Aktivität. Die Vielfalt und Qualität der angebotenen touristischen Dienstleistungen, wie Wassersportarten, Bootstouren, Tauchen und Angeln, sind entscheidend für die Attraktivität von Wasserregionen. Die Existenz von entsprechenden Angeboten steht in direktem Zusammenhang mit den o.g. Faktoren. Hierbei geht es nicht nur um die wassertouristischen Angebote, sondern auch um die allgemeinen touristischen Angebote und ihr Vernetzung mit dem Wasser. Läuft der Tourismus in einer Region insgesamt gut, hat auch der Wassertourismus gute Chancen auf Erfolg. In einer Region, in der sich der Tourismus schwertut und als Wirtschaftsfaktor kaum eine Rolle spielt, wird auch der Wassertourismus, trotz aller Bemühungen, nicht zu einem Erfolgsfaktor werden können. Diese Abhängigkeit überzeugt auch wieder von der Notwendigkeit eines funktionierenden und aktiven Netzwerkes und insbesondere eines Beirates, der alle Aktivitäten vernetzt am Leben erhält.

Das kulturelle Erbe und die Geschichte einer Region bestimmen ebenfalls ihre Attraktivität. Historische und kulturelle Attraktionen in Wasserregionen können einen zusätzlichen Anreiz für Touristen bieten. Historische Städte, archäologische Stätten und kulturelle Veranstaltungen können den Wassertourismus bereichern. Hier hat sich gezeigt, dass Wassertouristen auch eine große Beziehung zu historischen Technikbauwerken haben. Es ist sehr interessant zu erfahren, welche umfangreiche Technikgeschichte in Deutschland in Bezug auf Wasserbauwerke besteht. Historische Schleusen und Schiffshebewerke, Brücken und Hafenanlagen existieren in Deutschland in großer Zahl, nur die meisten sind in Vergessenheit geraten und werden kaum unterhalten oder touristisch zugänglich gemacht. Insgesamt bestehen diese Bauwerke und technischen Anlagen größtenteils seit der Kaiserzeit, in der das deutsche Binnenwasserstraßennetz hervorragend ausgebaut wurde. Da jedoch die Binnenschifffahrt in den letzten Jahrzehnten fast völlig zum Erliegen gekommen ist, werden auch diese Bauwerke nicht mehr benötigt und der Unterhalt ist so teuer, dass der Bund sie lieber verfallen lässt. Dennoch bieten sie Interessierten sehr viel spannende Technikgeschichte und sind gelegentlich nur schwer zu finden, weil sie in die Unbedeutendheit verloren sind.

Ein wachsendes Umweltbewusstsein beeinflusst weiterhin die Entscheidungen der Touristen. Destinationen, die sich für Umweltschutz und Nachhaltigkeit engagieren, haben möglicherweise einen Vorteil. Hier ist aktives Handeln gefragt, wie oben beschrieben. Regionen, die aktiv im Umwelt- und Klimaschutz arbeiten und ihre Aktivitäten vermarkten und bewerben, werden eher wahrgenommen und positiv assoziiert. Aktiv praktizierter Umweltschutz wird immer dort zu einem

Marktfaktor, wo der Kunde selber mitmachen kann und den Erfolg direkt selbst erfährt bzw. seinen Vorteil für sich erfahren kann. Appelle und Postulate allein sind unattraktiv und belehrend. Eigene Erfahrungen machen und für sich Vorteile darin zu erkennen, sind überzeugend und animierend. Dieses Verständnis muss in den wassertouristischen Regionen und Betrieben erst noch geweckt und durch Beispiele und Pilotprojekte initiiert werden. Allerdings kommen hier auch sehr schnell begrenzende Faktoren hinzu, wo einfach Grenzen die Aktivitäten beenden. Hier muss der Unternehmer seine Grenzen erkennen und seine Angebote entsprechend strukturieren.

Die rechtlichen Rahmenbedingungen und Regelungen für den Wassertourismus beeinflussen die Entwicklung und den Erfolg dieser Branche. Sicherheitsstandards und Umweltauflagen sind hier besonders wichtig, können jedoch auch hemmend wirken. Rechtliche Regelungen begrenzen das Urlaubsvergnügen auf dem Wasser sehr schnell und stellen dann auch die Wirtschaftlichkeit von Netzwerken und Unternehmen infrage. Gründe für rechtlichen Beschränkungen können die Verkehrssicherheit auf dem Wasser sein oder Umweltauflagen, die den wassertouristischen Betrieb einschränken. Häufig sind derartige rechtliche Beschränkungen in temporären Fahrverboten und in räumlichen Sperrungen von Wasserflächen zu finden. Hier sollte der Gesetzgeber stets bemüht sein, verträgliche Kompromisslösungen aus einer Balance von Wirtschaftlichkeit und Schutzbegehren zu finden.

Die gesamten wirtschaftlichen Faktoren beeinflussen ebenfalls das Verhalten im Wassertourismus. Die wirtschaftliche Situation, einschließlich Einkommensniveau, Währungskurse und Arbeitsmarktsituation, beeinflussen die Reiseentscheidungen der Menschen und somit auch den Wassertourismus. Als limitierende Faktoren spielen diese wirtschaftlichen Bedingungen immer eine übergeordnete Rolle. Dieses betrifft die wirtschaftlichen Strukturen der Gastregion, sowie ihren Wohlstand und ihre Kaufkraft. Diese Situation wird vom Gast bewusst und als begrenzend oder animierend wahrgenommen. Es betrifft aber auch die wirtschaftliche Situation der Heimatregion des Gastes. Kommt dieser aus einer strukturschwachen Region, wird er am Urlaubsort kaum sein Ausgabeverhalten ändern und eher sparsam im Urlaub leben. Anders wird ein Gast aus einer wirtschaftliche starken Region auch sein ausgabefreudiges Verhalten in den Urlaub mitnehmen. Trifft er dort auf eine wirtschaftlich schwache Region, ist sein Ausgabeverhalten hier unterfordert.

Sicherlich spielen auch technologische Entwicklungen und Digitalisierungen eine zentrale Rolle in den nächsten Jahren. Fortschritte in der Technologie, wie verbesserte Navigationssysteme, Online-Buchungsplattformen und moderne Wassersportausrüstungen, können den Wassertourismus positiv beeinflussen. Effektive Marketingstrategien und die Schaffung einer starken Marke für eine Wassertourismusregion sind entscheidend, um Touristen anzuziehen und langfristig zu binden. Ebenso kann eine Region, die sich diesen Entwicklungen verschließt, auch begrenzende Wirkungen der Technologisierung bemerken, indem die Gäste mehr erwarten als vor Ort in dieser Richtung angeboten wird. Die technologischen und digitalen Standards nehmen ständig zu und so erwarten auch Wassertouristen eine ständige Weiterentwicklung in diesem Bereich. Eine Region oder Betriebe, die sich diesen Entwicklungen verschließen, begrenzen ihr Geschäft durch dieses Verhalten selbst, oftmals ohne es zu bemerken oder zu wissen.

Diese Faktoren interagieren miteinander und beeinflussen die Wassertourismusbranche auf komplexe Weise. Eine umfassende Analyse dieser Determinanten ist wichtig für die Entwicklung und den nachhaltigen Erfolg von wassertouristischen Netzwerken.

7.3 Einflüsse der Politik, Wirtschaft, Umwelt und Gesellschaft

7.3.1 Einflüsse der Politik auf den Wassertourismus

Politische Einflüsse können einen erheblichen Einfluss auf den Wassertourismus haben, da sie die Rahmenbedingungen und Regulierungen für diese Branche beeinflussen. Wie in den Szenarien dargestellt, werden sich künftige Entscheidungen zu Entwicklungen vorwiegend an politischen Entscheidungen festmachen und von dort werden die Weichen der künftigen Entwicklung gestellt. Dabei kommen verschiedene Politikbereiche zum Tragen und werden verschiedene Initiativen, je nach ihren Resorts, vorstellen.

Zunächst werden Umweltschutzregulierungen auf den Wassertourismus wirken. Politische Maßnahmen zum Umweltschutz können direkte Auswirkungen auf den Wassertourismus haben. Zum Beispiel könnten Vorschriften zur Begrenzung von Emissionen und zur Abfallentsorgung für Schiffe und Bootsbetreiber eingeführt werden. Im politischen Raum werden weiterhin Schifffahrtsregulierungen zur Befahrung und Nutzung der Gewässer erlassen werden. Politische Entscheidungen in Bezug auf Schifffahrtsregulierungen, Sicherheitsstandards und Genehmigungsverfahren können den Wassertourismus beeinflussen. Dies könnte die Schaffung neuer Routen, die Verbesserung der Infrastruktur oder die Festlegung von Geschwindigkeitsbegrenzungen umfassen. Allerdings können durch diese Instrumente auch Restriktionen erlassen werden, die den Wassertourismus einschränken können.

Die politische Tourismusförderung ist auch ein Instrument, das den Rahmen der Entwicklung des Wassertourismus bestimmt. Maßnahmen zur Förderung des Tourismus können den Wassertourismus positiv beeinflussen. Dies könnte die Entwicklung von touristischen Attraktionen entlang von Wasserstraßen, finanzielle Anreize für Unternehmen im Wassertourismus und Marketingkampagnen umfassen. Im politischen Raum sind auch Grenzkontrollen und Visabestimmungen zu berücksichtigen. Diese können den internationalen Wassertourismus beeinflussen. Lockerungen oder Verschärfungen können sich auf die Anzahl der Touristen auswirken, die grenzüberschreitende Wasserstraßen nutzen. Dieser Aspekt erscheint zunächst nebensächlich, ist jedoch in Anbetracht der zentralen Lage Deutschlands innerhalb Europas von großer Bedeutung. Das Thema Krisenmanagement und Sicherheit rückt zunehmend in den Mittelpunkt der politischen Entwicklung des Wassertourismus. Politische Maßnahmen zur Sicherheit und zum Krisenmanagement sind entscheidend, um das Vertrauen der Touristen zu gewährleisten. Dies könnte die

Entwicklung von Notfallplänen, Sicherheitsrichtlinien und Maßnahmen zur Verhinderung von kriminellen Aktivitäten umfassen. Politische Entscheidungen über Infrastrukturinvestitionen können den Wassertourismus beeinflussen.

Die Entwicklung oder Verbesserung von Häfen, Anlegestellen, Wasserstraßen und anderen infrastrukturellen Einrichtungen kann die Attraktivität von Regionen für den Wassertourismus steigern. Schließlich können Maßnahmen zur Bewahrung der natürlichen Umwelt und des Wassermanagements den Wassertourismus schützen oder beschränken. Dies könnte die Festlegung von Schutzgebieten, die Begrenzung von Wasserentnahmen und den Schutz bedrohter Arten umfassen. Insgesamt unterliegt der Ausbau von Infrastrukturen immer dem vorherigen politischen Willen. Ist dieser auf Bundes-, Landes- oder Kommunalebene nicht vorhanden, wird es auch kaum möglich sein, umfassende Infrastrukturen für den Tourismus und für den Wassertourismus auszubauen. Für die erforderliche politische Vorarbeit im Wassertourismus bedarf es Lobbyisten, die diese Art des Tourismus befürworten und fördern wollen. Diese sind derzeit sehr schwer zu finden, da wesentlichere politische Aufgaben davorstehen.

Es ist wichtig zu beachten, dass politische Einflüsse je nach Land und Region variieren können. Eine ausgewogene und nachhaltige Politik ist entscheidend, um die positiven Auswirkungen des Wassertourismus zu fördern und gleichzeitig die Umwelt und lokale Gemeinschaften zu schützen.

7.3.2 Wirtschaftliche Einflüsse auf den Wassertourismus

Wirtschaftliche Einflüsse auf den Wassertourismus können vielfältig sein und hängen von verschiedenen Faktoren ab.

Zuerst haben die Ausgaben von Touristen einen direkten Einfluss auf die lokale Wirtschaft. Touristen, die sich für Wassertourismus entscheiden, geben Geld für Unterkünfte, Verpflegung, Aktivitäten und Souvenirs aus. Diese Ausgaben können zu einem bedeutenden Wirtschaftsfaktor in küstennahen Gebieten, an Seen oder Flüssen werden. In örtlichen Erhebungen und Befragungen wird festgestellt, dass das Ausgabeverhalten von Wassertouristen eindeutig höher ist als von übrigen Touristen. Beträge zwischen 30 und 100 €/Person/Tag sind nicht ungewöhnlich und hängen in starkem Maß von den Möglichkeiten, Geld auszugeben, ab. Das heißt, Angebote müssen zunächst vorhanden sein, mit der Möglichkeit, diese Beträge auch ausgeben zu können. Dabei kommt ein Großteil dieser täglichen Ausgaben der Gastronomie zugute, denn Wassertouristen suchen Möglichkeiten am Wasser zum Essen und Trinken. Eine Ufergaststätte mit Bootsanleger ist nicht nur ein beliebtes Fahrtziel, es ist auch gastronomisch eine absolut sichere Unternehmung, ggf. auch ganzjährig. Diese hängt vom Angebot, der Speisekarte und der Preisgestaltung ab. Und nicht zuletzt auch vom Ambiente der Gastronomie, auch außerhalb der Saison.

Die Entwicklung von Infrastruktur wie Marinas, Bootsanlegestellen, Wasserstraßen und anderen Einrichtungen ist entscheidend für die Förderung des Wassertourismus. Investitionen in diese Infrastruktur können nicht nur das touristische Erlebnis verbessern, sondern auch lokale Arbeitsplätze schaffen und die Wirtschaft ankurbeln. In den 1990er-Jahren war es stets eine Frage, was zuerst benötigt wird. Zieht die Infrastruktur die Touristen an oder sind zuerst die Touristen erforderlich, um dann die entsprechende Infrastruktur auszubauen? Dieses Zögern hat an vielen Orten große Chancen vertan, denn es ist völlig klar, dass zuerst die Infrastrukturen entwickelt werden müssen, um dann die Wassertouristen anzuziehen. Die andere Sichtweise ist ein Trugschluss, der nicht funktionieren kann. Das bedeutet aber auch, dass die Region und die Unternehmen mit ihren Investitionen in Vorleistung gehen und auf das folgende Geschäft hoffen müssen. Werden in den Investitionen und der Entwicklung der Infrastrukturen Fehler gemacht, ist der Verlust immens.

Der Wassertourismus schafft direkt und indirekt Arbeitsplätze. Dies umfasst nicht nur Dienstleistungen für Touristen wie Hotels und Restaurants, sondern auch Jobs in der Bootsherstellung, im Bootsverleih, im Wassersportunterricht und in der Wassersicherheit etc. Dieses ist eine Kernfrage an den Wassertourismus, die immer wieder seit Anfang der 1990er-Jahre gestellt wurde. Was hat der regionale Arbeitsmarkt vom Wassertourismus? Verschiedene Untersuchungen und Analysen hierzu wurden erarbeitet, denen jedoch allen ein wesentlicher Inhaltspunkt fehlt. Eine detaillierte Analyse der indirekten und der öffentlichen Effekte bzw. Arbeitsplätze. Bisher wurden vorwiegen die direkten Arbeitsplätze gezählt und bewertet. Dies ist eine einfache Aufgabe, die schnell in einer Region per Abfrage bei den wassertouristischen Unternehmen durchgeführt wird. Es liegt auf der Hand, dass bei einem sehr saisonalen und wetterabhängigen Geschäft diese Effekte nicht sehr groß ausfallen. Insofern enden diese Studien allesamt mit ernüchternden Ergebnissen und Zahlen, die letztlich dem Wassertourismus eher schaden als nützen. Denn das Bild ist unvollständig, weil die indirekten Effekte wesentlich größer und beständiger sind, als die geringen direkten Effekte. In US-Studien wurde hochgerechnet, dass ein Bootsliegeplatz bis 10 indirekte Arbeitsplätze auslösen kann. In Europa und in Deutschland wurden diese Effekte noch nicht errechnet, obwohl diese Aufgaben, wenn auch mühsam, dennoch möglich sind. Und was noch niemals betrachtet wurde, sind die öffentlichen Effekte der Kommunen am Wasser. Sie sind die Hauptprofiteure des Wassertourismus und schaffen zahlreiche indirekte Arbeitsplätze. Auch diese Effekte sind auf lokaler Ebene problemlos zu ermitteln und zu berechnen und würden eindrucksvoll die guten Effekte des Wassertourismus aufzeigen.

Der Wassertourismus erfordert oft den Transport von Touristen und Gütern über Wasser. Dies kann den Bedarf an Booten, Fähren und anderen Wasserfahrzeugen erhöhen, was wiederum die maritime Wirtschaft beeinflusst. In Deutschland ist der Wassertourismus stark von den Jahreszeiten abhängig. In den Sommermonaten zieht er Touristen an, in den Wintermonaten ruht das Geschäft. Dies kann zu saisonalen Schwankungen in der lokalen Wirtschaft führen. Der Wassertourismus kann auch Umweltauswirkungen haben, die wiederum wirtschaftliche Folgen haben können. Schäden an Wasserbauwerken, Verschmutzung von Gewässern oder Beeinträchtigungen von Ökosystemen können nicht nur die Umwelt selbst, sondern auch die Attraktivität des Wassertourismus beeinträchtigen.

Die wirtschaftlichen Auswirkungen des Wassertourismus werden oft durch staatliche Regulierungen und Politik beeinflusst. Die Festlegung von Umweltauflagen, Sicherheitsstandards und Tourismusförderungsmaßnahmen kann die Branche direkt beeinflussen. Regionale Wirtschaftsförderung sollte auch den Wassertourismus umfassen. Dabei kann es in erster Linie um wirtschaftliche Ansiedlung von maritimen Betrieben gehen, wie Bootskonstrukteuren, Werften, Zubehörherstellung und -handel, Versicherungen, Vercharterter etc. Die Existenz derartiger Betriebe zieht auch den Tourismus nach sich, denn wenn eine Region wassersportliche geprägt ist durch viel Unternehmen und Betrieb der Branche, dann ist sie auch für Wassertouristen von Interesse.

Es ist wichtig zu beachten, dass die wirtschaftlichen Auswirkungen des Wassertourismus je nach geografischem Standort, Art des Gewässers und lokalen Bedingungen variieren können. Eine nachhaltige Entwicklung des Wassertourismus erfordert daher eine sorgfältige Abwägung zwischen wirtschaftlichen, sozialen und Umweltbelangen. Hier spielt wiederum das regionale Netzwerk mit seinem Beirat die entscheidende Rolle und muss in flexibler und aktiver Form diese Aufgaben bearbeiten.

7.3.3 Einflüsse aus Umwelt- und Klimaschutz auf den Wassertourismus

Der Wassertourismus ist in vielerlei Hinsicht von Umweltschutz- und Klimaaspekten beeinflusst. Diese Faktoren werden im politischen Raum generiert und bestimmen die Entwicklung maßgeblich. Zum Schutz der Umwelt und des Klimas werden die verschiedenen Umweltauswirkungen von Wassersportaktivitäten analysiert.

Der Tourismus im Wasser, sei es durch Wassersportarten wie Segeln, Tauchen oder Wasserski, kann direkte Auswirkungen auf das marine Ökosystem haben. Unsachgemäße Praktiken können Korallenriffe schädigen, Meereslebewesen beeinträchtigen und Gewässerverschmutzung verursachen. Der Klimawandel führt zu einem Anstieg der Durchschnittstemperaturen, was wiederum den Meeresspiegel erhöht. Dies kann Küstengebiete und Inseln, die für den Wassertourismus von Bedeutung sind, gefährden. Infrastrukturen wie Häfen, Resorts und Strände können durch Sturmfluten und Erosion gefährdet sein.

Klimawandel und Umweltauswirkungen können auch zu Veränderungen in der Wasserqualität führen. Dies betrifft nicht nur die Meere, sondern auch Flüsse und Seen, die für den Binnenwassertourismus wichtig sind. Verschmutzung, Überfischung und Veränderungen der Temperatur können die Wasserqualität beeinträchtigen. Der Wassertourismus, sei es in Küstenregionen, Flüssen oder Seen, steht vor der Herausforderung, nachhaltige Praktiken zu implementieren.

Dies schließt umweltfreundliche Antriebssysteme, Recycling- und Entsorgungseinrichtungen für Boote, sowie Schutzmaßnahmen für empfindliche Ökosysteme ein. Ein wachsendes Bewusstsein für Umweltfragen kann das Verhalten der Touristen beeinflussen. Reisende entscheiden sich zunehmend für umweltfreundliche Aktivitäten und Anbieter. Der Wassertourismussektor reagiert darauf, indem er nachhaltige Praktiken einführt und sein Image durch Umweltschutzinitiativen verbessert. Regierungen und internationale Organisationen setzen vermehrt Vorschriften und Standards im Bereich des Wassertourismus durch, um Umweltauswirkungen zu minimieren. Dies kann Einschränkungen für den Zugang zu sensiblen Ökosystemen, Geschwindigkeitsbegrenzungen für Boote und andere Maßnahmen zur Umweltschonung umfassen.

Insgesamt sind Umweltschutz und Klimafragen wichtige Aspekte für die langfristige Nachhaltigkeit des Wassertourismus. Eine verantwortungsbewusste Entwicklung und Nutzung dieser Ressource ist entscheidend, um die Schönheit der Wasserumgebungen zu bewahren und gleichzeitig die Wirtschaftlichkeit des Tourismussektors zu gewährleisten.

7.3.4 Gesellschaftliche Einflüsse auf den Wassertourismus

Der Wassertourismus wird auch von verschiedenen gesellschaftlichen Einflüssen geprägt, die sein Wachstum, seine Entwicklung und seine Ausrichtung beeinflussen. Aktuelle gesellschaftliche und soziale Fragen bestimmen nicht nur das Zusammenleben der Menschen, sondern sind auch ein Indikator für die politische und wirtschaftliche Kultur eines Staates. Und hierzu zählt auch das Reiseverhalten der Bevölkerung und auch der Wassertourismus.

Veränderungen im Freizeitverhalten und Lebensstil der Gesellschaft beeinflussen direkt die Präferenzen im Tourismus. Wenn Menschen mehr Wert auf aktive Freizeitgestaltung legen oder nach erlebnisorientierten Aktivitäten suchen, kann dies den Wassertourismus begünstigen. Diese Abhängigkeit reagiert sehr sensibel und sehr schnell. In eine derartige Stimmungsänderung wirken nicht nur allein konkret finanzielle und wirtschaftliche Faktoren, auch Trends, Meinungen und soziale Netze bestimmen sehr sensibel und vor allem schnell die öffentliche Meinung über etwas. Dieses hat man im politischen Bereich schon sehr oft bemerkt und verfolgen können. Im Sozialen ist es nicht anders. Eine in Umlauf gebrachte Ansicht und Meinung kann einer ganzen Branche kurzfristig den Boden entziehen. Systeme, die hochgradig umwelt- und klimarelevant sind, sind hierfür besonders gefährdet, Und das ist der Wassertourismus in besonderem Maße, da er neben einer hohen Klimarelevanz auch noch das Naturgut Wasser benutzt und beeinflussen kann.

Das steigende Umweltbewusstsein in der Gesellschaft hat Auswirkungen auf den Tourismussektor insgesamt, einschließlich des Wassertourismus. Nachhaltigkeit und Umweltschutz werden immer wichtiger, und Unternehmen im Wassertourismus müssen sich diesen Anliegen anpassen, um ihre Attraktivität zu erhalten. Die extrem sensiblen Ökosysteme der Gewässer stehen im Fokus der Umwelt- und Klimabetrachtungen des Wassertourismus. So werden alle Ausübungen, die die Umwelt schädigen, abgelehnt und scheiden als Urlaubsvergnügen eher aus. Einzig die Kreuzfahrtbranche und das Hausbootfahren stehen hier noch auf einer Extraposition, da ihre hohe Attraktivität die Umweltbedenken doch zerstreuen. Dennoch sind sich Touristen in diesen Segmenten durchaus bewusst, dass sie durch ihr Reiseverhalten die Umwelt und das Klima schädigen. Aber die Abwägung geht derzeit noch zugunsten des Urlaubs aus. Hier können gesellschaftliche und vor allem politische Faktoren sehr kurzfristig zu einer Änderung der öffentlichen Meinung führen.

Fortschritte in der Technologie können den Wassertourismus durch die Entwicklung neuer Transportmittel, Kommunikationsmittel und digitaler Plattformen beeinflussen. Zum Beispiel könnten verbesserte Navigationssysteme oder Online-Buchungsplattformen die Zugänglichkeit und Attraktivität des Wassertourismus erhöhen. In diesem Bereich wird auch die KI eine wesentliche Rolle einnehmen, indem mit ihrer Hilfe Simulationen von Urlaubstörns, Hafensituationen etc. vor der Reise erstellt werden können. Dieses schafft Sicherheit bei der Buchung und größtmögliche Information vor der Reise über ihren Verlauf, die Ziele, die Angebote und eventuell Varianten und Alternativen.

Die demografischen Veränderungen, wie die Alterung der Bevölkerung, Veränderungen in der Familiengröße oder Zunahme der Inklusion, können die Nachfrage nach bestimmten Arten von Wassertourismusaktivitäten beeinflussen. Ältere Menschen könnten beispielsweise eher an entspannten Kreuzfahrten interessiert sein, während junge Familien auf aktive Wassersportarten setzen. Da sich die europäische/deutsche Gesellschaft in den kommenden Jahren verändern wird und der Anteil von inkludierten Menschen steigen wird, bleibt abzuwarten, inwieweit sich diese Bevölkerungsgruppe touristische engagieren und ggf. sogar zum Wassertourismus finden wird. Diese Betrachtung könnet ggf. wiederum völlig andere und neuartige Angebote entstehen lassen oder neue Reviere erschließen oder dieses Tourismussegment völlig einschlafen lassen.

Die wirtschaftlichen Bedingungen spielen eine entscheidende Rolle im Tourismussektor. In wirtschaftlich prosperierenden Zeiten steigt oft die Bereitschaft der Menschen, in Freizeitaktivitäten wie den Wassertourismus zu investieren. Auch werden in diesen Zeiten gern neue Formen und Angebote ausprobiert. In wirtschaftlich unsicheren Zeiten hingegen kann die Nachfrage zurückgehen und es müssen angepasste Angebote kurzfristig vermarktet werden. Erfahrungen hierzu liegen aufgrund der Corona-Pandemie vor, in der gerade der Hausboottourismus einen Aufwärtstrend erlebte. Dieses zeigt, dass die Branche durchaus in der Lage ist, in Krisenzeiten kurzfristig zu reagieren und angepasste Angebote auf den Markt zu bringen.

Die kulturellen Vorlieben und Traditionen einer Gesellschaft beeinflussen den Wassertourismus. Bestimmte Kulturen legen möglicherweise mehr Wert auf bestimmte Arten von Wasseraktivitäten oder haben spezifische Erwartungen an Service und Gastfreundschaft. In diesem Segment wird die Gastronomie eine zentrale Rolle spielen, da gerade in Deutschland die regionalen Küchen sehr unterschiedlich sind und dieses beim Wassertourismus im Binnenland durchaus eine sehr interessante Bereicherung der Befahrung sein kann, verschiedene regionale Gerichte kennenzulernen. Und da Deutschland als wassertouristisches Transitland derartige Befahrungen anbieten kann, passt dieses sehr gut mit den vielfältigen regionalen Küchen zusammen. Aber auch im kulturellen Bereich sieht es ähnlich aus. Die verschiedenen deutschen Regionen bieten auch kulturell eine große Vielfalt, die bei einer Befahrung auf den Wasserstraßen in kurzen Abständen eine große Anzahl unterschiedlicher kulturelle Angebote bietet.

Gesetzliche und regulatorische Rahmenbedingungen können den Wassertourismus beeinflussen. Umweltauflagen, Sicherheitsstandards und andere Vorschriften können die Branche formen und die Art und Weise, wie Unternehmen im Wassertourismus agieren, beeinflussen. Rechtliche Rahmenbedingungen geben einer Gesellschaft immer einen Handlungsrahmen, in dem sich der Einzelne ausleben kann. Rechtliche Rahmenbedingungen entstehen aber auch aus gesellschaftlichen Anforderungen und Bedürfnissen. Sofern der Wassertourismus hier eine touristisch akzeptable Bedeutung erhält, werden auch die rechtlichen Rahmenbedingungen und Gesetze auf diese Bedeutung eingehen und Regeln schaffen, die diese Urlaubsform ermöglichen und erleichtern. Dass der Wassertourismus in diesen demokratischen Prozessen eine derart hohe Bedeutung erlangt, dass er politische Berücksichtigung findet, ist heute noch ein Wunsch.

Die Wechselwirkung dieser gesellschaftlichen Einflüsse trägt dazu bei, dass sich der Wassertourismus ständig weiterentwickelt und an die Bedürfnisse und Präferenzen der Gesellschaft anpasst. Unternehmen und Destinationen im Wassertourismus müssen daher flexibel sein und Trends sowie Veränderungen in der Gesellschaft aufmerksam verfolgen.

7.4 Entwicklung von zwei Szenarien der weiteren Entwicklung

Um den Stand und die weiteren Entwicklungen des Wassertourismus in Deutschland besser einordnen zu können, werden zwei unterschiedliche Szenarien einer weiteren Entwicklung entworfen, die auf der Grundlage der derzeitigen Situation, der bisherigen Entwicklung und als sogenannte Trendverlängerungen eine Fortentwicklung der gegenwärtigen Situation unter Veränderung einzelner Parameter darstellen. Die Methode der Szenarienentwicklung ist ein Instrument der Soziologie, um begonnene Entwicklungen in die Zukunft zu projizieren. Hierdurch werden Möglichkeiten der Entwicklung frühzeitig erkannt und es kann ggf. durch politische oder andere Maßnahmen gelenkt oder gegengesteuert werden. Hilfreich ist dieses Instrument immer dort, wo die künftige Entwicklung eines Phänomens nicht eindeutig ist und sich vor allem mehrere unterschiedliche Entwicklungsrichtungen eröffnen, im Positiven wie auch im Negativen. Hier kann die Szenarienbildung helfen, negative Entwicklungsmöglichkeiten zu identifizieren und zu verhindern. Für den Wassertourismus in Deutschland trifft diese Situation zu. Es eröffnen sich grundsätzlich mehrere unterschiedliche Entwicklungsrichtungen. Welche davon politisch gewollt und sachlich die Besten sind, kann derzeit nicht erkannt werden. Dieses hängt zum einen von der internationalen Situation der Weltpolitik und der Wirtschaft ab, zum anderen aber auch von der internationalen Entwicklung des Wassertourismus in den determinierenden Regionen der Welt. Welche neuen Trends werden im Wassertourismus von hier aus initiiert? Und schließlich auch von der nationalen Politik und der wirtschaftlichen Situation. Wie weiter oben bereits ausgeführt, zeigt die derzeitige politische Situation eher ein Zurückfahren der wassertouristischen Entwicklung, was mit klimapolitischen und sozialen Zielen begründet wird. Ob sich diese politische Haltung aufrechterhalten lässt, bleibt abzuwarten und ist vor allem im europäischen Kontext zu beobachten. Denn gerade die wassertouristische Transitposition Deutschlands innerhalb Europas wird durch die europäischen Partner, die durch Deutschland auf dem Wasser reisen, stark bestimmt.

7.4.1 Szenario A: Positive Weiterentwicklung des Wassertourismus

Dieses erste Szenario geht von einer positiven Weiterentwicklung des Wassertourismus in Deutschland aus. Es ist eine Trendentwicklung, die auf einer tiefgreifenden Wandlung des gesellschaftlichen Verständnisses und der politischen Akzeptanz dieses Tourismusphänomens ausgeht. Um eine derartige Entwicklung zu ermöglichen müssen viele und vielfältige Parameter geändert werden. Dieses kann nur auf der politischen Ebene erfolgen. Daher wird als Ausgangspunkt für dieses Szenario eine europäische Initiative zur Entwicklung des Wassertourismus in Europa vorausgesetzt. Europäische Politiker haben aufgrund des wirtschaftlichen Rückgangs in der Eurozone den Wachstumsmarkt des Tourismus erkannt. Hier wird in unterschiedlichen Tourismusbranchen entwickelt, wobei Nutzeffekte weniger für einzelne Regionen Europas im Vordergrund stehen, sondern möglichst flächendeckende und gesamteuropäische Effekte erreicht werden sollen. Erfolge sollen in allen Tourismusbereichen erzielt werden. Daher werden die Tourismusbranchen, die diese Ziele erreichen können, vorrangig gefördert. Und es soll vorrangig das Reisen durch Europas Binnenwasserstraßen initiiert werden. Es sind daher u. a. der Städtetourismus, der Fahrradtourismus und auch der Wassertourismus, die diese Ziele erfüllen können. Aus Gründen des Klima- und Umweltschutzes wird diskutiert, ob nur der muskelgetriebene Wassertourismus, also Kanu-, Kajak- und Rudertourismus, gefördert werden soll oder ob auch Aktivitäten wie Segeln und Hausbootfahren in diese Förderung eingebunden werden sollen. Die Europapolitiker entscheiden sich für eine Lösung, die diese Entscheidung in die Zuständigkeit der Regionen gibt. Hiermit entsteht eine gute Grundlage für individuelle regionale Entwicklungen des Wassertourismus. Europa übernimmt hierfür den Großteil des Infrastrukturausbaus der Wasserwege und ein einheitliches europäisches Marketing für dieses Tourismussegment. In den Regionen werden individuelle Konzepte entwickelt. Hemmnisse aufgrund früher erlassener Schutzzonen, wie Natura 2000 etc. werden für diese neue Entwicklung aufgeweicht und durchlässiger gestaltet. Diese gesamteuropäische Situation eröffnet auch für Deutschland eine neue Perspektive im Wassertourismus. Als besonders wegweisend hierfür ist die politische Erkenntnis Europas, dass Deutschland geografisch in der Mitte Europas liegt und somit eine zentrale wassertouristische Bedeutung erhält. Die Hauptwasserwege führen somit durch Deutschland und die vorhandenen Wasserstraßen in Deutschland erhalten hierdurch eine zentrale europäische Funktion, was deren Ausbau für den Wassertourismus stärkt. Nun eröffnet sich eine Schaltstelle, an der die deutsche Politik gefordert ist, die richtigen Entscheidungen für diese positive Entwicklung in Gang zu bringen. Bislang konnte der Bund nur den politischen Rahmen für die Entwicklung des Wassertourismus in den Ländern setzen. Tourismusentwicklung ist eine Länderaufgabe. Dieses föderale Prinzip muss nun, zumindest in weiten Teilen, aufgeweicht werden,

Um eine bundeseinheitliche und zügige Entwicklung zu ermöglichen, müssen Bund und Länder in Absprache Kompetenzen auswechseln und übergeben/übernehmen. Es wird hierin eine der Hauptschwierigkeiten dieser Entwicklung bestehen, die jedoch lösbar scheinen und auch geregelt werden können. Das verlockende gesamteuropäische Ziele eines neuen wirtschaftlichen Aufschwungs lässt viele Zweifler verstummen. So gibt es zwar Regionen in Deutschland, die vorwiegend auf Kanu- und Kajaktourismus setzen, andere wiederum eher auf Hausboottourismus und dritte auf eine gemischte und moderne Form des Wassertourismus. Bemerkenswert ist, dass Deutschland seine Rolle als Transitregion innerhalb Europas anerkennt und seine Entwicklungen danach ausrichtet. Das jahrzehntelange Leitbild der wassertouristischen Destination Deutschland ist gebrochen und die Länder entwickeln entsprechend dem neuen Leitbild und der neue Aufgabe Angebote und Infrastrukturen für Transittouristen durch Deutschland. Das überholte Leitbild der wassertouristischen Destination Deutschland wird nicht als jahrelanger Fehler und Trugschluss anerkannt, sondern vielmehr die neue Rolle Deutschland als Transitland auf einer europäischen Erkenntnis begründet, obwohl Experten schon Anfang 2000er-Jahre auf diese Fehlentwicklungen in Deutschland hingewiesen haben. Ein weiteres Novum kommt in dieser Entwicklung hinzu. Es wird erkannt, dass die Kommunen an den Wasserstraßen die Hauptprofiteure des Wassertourismus sind und so engagieren sich viele Städte, Gemeinden und Landkreise an Wasserwegen in der Entwicklung diesen neuen Tourismuszweiges. Sie werden mit Fördermitteln ausgestattet und können so eine perfekte Infrastruktur ausbauen. Aufgrund richtiger und fachkompetenter Beratungen werden in den Ländern regionale Wassertourismusnetzwerke aufgebaut, die miteinander kooperieren und zusammenarbeiten. Es bilden sich viele spezialisierte Netzwerke heraus und das Geschäft beginnt sehr gut zu laufen, sodass sich auch bald sichtbare wirtschaftliche Erfolge einstellen. Aufgrund der zentralen Lage Deutschlands in der Mitte Europas wird Deutschland zu einem Zentrum und Mittelpunkt des europäischen Wassertourismus.

7.4.2 Szenario B: Negative Weiterentwicklung des Wassertourismus

Das zweite Szenario geht von einer negativen und restriktiven Weiterentwicklung des Wassertourismus in Deutschland aus. Diese Trendverlängerung geht wesentlich stärker von den gegenwärtigen und realen Rahmenbedingungen der gegenwärtigen Politik aus. Im Gegensatz zum ersten Szenario gibt hier nicht die europäische Politik den Anstoß der weiteren Entwicklung, sondern die Entwicklungslinien werden national von der deutschen Bundespolitik vorgegeben. Dabei sieht die Politik zwei limitierende Faktoren. Zum einen die soziale Frage in der deutschen Gesellschaft, die durch wirtschaftliche Aspekte und Fragen der Migration bestimmt wird. In diese Situation passt ein freizeitliches Luxussegment wie Tourismus auf dem Wasser nicht hinein und wird daher gesellschaftspolitisch völlig ausgeblendet und ignoriert. Auch Fördermittel können für dieses Segment nicht freigegeben werden, da die Haushalte der nächsten Jahre extrem hohe Sozial- und Verteidigungskosten zu tragen haben. Der zweite limitierende Faktor ist der Klimaschutz, der freizeitliche Aktivitäten, die klimaschädlich sind, absolut verbietet. Weitere Faktoren des Umwelt-, Natur- und Gewässerschutzes kommen hinzu. Erkennbar sind weitere Restriktionen, die existierende Wassertourismusaktivitäten limitieren oder sogar verbieten. Hier entwickelt die Bundespolitik ein breites Bündel an sogenannten Schutzmaßnahmen, beginnend mit Gewässersperrungen, dem Verbot von Verbrennungsmotoren auf dem Wasser, Befahrungsverboten und dem Verkauf bestimmter Bootstypen etc. Eine Apokalypse für den Bootssport und für den Wassertourismus. Eine jahrzehntealte Infrastruktur und Traditionen werden aufgelöst, Vereine werden aufgelöst, die Bootswirtschaft bricht zusammen und Deutschland verliert als Urlaubsland im Wassertourismus an Bedeutung und verkümmert in diesem Segment völlig. Hingegen profitieren die übrigen europäischen Regionen von diesen Restriktionen in Deutschland, da die meisten Bootsbesitzer und Urlauber nun ihren Wassersport/Wassertourismus im Ausland betreiben. Inwieweit dieses den Zielen eines globalen Klimaschutzes entgegenkommt, ist sehr fraglich, wenn Deutschland innerhalb Europas diesen Alleingang unternimmt. Warnende Stimmen vor dieser Entwicklung werden ignoriert und überhört und eine große und wirksame Lobby hatte der Wassertourismus in Deutschland noch nie. Die Endstufe dieses Szenarios sieht so aus, dass der Wassertourismus in Deutschland kaum noch existiert, bis auf einige wenige Ausnahme begrenzt ist und Deutschland innerhalb Europas in diesem Segment abgehängt ist. Die Politik postuliert dieses Ergebnis als einen Erfolg richtiger Politik und festigt diese Situation durch weitere Gesetze und Verordnungen gegen den Wassertourismus.

7.5 Ausblick in andere Wassertourismusregionen Europas

Europa bietet in seine Heterogenität zahlreiche attraktive Regionen für den Wassertourismus. Diese ändern sich aufgrund politischer, wirtschaftlicher und klimatologischer Bedingungen. Beständige Lieblingsregionen waren und sind immer Skandinavien, die Niederlande und die Mittelmeerregionen. Die wassertouristische Landkarte Europas wird sich verändern und beliebte Regionen werden unattraktiver und neue Regionen kommen hinzu. Insbesondere in den Randregionen Europas werden weitere und neue Wassertourismusregionen erschlossen werden. Als Zukunftsregionen sind erkennbar das östliche Mittelmeer und das Schwarze Meer, bei politischer Stabilität die nordafrikanische Küste, die Ostsee und vor allem die großen europäischen Flüsse und Ströme.

Die Entwicklungen werden hier auf der Grundlage der politischen und wirtschaftlichen Situationen verlaufen und sind ausschließlich hiervon abhängig.

Die Entwicklung des Wassertourismus in Europa ist vielfältig und von verschiedenen Faktoren beeinflusst. Wassertourismus umfasst Aktivitäten wie Bootsfahrten, Kanufahren, Wasserski, Angeln und andere Freizeitaktivitäten, die auf Wasserstraßen wie Flüssen, Seen oder Küstengewässern stattfinden. Viele europäische Länder haben in den letzten Jahren in die Entwicklung von wassertouristischer Infrastruktur investiert. Dazu gehören der Ausbau von Yachthäfen, Bootsanlegestellen, Wasserwegen und anderen Einrichtungen, die den Wassertourismus fördern. Bestimmte Regionen in Europa haben sich aufgrund ihrer natürlichen Wasserressourcen zu beliebten Wassertourismuszielen entwickelt. Dazu gehören beispielsweise die Seen in Skandinavien, die Flusskreuzfahrten auf der Donau und dem Rhein, die Kanäle in den Niederlanden und die Mittelmeerstrände. Mit zunehmendem Umweltbewusstsein steigt die Nachfrage nach nachhaltigen und umweltfreundlichen Wassertourismusaktivitäten. Elektroboote, Fahrradtouren entlang der Wasserwege und umweltfreundliche Praktiken in Yachthäfen gewinnen an Bedeutung. Die Integration von digitalen Technologien hat auch den Wassertourismus beeinflusst. Apps und Online-Plattformen bieten Informationen über Routen, Wetterbedingungen, Anlegestellen und erleichtern die Buchung von Booten oder Touren. Der Wassertourismus in Europa bietet eine breite Palette von Aktivitäten für verschiedene Zielgruppen. Von luxuriösen Yachtreisen bis hin zu einfachen Kanufahrten gibt es für jeden Geschmack und jedes Budget etwas. Viele Wasserwege in Europa durchqueren historische Städte und kulturelle Stätten. Die Verbindung von Wassertourismus mit kulturellen Aspekten bietet den Reisenden die Möglichkeit, Geschichte und Natur zu erleben. Die Regulierung des Wassertourismus wird verstärkt, um Umweltauswirkungen zu minimieren und die Sicherheit der Touristen zu gewährleisten. Dies beinhaltet Maßnahmen zur Abfallentsorgung, Geschwindigkeitsbegrenzungen und Naturschutzgebiete.

Es ist wichtig zu beachten, dass die Entwicklungen im Wassertourismus je nach Land und Region variieren können. Der Wassertourismus hat jedoch insgesamt an Bedeutung gewonnen und wird voraussichtlich weiterhin ein wichtiger Bestandteil des europäischen Tourismussektors sein.

Übungsfragen zu Kap. 7
1. Welche Entwicklungstrends im Wassertourismus sind heute erkennbar?
2. Welche Faktoren werden in Zukunft die Entwicklung des Wassertourismus bestimmen?
3. Wie können politische Entscheidungen die Entwicklung des Wassertourismus beeinflussen?
4. Welche wirtschaftlichen Faktoren beeinflussen den Wassertourismus und auf welche Weise geschieht dieses?
5. Wie wird sich der Wassertourismus in anderen europäischen Regionen in den nächsten Jahren entwickeln?

Perspektiven des Wassertourismus in Deutschland

8.1 Erkennbare Entwicklungstrends im Wassertourismus in Deutschland

Die Entwicklungstrends im Wassertourismus verändern sich ständig, beeinflusst durch technologische Fortschritte, Umweltbewusstsein, veränderte Reisepräferenzen und politische und wirtschaftliche Bedingungen.

Neben allen diesen Faktoren stehen Klima- und Umweltschutz und die Digitalisierung und KI im Vordergrund. Diese beiden Hauptthemen sind allgegenwärtig und bestimmen somit auch die Entwicklungen im Wassertourismus. Der Klima- und Umweltschutz greift in viele Teilbereiche des Wassertourismus ein. Einmal geht es um die Antriebe der Sportboote. Verbrennungsmotoren sollen vermieden werden. Die Elektrifizierung auf dem Wasser ist noch nicht weit vorangeschritten. Hier ist die Industrie gefordert, neue Konzepte zu entwickeln und in Marktreife zu präsentieren. Des Weiteren wird der Bootsbau und das Recycling von Altbooten zu einem wichtigen Thema. Klimaneutrale Materialien und Bauweisen werden nachgefragt, die das Boot zu einem klimaneutralen Produkt werden lassen. Und auch das Recycling von Altbooten, gleich aus welchem Material, wird wichtiger, da in den nächsten Jahrzehnten zunehmende Zahlen an Altbooten zur Verschrottung kommen und es derzeit noch keine industriellen Verfahren zur Entsorgung von Altbooten gibt.

Im technologischen Bereich werden Digitalisierung und KI auch im Wassertourismus zunehmen. Einmal in der Bootstechnik und -elektronik und zum anderen in der Ausübung der Wassersportarten. Hier werden vermehrt Serviceleistungen auf elektronischer Basis auf den Markt gebracht werden. Auch das Thema Sicherheit wird durch mehr Digitalisierung stärker aufgegriffen werden. Aktive und passive Sicherheiten im Wassertourismus werden hierdurch zunehmen. So z. B. Frühwarnsysteme für Naturkatastrophen oder persönliche Sicherheitsausrüstungen der Wassersportler. Auch Systeme zur Verbuchung von Booten und Liegeplätzen und die Überwachung per Webcam sind Systeme, die bereits heute am Markt erhältlich sind.

Neben diesen Entwicklungstrends sind aber auch Entwicklungen in der Nachfrage nach wassertouristischen Angeboten festzustellen. So werden Abenteuer- und Erlebnisreisen auf dem Wasser vermehr nachgefragt. Diese können auch mit einem Bildungsinhalt verbunden sein. Insgesamt werden sich die Urlaubsformen auf dem Wasser diversifizieren, was einer natürlichen systemtheoretischen Entwicklung entspricht. Und schließlich wird der Gesundheits- und Wellnessaspekt stärker im Wassertourismus an Bedeutung gewinnen. Kombinationsangebote aus Bootfahrten und Wellness/Gesundheit gibt es derzeit noch nicht am Markt. Es ist aber nur eine Frage der Zeit, dann werden auch derartige Angebote auf dem Markt erscheinen. Die Entwicklungen in den Nachfragen stehen im direkten Zusammenhang mit dem Aufkommen neuer Trends in den Wassersportarten und neuen Sportgeräten auf dem Wasser und neuen Bootstypen. Perspektivisch muss sich der Wassertourismus sehr sensibel und flexibel auf diese neuen Entwicklungen einstellen. Und vor allem sehr schnell, denn Kunden möchten einen neuen Trend möglichst sofort und noch in derselben Saison als Angebot finden können. Genauso flexibel muss ein Anbieter im Wassertourismus aber auch das Ende eines aktuellen Trends erkennen und sein Angebot reduzieren bzw. ändern können. Da der Wassertourismus ein touristisches Querschnittsangebot ist, ist hier eine besonders schnelle Flexibilität gefragt, anders als in anderen touristischen Segmenten, wo man durchaus 1–2 Jahre Zeit, hat sich auf Neuerungen einzustellen. Der Wassertourismus muss sofort reagieren und sich als Vorreiter von neuen Trends am Markt positionieren. Dieses erfordert vom Unternehmen viel sensibles Gespür für Neuerungen. Helfen kann hierbei in der Tat eine Vernetzung, hier auch mit Trendberatern im Tourismus.

Es ist wichtig zu beachten, dass die Trends je nach Region, wirtschaftlicher Entwicklung und kulturellen Unterschieden variieren können. Der Wassertourismus passt sich aber ständig an die sich ändernden Präferenzen und Erwartungen der Reisenden an. Insgesamt wird nicht nur eine Trendrichtung den Wassertourismus beeinflussen, sondern es wird immer eine Gemengelage aus mehreren Faktoren sein, die Entwicklungen und Trends im Wassertourismus beeinflussen werden.

8.2 Grenzen der Entwicklung des Wassertourismus in Deutschland

Im Wassertourismus spielen verschiedene determinierende Faktoren eine entscheidende Rolle, die das Angebot, die Nachfrage und die Entwicklung dieser Tourismusform beeinflussen. Deutschland hat nur sehr begrenzte Wasserflächen zur Verfügung, die neben dem Tourismus auch anderen Nutzungen zugänglich sein sollen. Ein begrenzender Faktor ist der Bereich Verkehr, Transport und Energie. Der Verkehrsausbau zu Land und auf dem Wasser setzt den Möglichkeiten der Erreichbarkeit von touristischen Gewässern Grenzen. Ein schlecht ausgebautes und beschädigtes Verkehrsnetz erschwert die Anfahrt an Gewässer, was sich besonders in den Ferienwochen und -monaten bemerkbar macht. Die Kapazitäten der Verkehrsnetze setzen dem Tourismus Grenzen. Wie diese jedoch aussehen und wie sie umgesetzt werden, ist noch unklar.

Nächster begrenzender Faktor sind die Qualitäten der Wasserressourcen, wie klare, saubere und attraktive Seen, Flüsse oder Küstenabschnitte. Diese Qualitäten sind entscheidend für den Erfolg des Wassertourismus. Sauberes Wasser und eine intakte Umwelt sind attraktive Merkmale für Touristen. Da Wassertourismus auch meistens zugleich Badetourismus in den Gewässern ist, spielt die Wasserqualität und Badetauglichkeit eine begrenzende Rolle. Kein Wassertourist wird in dreckigem oder verschmutztem Wasser seinen Urlaub verbringen wollen. Das Grundkapital des Wassertourismus ist daher sauberes Wasser mit einer Badewasserqualitätsstufe.

Als begrenzender Faktor sind auch das Klima und die Wetterbedingungen in der jeweiligen Region zu sehen. Sie haben einen direkten Einfluss auf die Attraktivität von Wasserregionen, genauso wie die Wasserqualitäten. Angenehmes Wetter und milde Temperaturen fördern Aktivitäten wie Wassersport, Baden und Kreuzfahrten. In Deutschland sind die sommerlichen Schönwettergarantien nicht immer gegeben. Dennoch gibt es Regionen mit sehr hoher Sonnenstundenanzahl und schönen Gewässern für den Wassertourismus. Hierzu zählen z. B. die Ostseeküste und einige Regionen im Binnenland. Hier eignen sich wassertouristische Angebote besonders gut.

Gut entwickelte Infrastrukturen für den Wassertourismus, einschließlich Häfen, Marinas, Rastplätzen, Wassersportzentren und Transportmöglichkeiten, beeinflussen die Zugänglichkeit von Gewässern und bestimmen deren Attraktivität für Touristen. Es ist häufig die Mund-zu-Mund-Propaganda, die diese guten Infrastrukturen weiter trägt und zu einem Zugpferd des Wassertourismus macht. In den Werbungen sind überall exzellente Infrastrukturen zu sehen, jedoch sieht die Realität meistens doch anders aus. Diese Infrastrukturen können jedoch auch nur eine begrenzte Zahl an Booten und Touristen aufnehmen. Diese Limitierung ist ebenfalls ein Faktor, der den Wassertourismus in seinen Kapazitäten begrenzt. Natürlich darf eine Region aber auch nicht wassertouristische überlastet werden, indem Infrastrukturen ohne vorherige Kapazitätsberechnungen ausgebaut werden. Die Folge wäre ein Überlaufen durch den Tourismus und damit ein rapides Absinken der touristischen Attraktivität.

Das Umweltbewusstsein und die Nachhaltigkeit sind ebenfalls begrenzende Faktoren für den Wassertourismus. Ein wachsendes Umweltbewusstsein beeinflusst die Entscheidungen der Touristen. Destinationen, die sich für Umweltschutz und Nachhaltigkeit engagieren, haben möglicherweise einen Vorteil. Auch diese Faktoren geben einer wassertouristischen Region eine Kapazitätsgrenze vor. Übersteigt die touristische Nutzung diese Grenze, sind Umwelt und Natur in großer Gefahr nachhaltig geschädigt zu werden. Hinzu kommt, dass ihre Reize verloren gehen und Touristen dieses sehr schnell bemerken und sich abwenden. Das zuvor dargestellt Instrument der nautischen Kapazitätsberechnung hilft, hier die verträglichen Grenzen der Belastungen für den Tourismus und die Natur zu berechnen und zu ermitteln.

Schließlich geben auch Regulierungen und Gesetzgebung eine Grenze vor. Die rechtlichen Rahmenbedingungen und Regelungen für den Wassertourismus können die Entwicklung und den Erfolg dieser Branche beeinflussen. Sicherheitsstandards und Umweltauflagen im Rechtsbereich sind hier besonders wichtig und sollten ebenfalls auf nachvollziehbaren und argumentierbaren Begrenzungen beruhen.

Vielerorts werden für Gewässer und deren Nutzungen willkürliche Nutzungs- und Kapazitätsgrenzen aufgestellt, die nicht argumentiert werden können. Hier beginnt eine rechtliche Regulierung fragwürdig zu werden, da sie von der Öffentlichkeit kaum nachvollzogen werden kann.

Alle diese Faktoren interagieren miteinander und beeinflussen die Wassertourismusbranche auf komplexe Weise. Diese Komplexität kann nur über eine netzwerkartige regionale Struktur erfasst und gemanaged werden. Eine umfassende Analyse dieser Determinanten ist wichtig für die Entwicklung und den nachhaltigen Erfolg von Wasserdestinationen. Es hat sich daher die Einrichtung eines regionalen Beirates bewährt, der alle diese Faktoren jederzeit im Auge behält und entsprechende Absprachen und ggf. Änderungen in Abstimmung mit den regionalen Verwaltungen vornehmen kann.

8.3 Bedeutung der Gesellschaft und Politik für die weitere Entwicklung

Es wurde schon Bezug zu diesem Verhältnis an anderer Stelle genommen. Hier sollen noch einige weitere Aspekte dieses Verhältnisses erörtert werden. Da der Wassertourismus in Deutschland in den 1990er-Jahren wesentlich stabiler und auch schon weiter entwickelt war, als nun Anfang der 2020er-Jahre, zeigt er sich heute als instabiler und in seiner Entwicklung rückwärtsgerichtet. Den gesellschaftlichen und politischen Grundlagen kommt daher eine Schlüsselrolle zu. Dieses ist im Vergleich mit anderen europäischen Regionen ein gravierender Unterschied. In Regionen, in denen der Wassertourismus bereits seit vielen Jahrzehnten entwickelt und dadurch wesentlich stabiler in Gesellschaft und Politik verankert ist, zeigt sich eine völlig andere Situation. Hier entwickelt sich das Phänomen Wassertourismus mehr oder weniger von allein und aus eigener Kraft. Eine Jahrzehnte lange Stabilisierung des Systems hat es ermöglicht, dass in diesen Regionen kaum umfassende politische Unterstützung erforderlich ist. Ganz im Gegensatz zu Deutschland, wo das System Wassertourismus ein sehr instabiles System ist, dass einerseits dringend gesellschaftliche und politische Stabilisierung benötigt. Andererseits ist dieses zarte System Wassertourismus in Deutschland formbar, weil noch nicht gefestigt. Dieses ist zum einen eine große Chance, zum anderen ein großes Risiko. Aktionen wie Go-Boating, Anfang 2000 und Trailerbootaktionen ab 2013 waren sicherlich die richtige Richtung, um zunächst eine größere gesellschaftliche Akzeptanz zu schaffen und weitere Teilnehmerkreis zu erschließen. Leider waren die Erfolge nicht so groß wie erhofft und vor allem leider nicht ausreicht groß, um das System Wassertourismus in Gesellschaft und Politik zu stärken. Solche Aktionen und Aktivitäten werden vermehrt gebraucht. Wichtig dabei ist auch das Engagement der Tourismusverbände in diesen Aktionen, was bislang fehlte. Der Tourismus hat sich dem Segment Wassertourismus noch nicht ausreichend zugewandte, obwohl dieses Segment des Tourismus als Querschnittsaufgabe sehr effektiv für die regionale touristische

Entwicklung ist. Die weiter oben empfohlenen wassertouristischen Netzwerke zeigen diese Zusammenarbeit zwischen Tourismus und Bootfahren sehr deutlich. Hierzu sind wesentliche mehr Aktionen erforderlich und eine wesentlich länger und beständige Aufklärungsarbeit aller Beteiligten. Einer stabilen Positionierung des Wassertourismus in Gesellschaft und Politik kommt daher eine sehr wichtige Rolle zu. Der Wassertourismus in Deutschland könnte dabei auf zwei große Lobbyisten zurückgreifen. Zum einen die o.g. Tourismusorganisationen auf allen Ebenen (Bund, Länder und Kommunen) und zum anderen die kommunalen Gebietskörperschaften, Städte, Gemeinden und Landkreise. Beide sind die Hauptprofiteure des Wassertourismus und man kann sich aufgrund dessen durchaus etwas mehr Engagement in der Lobbyarbeit für den Wassertourismus wünschen.

8.4 Einflüsse der Globalentwicklungen auf den Wassertourismus

Das touristische Segment des Wassertourismus unterliegt aber auch globalen Entwicklungen in Politik und Wirtschaft. Die globale Situation wirkt sicher direkt auf das touristische Geschäft. Unsicherheiten, Kriege und Wirtschaftsflauten drücken auf das Reiseverhalte und auf das touristische Geschäft. Aber nicht nur die ausländischen Gäste bleiben weg, auch das Inlandsgeschäft des Wassertourismus geht in Zeiten weltpolitischer Krisen zurück. Es wird nicht mehr so viel Geld für Reisen und für den Wassertourismus ausgegeben. Aber hier setzen die großen und etablierten Wassertourismusnationen wiederum Maßstäbe. Sofern in diesen Regionen das Geschäft gut läuft, färbt dieses auch auf kleinere und unbedeutende Regionen, wie Deutschland, ab.

Deutschland hat global- und europapolitisch viele Abhängigkeiten von anderen Staaten und Regionen. Wassertouristische hat es in Europa eine Alleinstellung, da es in der Mitte Europas das Transitland für alle europäischen Wassertouristen ist. Dieses sind optimale Voraussetzungen, die von außen an den deutschen Wassertourismus herangetragen werden. In den Szenarien des Kap. 5 sind diese Entwicklungsmöglichkeiten plastisch dargestellt. Damit werden die Entwicklungen der Szenarien gar nicht so unwahrscheinlich und zeigen deutlich, was gemacht werden soll. Damit werden die europäischen Entwicklungen wesentlich wichtiger als die globalen Entwicklungen. Wassertourismus in Deutschland kann nicht ohne Europa funktionieren. Deutschland in der Mitte Europas kann damit aber auch zu einem Motor des Wassertourismus im Binnenwassertourismus Europas werden. Diese Entwicklung muss jedoch von Deutschland ausgehen und erfordert vielfältige Initiativen auf europäischer Ebene. Sofern der Wassertourismus jedoch in Deutschland selbst nicht etabliert ist, dürften weitere Vorstöße auf europäischer Ebene kaum wahrscheinlich sein. Dieses sehr spannend und interessante politische Thema ist weiterhin zu beobachten, inwieweit sich die erforderlichen gesellschaftlichen und politischen Mehrheiten und Lobbys engagieren können.

Übungsfragen zu Kap. 8
1. Welches sind die beiden Hauptfaktoren der perspektivischen Entwicklung im Wassertourismus?
2. Welche Grenzen der Entwicklung im Wassertourismus sind heute erkennbar und wie wirken diese auf die künftige Entwicklung?
3. Nennen Sie zwei bedeutende gesellschaftliche Faktoren, die die Entwicklung des Wassertourismus in Deutschland beeinflussen werden.
4. Welche globalen Faktoren bestimmen die Entwicklung des Wassertourismus in Deutschland zukünftig?

Anhang 9

9.1 Glossar

A

Antifouling: Anstrich des Unterwasserschiffes mit Bioziden als Schutz vor Bewuchs.

B

Bohrpfahl: Beton- oder Stahlpfahl, der in ein zuvor gebohrtes Erdloch geführt wird.

Brücke: Verbindung zwischen zwei Festpunkten im Wasserbau; Zugangsbrücke vom Ufer auf einen Steg.

Buhne: Wasserbauwerk aus geschütteten Wasserbausteinen zur Verlangsamung der Strömung.

C

Cruiseliner: Kreuzfahrtschiff.

D

Dalben: Holz- oder Stahlpfahl, der in den Grund gerammt oder gespült ist. Zum Festmachen von Booten und Steganlagen.

Deck: Obere Abdeckung eines Bootes; Etagen eines Schiffes.

Deich: Wasserbauwerk zum Schutz vor Wellen und Wind; Stein- oder Erdbauwerk.

Destination: Touristisches Zielgebiet.

F

Fahrgastschiff: Regional verkehrendes Passagierschiff.

Fingersteg: Seitliche kleine Stege zum sicheren Anlegen eines Bootes.

G

Gigayachten: Privatschiffe mit mehr als 85 m Länge.

H
Hauptwindverteilung: Mehrheit der im Jahresmittel vorherrschenden Windrichtungen.

I
ICOMIA: International Council of Maritime Industry Associations, Weltverband der Wassersportwirtschaft.

K
Klampe: Beschlag aus zwei Metalldornen zum Festmachen von Booten und Schiffen.
Kreuzfahrt: Teilmarkt des Wassertourismus auf Passagierschiffen.

L
Landliegeplätze: Abstellflächen für Boote auf dem Land.
Leeküste: Küste, von der der Wind wegweht, ablandiger Wind.
Lagerwall: Situation einer Küste mit auflandigem Wind (Gefahrensituation!).
Leistungsträger: Anbieter von touristischen Serviceleistungen.
Liegeplatz: Parkfläche für Boote als Wasser- oder Landliegeplatz.
Luvküste: Küste, auf die der Wind aufweht, auflandiger Wind.

M
Marina: Sportbootanlage mit umfassenden Angeboten, meistens als größere Anlage.
Marinaarchitektur: Architektonische Gestaltung der Bauwerke in einer Marina.
Marinaarchitekt: Spezialist für den Entwurf von Marinaanlagen.
Megayachten: Yachten mit mehr als 40 m Länge.
Mole: Wasserbauwerk zum Schutz eines Hafens vor Wellen.

P
Passagierschiffe: Große Schiffe für den Kreuzfahrtmarkt.
PIANC: Internationale nichtstaatliche Organisation für Schifffahrtsangelegenheiten; World Association for Waterborne Transport Infrastructure.
Poller: Beschlag aus Metall in Zylinderform zum Festmachen von Booten und Schiffen.
Ponton: Schwimmkörper als Auftrieb für wasserbauliche Konstruktion.
Pump-Out: Absaugpumpe zur Entleerung von Schmutzwassertanks auf Booten.

R
Reede: Ankerplatz für Boote und Schiffe.
Rumpf: Schwimmschale des Bootes, Schiffes.

S
Schwimmsteg: Steganlage aus Pontonkonstruktion und Belag zum Anlegen von Booten.
Seemannschaft: Das gesamte Arbeiten mit und auf dem Boot.

Slipanlage: Schräge Ebene ins Wasser, um Boote zu wassern oder auszuwassern.
Spundwand: Wasserbauwerk aus Stahldielen, die senkrecht in den Grund gerammt werden.
Steg: Wasserbauwerk zum Anlegen und Festmachen von Booten.
Streichlinie: Küstenlinie, auf der das Wasser gegen Null ausläuft.
Superyacht: Sportboote mit mehr als 24 m Länge.

T
Takelage: Alles was zum Tragen und Bedienen der Segel benötigt wird.
Terminal: Wasserbahnhof für Kreuzfahrtschiffe.
Tide: Gezeiten aus Ebbe und Flut.
Travellift: Fahrbarer Bootskran.
Trockenmarina: Marinaanlage, in der die Boote auf dem Land liegen, erheblich geringere Baukosten und einfachere Genehmigungen.
Tsunami: Durch Seebeben ausgelöste Flutwelle.

W
Wasserbau: Ingenieurbau, der am und im Wasser errichtet ist.
Wasserfront: Städtische Uferlinie zu einem Gewässer.
Wassertourismus: Urlaubsform mit dem Boot zu reisen.
Wasserwechselzone: Vertikaler Bereich des wechselnden Wasserspiegels.
Weiße Flotte: Begriff für regionale Fahrgastschifffahrt.
Windtide: Wassermassen, die durch Wind bewegt werden.
Windwellen: Wellenaufbau und -bewegung durch starken Winddruck auf das Wasser.
WSA: Abk. für Wasser- und Schifffahrtsamt.

Y
Yacht: Größeres Sportboot.

9.2 Checklisten

Checkliste für Slipanlagen

	Ja	Nein
Gefälle mit 6–9 %		
Breite mind. 3 m		
Rutschsichere Oberfläche		
Fußschwelle vorhanden		
Seitenschwelle(n) vorhanden		
Beleuchtung vorhanden		
Festmacher vorhanden		
Rettungsmittel vorhanden		
Infoschild vorhanden		
Seitensteg vorhanden		
Trailerstellplatz vorhanden		

(Fortsetzung)

Checkliste für Steganlagen

	Ja	Nein
Kippstabile Konstruktion		
Ausreichender Auftrieb		
Rutschsichere Oberfläche		
Festmacher vorhanden/an Konstruktion montiert		
Beleuchtung vorhanden		
Infoschild vorhanden		
Rettungsmittel vorhanden		
Versorgungen vorhanden		
Sonstiges		

Checkliste für den Marinabetrieb

	Ja	Nein
Baugenehmigung vorhanden		
Gewerbeerlaubnis vorhanden		
Haftpflichtversicherung gültig		
Gebäudeversicherung gültig		
Stegversicherung gültig		
Umweltversicherung gültig		
Wartungsverträge abgeschlossen		
Arbeitsverträge/Personal		
Sonstiges		

Checkliste für Marinamanagement

	Ja	Nein
Gewerbeanmeldung vorhanden		
Steueranmeldung vorhanden		
Umsatzsteueranmeldung		
Sozialversicherung angemeldet		
Steuerberater beauftragt		
Bankberater		
Notfalltelefon eingerichtet		
Netzwerkpartner vorhanden		
Sonstige		

Checkliste für Standortprüfung

	Ja	Nein
Gewässereignung geprüft		
Ansteuerung möglich		
Gewässertiefe		
Strom, Tide, Wind günstig		
Pachtkosten Wasserfläche		
Pachtkosten Landfläche		
Bebaubarkeit Landfläche		
Umweltauflagen		
Erschließungen Landseite		
Erschließungen mit Medien möglich		
Sonstiges		

9.3 Normen und Standards

1.) EU-Richtlinie 2013/53/EU über Sportboote und Wassermotorräder
2.) Richtlinie für die Gestaltung von Wassersportanlagen an Binnenwasserstraßen, BMV, 2011
3.) DIN EN 14504: 2016-09 Fahrzeuge der Binnenschifffahrt schwimmende aufgestellte und schwimmende Anlagen
4.) Merkblatt schwimmende Anlegestellen; BMV 2012
5.) DIN EN 14329: 2004 Fahrzeuge der Binnenschifffahrt – Einrichtung von Liege- und Umschlagplätzen
6.) Flächenbefestigungen in Hafenanlagen, HTG – Ausschuss für Hafenverkehrswege, 1991
7.) DIN SPEC 80003: Schwimmende Gebäude – technische Anforderungen und Prüfungen 2021
8.) Sportboot Vermietung VO Binnen, 2000
9.) Sportboot Vermietung VO See, 2002
10.) DIN EN/ISO 12402: 2006, Persönliche Auftriebsmittel
11.) DIN EN/ISO 12401: 2004, Sicherheitsgurte und Sicherheitsleinen für die Sicherung von Personen an Bord

9.4 Vorlage Marina-Check

SACHVERSTÄNDIGENBÜRO DR. HAASS

FÜR BAULICHE ANLAGEN DER SPORTSCHIFFFAHRT

FON: +49 (0)511 / 655 07 948 | FAX: +49 (0)511 / 23 44 001 | MOBIL: +49 (0)172 / 51 93 807
E-MAIL: info@sv-haass.de | www.sv-haass.de

Marina Check

Barrierefreiheit/ Altersgerechtigkeit			
mind. einseitige Handläufe	🟢 🟡 🔴		
Ausleuchtung aller Bereiche	🟢 🟡 🔴		
Ausleuchtung Gefahrenbereiche	🟢 🟡 🔴		
Freibordhöhen Stege	🟢 🟡 🔴		
Altersgerechte Bedienung techn. Anlagen	🟢 🟡 🔴		
gut lesbare Infoschilder/Piktogramme	🟢 🟡 🔴	🟢 🟡 🔴	
Sicherheiten			
Zäune, Mauern	🟢 🟡 🔴		
Außenbeleuchtung	🟢 🟡 🔴		
Bewachung	🟢 🟡 🔴		
(Haftpflicht)-Versicherung	🟢 🟡 🔴		
Erste Hilfe/ AED	🟢 🟡 🔴		
Sicherheitsbeauftragter	🟢 🟡 🔴	🟢 🟡 🔴	
Slipanlagen			
zu steil/zu flach	🟢 🟡 🔴		
Fußschwelle/ Randschwelle	🟢 🟡 🔴		
Tragfähigkeit	🟢 🟡 🔴		
Rutschhemmender Belag	🟢 🟡 🔴		
Treidelsteg	🟢 🟡 🔴		
Rettungsmittel	🟢 🟡 🔴		
Beleuchtung	🟢 🟡 🔴	🟢 🟡 🔴	

9.4 Vorlage Marina-Check

SACHVERSTÄNDIGENBÜRO DR. HAASS
FÜR BAULICHE ANLAGEN DER SPORTSCHIFFFAHRT

FON: +49 (0)511 / 655 07 948 | FAX: +49 (0)511 / 23 44 001 | MOBIL: +49 (0)172 / 51 93 807
E-MAIL: info@sv-haass.de | www.sv-haass.de

Liegeplatzordnung/Steganlage/Hafen
- Boote längs zur Windrichtung ● ● ●
- Festmacheinrichtungen sicher ● ● ●
- Ansteuerbarkeit einfach + sicher ● ● ●
- Notrufmöglichkeit ● ● ●
- Rettungsmittel ● ● ●
- Manöverräume ● ● ●
- baul. Zustand Stege ● ● ●
- Schutzmole/ Spundwand ● ● ●

● ● ●

Bootskran
- Sicherer Standort in der Anlage ● ● ●
- Sicherung des Schwenkbereiches im Betrieb ● ● ●
- Beschilderung ● ● ●
- turnusmäßige Prüfung ● ● ●
- visuell-technischn. Zustand ● ● ●

● ● ●

Ver- und Entsorgungsstation
- Herumliegende Kabel und Schläuche;ungesicherte Anlage ● ● ●
- Ausleuchtung der Anlage ● ● ●
- Bedienfreundlichkeit ● ● ●
- Beschilderung ● ● ●
- Elektrizität -> FI-Schutzschalter ● ● ●
- Fäk. Pumpe ● ● ●
- Bootswaschplatz/ Reinigung ● ● ●

● ● ●

Bootstankstelle
- entlüftung/Belüftung der Betankung ● ● ●
- Beschilderung ● ● ●
- Notrufmöglichkeit ● ● ●
- Allgemeiner Zustand, ordnung, Sicherheit ● ● ●

● ● ●

SACHVERSTÄNDIGENBÜRO DR. HAASS

FÜR BAULICHE ANLAGEN DER SPORTSCHIFFFAHRT

FON: +49 (0)511 / 655 07 948 | FAX: +49 (0)511 / 23 44 001 | MOBIL: +49 (0)172 / 51 93 807
E-MAIL: info@sv-haass.de | www.sv-haass.de

Verkehrsanlage/Wege							
	ausreichend breit	🟢	🟡	🔴			
	Wenderadien für Gespanne	🟢	🟡	🔴			
	Flächenentwässerung	🟢	🟡	🔴			
	sicher, übersichtlich	🟢	🟡	🔴			
	Rampen statt Stufen	🟢	🟡	🔴			
	Info-/orientierungssystem	🟢	🟡	🔴			
					🟢	🟡	🔴
Gebäude							
	Barrierefreie Zugänge/Rampen	🟢	🟡	🔴			
	Informationsschilder	🟢	🟡	🔴			
	(Eingangs)beleuchtung	🟢	🟡	🔴			
	Behindertengerechte sanitäre Anlagen	🟢	🟡	🔴			
	Notrufmöglichkeit	🟢	🟡	🔴			
					🟢	🟡	🔴
Umweltschutz							
	Umwelt-/Naturbeauftragter	🟢	🟡	🔴			
	Abfallseparierung	🟢	🟡	🔴			
	Energiebedarf/ -ausweis	🟢	🟡	🔴			
	PV/Solar/WMP/etc	🟢	🟡	🔴			
	Energiesparmaßnahmen	🟢	🟡	🔴			
	Grauwasser	🟢	🟡	🔴			
	Bl. Europaflagge	🟢	🟡	🔴			
	Umweltzertifikate	🟢	🟡	🔴			
					🟢	🟡	🔴
Gesamtergebnis					🟢		
					🟡		
					🔴		

🟢 **ok bis einfacher Verbesserungsbedarf**
Die Anlage ist im Großen und Ganzen in Ordnung und in einem aktuellen Standard. Derzeitige Vorschriften und Normen werden größtenteils eingehalten. Es besteht einfacher Verbesse-rungsbedarf.

🟡 **Mittlerer Verbesserungsbedarf**
Die Anlage erfordert mittleren Verbesserungsaufwand, der kurz- bis mittelfristig durchgeführt werden sollte, die Anlage aktuellen Vorschriften und Normen anzupassen.

🔴 **Akuter Verbesserungsbedarf**
Die Anlage weist erhebliche Mängel auf und entspricht im wesentlichen teilen nicht den aktuellen Vorschriften und Normen. verbessernde Maßnahmen sollten umgehen und unter fachkundlicher Anleitung durchgeführt werden.

9.5 Beispiel Nautische Kapazitätsberechnung

2.2.2.1 Nautische Kapazitätsberechnung für den "Masterplan Goitzsche"
Tabelle 2: Variante: Freizeitboote - Segler/Surfer

Berechnung der Nutzungskapazität nach Bootstypen

		Vorgabe der Verteilung der nutzbaren Wasserfläche durch einzelne Bootstypen (%)	Faktor: nautischer Flächenbedarf je Boot (ha)	Bootskapazität bei gleichzeitiger Nutzung (Stk.)	max. Bootskapazität ohne Gleichzeitigkeitsfaktor 0,333(Stk.)
Freizeitboote		18	0,27	540	1620
Paddelboote		7	0,37	153	460
Ruder-Einer		6	2,33	21	63
Ruder-Zweier		3	2,50	10	29
Ruder-Vierer		1	2,68	3	9
Ruder-Achter		1	2,96	3	8
Surfer		8	0,43	151	452
Segeljollen		20	1,03	157	472
Segelkajütboote		30	1,25	194	583
Motorboote Verdränger		2	5,74	3	8
Motorboote (Gleiter)		3	2,31	11	32
Wasserskigespann (incl. Läufer)		1	17,25	0	1
Summe muss 100 ergeben		100		1235	3738

(s. Graphik)

DEUTSCHE MARINA CONSULT
Am Weißdorn 13
30459 Hannover
Tel. 0511/ 2344000

Überarbeitung des Masterplanes für die Goitzsche zum Masterplan II

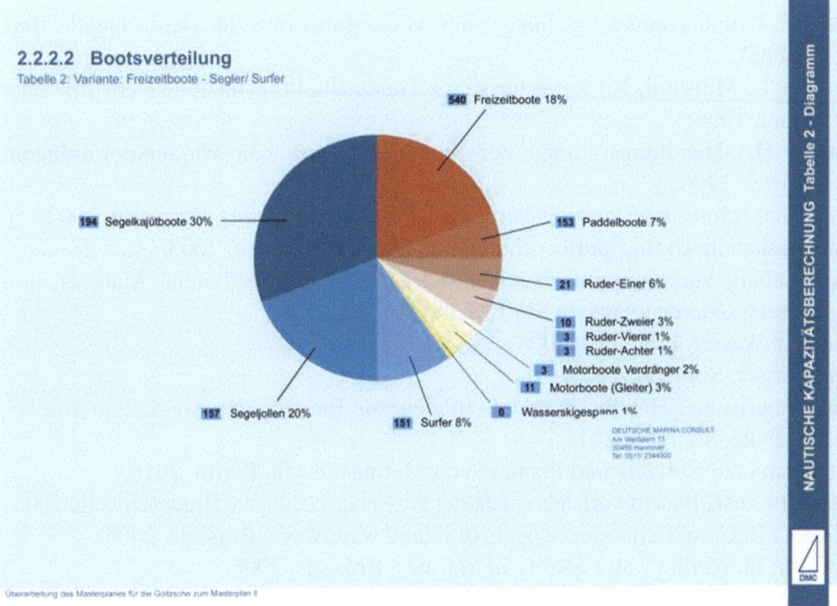

2.2.2.2 Bootsverteilung
Tabelle 2: Variante: Freizeitboote - Segler/ Surfer

- 540 Freizeitboote 18%
- 194 Segelkajütboote 30%
- 153 Paddelboote 7%
- 21 Ruder-Einer 6%
- 10 Ruder-Zweier 3%
- 3 Ruder-Vierer 1%
- 3 Ruder-Achter 1%
- 3 Motorboote Verdränger 2%
- 11 Motorboote (Gleiter) 3%
- 0 Wasserskigespann 1%
- 157 Segeljollen 20%
- 151 Surfer 8%

DEUTSCHE MARINA CONSULT
Am Weißdorn 13
30459 Hannover
Tel. 0511/ 2344000

Überarbeitung des Masterplanes für die Goitzsche zum Masterplan II

9.6 deutsche Sportbootführerscheine

SBF-Binnen
SBF-See
Bodenseeschifferpatent
SKS, Sportküstenschifferschein
SSS, Sportseeschifferschein
SHS, Sporthochseeschifferschein
UBI, UKW-Sprechfunkzeugnis Binnen
SRC, Short Range Certificate (mobiler Seefunkdienst)
LRC, Long Range Certificate (allgem. Funkerlaubnis)
SKN/FKN, Pyroscheine; Sachkundeausweis/Fachkundenachweis für Seenotrettungsmittel

9.7 Literatur/Quellen

AEMA: Marketing Guide for Cities with Marinas and yacht harbours, Lagos, 2006.
BMVBS: Richtlinien zur Gestaltung von Wassersportanlagen an Binnenwasserstraßen, Bonn, 2011.
BMF: Economic Benefits of coastal marinas, Surrey/UK, 2007.
BMIF: A Code of Practice for the design, Construction and Operation of Coastal and Inland Marinas and yacht harbours, Ashford/UK, 2000.
BMWi: Grundlagenuntersuchung zum Wassertourismus in Deutschland, Berlin, 2003.
Franco, L. Marconi, R.: Porto turistici – Guida alla Progettazione e costruizione, Rimini, 1996.
Haass, H.: Handlungsrahmen zur Standortplanung von Wassersportanlagen, Münster, 1996.
Handbuch Nautische Kapazitätsberechnung (unveröffentlicht), Bernburg, 2002.
Planungshandbuch für Sportboothäfen und Marinas, Bremen, 2003.
Mecklenburg-Vorpommern: Praxisleitfaden für Sportboothäfen, Marinas und Wasserwanderrastplätze in MVP, Schwerin, 2004.
Stadt am Wasser, Frankfurt, 2008.
StadtWasser, Stuttgart, 2009.
Wassertourismus, Handbuch und Leitfaden zur Entwicklung wassertouristischer Angebote, Stuttgart, 2011.
Altersgerechte Nutzung und Planung von Marinaanlagen, Berlin, 2016.
Neufert Ernst: Bauentwurfslehre, Kapitel Wassersportanlagen, Braunschweig, 2008.
PIANC: ReCom; Economic aspects of inland waterways, Brussels, 2005.
ReCom: Protecting water quality in Marinas, Brussels, 2008.
State Org for Boating Access: Handbook for the Location, Design, Construction, Operation and Maintenance of Boat launching Facilities, Washington D.C., 1989.
Design Handbook for Recreational Boating and Fishing Facilities, Washington D.C., 1996

The manufacturer's authorised representative in the EU is Springer Nature Customer Service Centre GmbH, Europaplatz 3, 69115 Heidelberg, Germany. If you have any concerns regarding our products, please contact ProductSafety@springernature.com

Printed and bound by CPI Group (UK) Ltd, Croydon, CR0 4YY

26/03/2026

02078942-0006